电梯安装与维保

黄海涛　杨晓霞
黄　越　张智勇　主编

中国质量标准出版传媒有限公司
中　国　标　准　出　版　社

北　京

图书在版编目（CIP）数据

电梯安装与维保 / 黄海涛等主编 .—北京：中国质量标准出版传媒有限公司，2023.12

ISBN 978-7-5026-5057-5

Ⅰ. ① 电 … Ⅱ. ① 黄… Ⅲ. ① 电梯—安装 ② 电梯—维修 Ⅳ. ① TU857

中国版本图书馆 CIP 数据核字（2022）第 004647 号

中国质量标准出版传媒有限公司
中　国　标　准　出　版　社　出版发行

北京市朝阳区和平里西街甲 2 号（100029）

北京市西城区三里河北街 16 号（100045）

网址：www.spc.net.cn

总编室：（010）68533533　发行中心：（010）51780238

读者服务部：（010）68523946

中国标准出版社秦皇岛印刷厂印刷

各地新华书店经销

*

开本 787×1092　1/16　印张 17.75　字数 323 千字

2023 年 12 月第一版　2023 年 12 月第一次印刷

*

定价：79.00 元

编委会名单

主编　黄海涛　杨晓霞　黄越　张智勇

参编　莫章森　宋　敏

前言

随着城市化建设的发展，电梯已经成为了人们日常生活中不可或缺的一种运输设备。电梯不同于其他一些质量和性能依靠设计制造就可以保证的产品，其运行质量和安全性能由生产制造、现场安装、使用中的维修保养等3个环节共同支撑，缺一不可。围绕着生产制造、现场安装和维修保养这3个环节，需要大量的从业人员。

根据《特种设备安全监察条例》和《特种设备作业人员监督管理办法》的规定，电梯作为一种特种设备，其作业人员必须经过培训、考核取得“特种设备作业人员证”后方可上岗作业。为适应电梯作业人员专业技能培养的需求，我们编写了《电梯安装与维保》这本教材。本教材以任务为导向，工学结合，包含了概述，电梯安装规程，电梯使用、保养和维修的重要性与内容，电梯安装与调试，电梯保养和维护，电梯故障检修，电梯常见故障的分析和排除，三菱电梯机械系统维护与故障排除实例等8个方面的内容。

本教材由从事一线电梯教学培训工作的教师团队和电梯行业专家共同编写，编写过程中注重理论与实践相结合，内容通俗易懂、图文并茂、易学好教，可作为电梯安装、维保和安全管理人员的专业教材，也可作为职业技能培训和相关从业人员的参考书。

由于编者的经历和水平有限，书中错误在所难免，欢迎广大读者和专家提出宝贵的意见和建议。

编者

2022年12月

目录

任务一
概述

知识目标

◎ 了解电梯的发明和发展史。

◎ 掌握电梯的结构组成和工作原理。

◎ 掌握自动扶梯的结构组成和工作原理。

技能目标

◎ 熟悉电梯和自动扶梯的结构组成。

工作情景

电梯作为现代生活中不可缺少的运输设备，我们经常能接触到它。但是当你在乘坐电梯的时候，是否想过电梯是谁发明的？从电梯的发明到现在，电梯经过了哪些变化？电梯是由什么零部件组成的？它的工作原理是什么？自动扶梯是由什么零部件组成的？它又是怎么工作的？请你认真阅读资料，带着问题去探索电梯的精彩世界。

任务分析

了解电梯的发明和发展史，掌握电梯和自动扶梯的结构组成及其工作原理，是对一名电梯专业学生的基本要求。

知识准备

第一节　电梯的发明与应用

电梯是垂直交通运输设备。在我国古代社会，我们的祖先在农业生产及修建大型建筑物时曾创造了很多简单的起重升降机械。例如，我国的商朝时期，由于农业灌溉的需要，创造了用于汲水的桔槔，如图 1-1 所示。它是由杠杆、对重和取物装置组成的简易升降设备。

周朝时期，桔槔又进化和发展成辘轳，如图 1-2 所示。它是由支架、曲柄、卷筒和绳索等组成的绞车，是现代绞车的雏形。

图 1-1　桔槔

图 1-2　辘轳

在国外，古代的埃及、罗马、希腊以及近代的美国和德国等社会生产力比较发达的国家，也都有起重升降机械用于生产劳动的历史记载。在古代埃及，为了建造金字塔，曾使用过由人力驱动的升降机械，如图 1-3 所示。古希腊时期，阿基米德设计出人力驱动的卷筒式卷扬机，安装在尼罗宫殿里。瓦特发明了蒸汽机后，以蒸汽为动力，通过带传动和蜗轮减速装置驱动的电梯在美国被研制出。1852 年，人类历史上最早的，也是最简单的电梯在德国柏林被制造出来，该电梯用电动机拖动绳索带动一只木匣子，这就是最原始的升降梯，如图 1-4 所示。

图 1-3　人力驱动的升降机械

图 1-4　最原始的升降梯

第一台安全升降梯于1852年由奥的斯研制成功，其安全装置如图1-5所示。在升降梯的平台顶部安装一组货车用的弹簧及制动杠杆，升降梯两侧装有带卡齿的导轨，起升绳与货车弹簧连接，轿厢以其自重及载荷拉紧弹簧，并使制动杠杆不与导轨上的卡齿啮合，以使轿厢能正常运行。一旦绳索断裂，弹簧松弛，制动杠杆转动并插入两侧制动卡齿内，轿厢可停于原地避免下滑，以保证安全。1878年，英国的阿姆斯特朗发明了水压梯。随着水压梯的发展，淘汰了蒸汽梯。后来又出现了采用液压泵和控制阀以及直接柱塞式和侧柱塞式结构的液压梯，这种液压梯至今仍在使用。

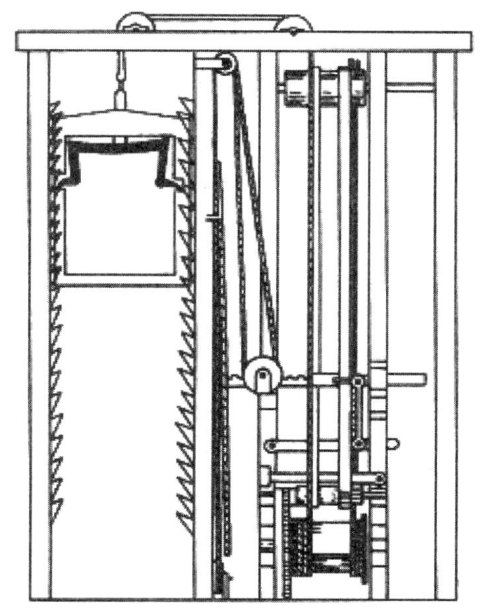

图1-5 奥的斯试验成功的安全装置

世界上第一台电梯是由美国奥的斯电梯公司于1889年研制成功的，它采用电力拖动蜗轮蜗杆减速。在20世纪初，奥的斯电梯公司首先使用直流电动机作为动力，生产出槽轮式驱动的直流电梯，为后来的高速度、高行程电梯的发展奠定了基础。由于交流感应电动机的出现，从1915年开始使用电机拖动的电梯。在电梯控制方面，1915年开始有自动平层装置。1924年随着信号控制系统的发展，简化了电梯的驾驶操纵。1949年，电梯控制系统开始应用电子技术，出现了群控电梯。1950年出现了电梯进门检测器。1960年以后，无触点半导体逻辑控制及晶闸管应用于电梯，使电梯的拖动系统简化。1976年微机处理开始应用于电梯，使电梯的电气控制进入一个崭新的发展时期。20世纪80年代，随着微机技术的发展，采用控制交流电动机定子的供电电压与频率实现调速的电梯出现，这种电梯即称调压调频（VVVF）电梯。在20世纪90年代推出了线性感应电动机驱动电梯。

到了20世纪90年代，随着工业控制计算机（PLC）技术和现场总线技术的发展，电梯控制系统由并行信号传输向以串行为主的信号传输方式过渡。串行通信仅需一对双绞线就能实现所有外呼、内选与主机的联系，既可提高整体系统可靠性，又为实现电梯的群控、智能化和远程监控提供条件。

电梯得以大力发展的根本原因在于采用了电力作为动力来源。18世纪末，随着电机的发明，电机技术得到发展，19世纪初开始出现使用交流异步单速和双速感应电动机作动力的交流电梯。特别是交流双速电动机的出现，显著改善了电梯的工作性能。由于交流双速电动机电梯的制造和维修成本低廉，因此速度在0.63 m/s以下的电梯至今仍广泛采用交流双速电动机驱动。

随着电子技术的不断发展，各种计算机新技术成功地应用到电梯的电气控制系统中，使得电梯产品的质量和运行效率显著提高，例如美国洛克菲勒中心的电梯（运行速度为 10 m/s）、日本阳光大厦的电梯（运行速度为 12.5 m/s）及中国台北金融大厦的电梯（建筑物为 101 层，电梯由东芝公司承建，运行速度为 16.7 m/s）。目前的电梯产品，不但规格品种多、自动化程度高，而且安全可靠、乘坐舒适。

我国使用电梯的历史悠久，从 1908 年在上海汇中饭店等一些高层建筑里安装第一批进口电梯，到新中国成立以前的 1949 年，全国各大城市中安装使用的电梯已有数百台，上海和天津等地也相继建立了几家电梯修配厂从事电梯的安装和维修业务。新中国成立以后，我国先后在上海、天津、沈阳、西安、北京、广州等地建立了电梯制造厂，电梯工业从无到有、从安装维修到制造、从小到大地发展起来。我国从 20 世纪 50 年代开始批量生产电梯。1959 年，上海电梯厂生产了我国第一批双人自动扶梯，用于北京新建的火车站。1976 年，上海电梯厂生产了我国第一批 100 m 长的自动人行道，用于首都机场。

20 世纪 80 年代中期以来，国内建立了一批合资和独资的电梯生产厂，我国的电梯工业取得巨大发展，产量连续多年成倍增长，产品质量和整机性能明显提高。2022 年，我国已有电梯生产企业近 7 000 家，生产各种类型的电梯、自动扶梯及升降机近 964.46 万台，成为电梯制造大国之一。随着现代化城市的发展，电梯已经成为人们工作与生活中的重要运输设备。例如上海浦东新区塔式 88 层建筑——金茂大厦，内设电梯 61 台、自动扶梯 18 台。电梯的使用状况已成为衡量城市现代化程度的标志之一。

近年来电梯的机械系统和电气拖动控制系统更新换代迅速，主要表现为：

（1）机械系统的曳引机结构型式和安装布置方式多种多样，限速器和安全钳采用双向限速保护，门动系统采用橡皮齿条直接传动，轿厢设计更合理、装饰更美观等。

（2）交流调压调速拖动和交流调频调压调速拖动方式代替了直流电动机拖动方式，交流调频调压调速拖动方式已被广泛应用到各类电梯中。

（3）电梯的中间控制和过程管理控制不再采用数量庞大的中间控制继电器，一般的中低档电梯大都采用通用工业控制计算机管理控制，中高档电梯通常一台电梯采用多台计算机组成的一个网络，由为电梯开发设计的专用计算机管理控制系统对电梯进行运行管理控制，确保电梯安全、可靠地运行。

第二节 电梯的结构和工作原理

根据 GB/T 7024—2008《电梯、自动扶梯、自动人行道术语》，电梯的英文为 lift 或 elevator，定义为“服务于建筑物内若干特定的楼层，其轿厢运行在至少两列垂直于水平面或与铅垂线倾斜角小于 15° 的刚性导轨运动的永久运输设备”。

一、电梯的组成及占用的 4 个空间

不同规格型号的电梯，其功能和技术要求不同，配置与组成也不同，在此我们以比较典型的曳引式电梯为例做介绍。

图 1-6 是典型电梯的结构组成框图，根据电梯使用中所占据的 4 个空间，对电梯结构做了划分。

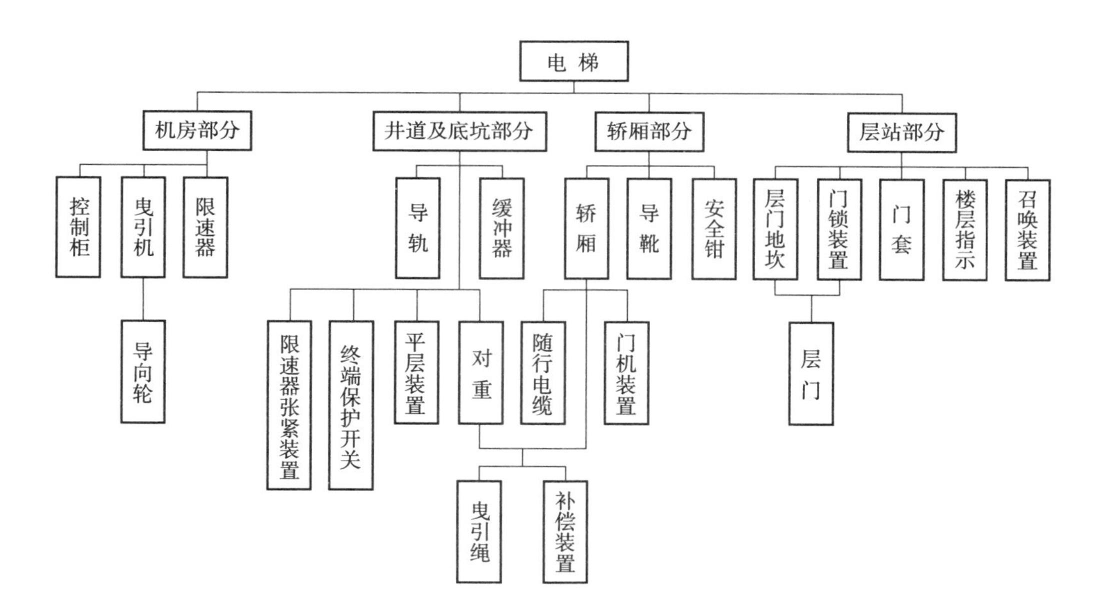

图 1-6 电梯的组成（从占用的 4 个空间划分）

电梯的基本结构如图 1-7 所示。

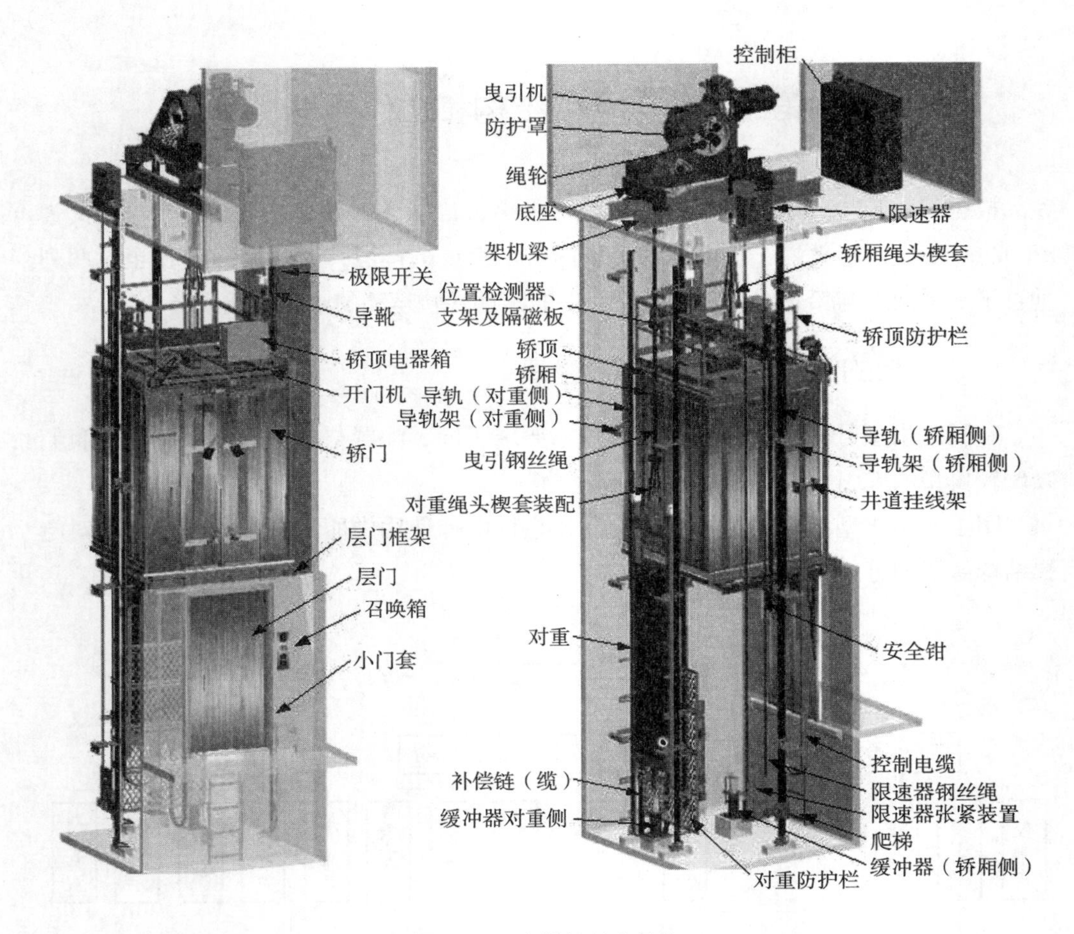

图 1-7　电梯的基本结构

根据电梯运行过程中各组成部分所发挥的作用与实际功能，可以将电梯划分为8个相对独立的系统，见表 1-1。

表 1-1　电梯 8 个系统的功能及主要构件与装置

系统	功　能	主要构件与装置
曳引系统	输出与传递动力，驱动电梯运行	曳引机、曳引钢丝绳（带）、导向轮、反绳轮等
导向系统	限制轿厢和对重的活动自由度，使轿厢和对重只能沿着导轨做上下运动，承受安全钳工作时的制动力	轿厢（对重）导轨、导靴及导轨架等
轿厢	用以装运并保护乘客或货物的组件，是电梯的工作部分	轿厢架和轿厢体

续表

系统	功　能	主要构件与装置
门系统	供乘客或货物进出轿厢时使用，运行时必须关闭，以保护乘客和货物的安全	轿厢门、层门、开关门系统及门附属零部件
重量平衡系统	相对平衡轿厢的重量，减少驱动功率，保证曳引力的产生，补偿电梯曳引绳和电缆长度变化转移带来的重量转移	对重装置和重量补偿装置
电力拖动系统	提供动力，对电梯运行速度实行控制	曳引电动机、供电系统、速度反馈装置、电动机调速装置等
电气控制系统	对电梯的运行实行操纵和控制	操纵箱、召唤箱、位置显示装置、控制柜、平层装置、限位装置等
安全保护系统	保证电梯安全使用，防止危及人身和设备安全的事故发生	机械保护系统：限速器、安全钳、缓冲器、端站保护装置、抱闸装置、上行超速保护装置、意外移动保护装置等； 电气保护系统：超速保护装置、供电系统断相错相保护装置、上下端站的位置保护装置、层门锁与轿门电气联锁装置、门保护装置（触板或光幕）等

二、电梯主要参数

（一）额定载重量

电梯设计所规定的轿厢内载荷，单位为 kg。

（二）轿厢尺寸

轿厢内部尺寸：宽 × 深 × 高，单位为 mm × mm × mm。

（三）轿厢型式

单面开门、双面开门或其他特殊要求，包括轿顶、轿底、轿壁的表面处理方式、颜色选择、装饰效果，装设风扇或空调、电话对讲装置等。

（四）轿门型式

常见轿门有栅栏门、中分门、双折中分门、旁开门及双折旁开门等。

（五）开门宽度

轿厢门和层门完全开启时的净宽度，单位为 mm。

（六）开门方向

对于旁开门，人站在轿厢外，面对层门，门向左开启则为左开门，反之为右开门，两扇门由中间向左右两侧开启者称为中分门。

（七）曳引比

曳引绳穿绕方式，指悬吊轿厢的钢丝绳（带）根数与曳引轮轿厢侧下垂的钢丝绳（带）根数之比。常见的永磁同步曳引机的曳引比多为 2∶1，5 t 以上货梯的曳引比多为 4∶1。

（八）额定速度

电梯设计时规定的轿厢运行速度，单位为 m/s。

（九）电气控制系统

包括电梯所有电气线路采取的控制方式、电力拖动系统采用的型式等方面。

（十）停层站数

在建筑物内各楼层用于出入轿厢的地点，其数量为停层站数。

（十一）提升高度

由下端站层门坎面至上端站层门坎面之间的垂直距离，单位为 mm。

（十二）顶层高度

由上端站层门坎面至井道天花板最凸出面之间的垂直距离，单位为 mm。

（十三）底坑深度

由下端站层门坎面至井道底面之间的垂直距离，单位为 mm。

（十四）井道高度

由井道底面至井道天花板的垂直距离，单位为 mm。

（十五）井道尺寸

井道的宽 × 深，单位为 mm × mm。

三、电梯分类

（一）根据电梯用途分类

1. 乘客电梯

乘客电梯为运送乘客而设计的电梯，代号 TK，适用于高层住宅、办公大楼、宾馆、饭店、旅馆等。乘客电梯用于运送乘客，要求安全适舒、装饰新颖美观，可以手动或自动控制操纵、有 / 无司机操纵两用，轿厢顶部除照明灯外还需设排风装置，在轿厢侧壁有回风口以加强通风效果，乘客出入方便。乘客电梯额定载重量常见为 630 kg、800 kg、1 000 kg、1 250 kg、1 600 kg 等几种，运行速度常见的有 1.0 m/s、1.6 m/s、2.5 m/s 等多种，载客人数多为 8 人～21 人，运送效率高，在超高层大楼运行时，运行速度可以超过 4 m/s 甚至达到 20.5 m/s。

2. 载货电梯

载货电梯主要为运送货物而设计的电梯，通常有人伴随，代号 TH。其用于运载货物、装在手推车（机动车）上的货物及伴随的装卸人员，要求结构牢固可靠，安全性好。为节约动力，保证良好的平层精确度，载货电梯采取较低的额定速度，运行速度多在 1.0 m/s 以下。轿厢的空间通常比较宽大，额定载重量常见 1 000 kg、2 000 kg、3 000 kg 等几种。

3. 客货电梯

客货电梯以运送乘客为主，但也可运送货物，代号 TL。它与乘客电梯的主要区别是轿厢内部装饰不及乘客电梯，一般多为低速运行。

4. 病床电梯或医用电梯

病床电梯或医用电梯为运送病床（包括病人）及医疗设备而设计的电梯，代号 TB。医院中运送病人、医疗器械和救护设备用电梯，其特点是轿厢窄且深，常要求前后贯通开门，运行稳定性要求较高，噪音低，一般有专职司机操作，额定载重量有 1 000 kg、1 600 kg、2 000 kg 等几种。

5. 住宅电梯

住宅电梯是供住宅楼使用的电梯，代号 TZ。其主要运送乘客，也可运送家用物件或生活用品，多为有司机操作，额定载重量多为 400 kg、630 kg、1 000 kg 等几种，相应的载客人数为 5 人、8 人、13 人等，速度在低速、快速之间。其中额定载重量 630 kg 的电梯，轿厢还允许运送残疾人乘坐的轮椅和童车，额定载重量 1 000 kg 的电梯还能运送“手把拆卸”式的担架和家具。

6. 杂物电梯

杂物电梯为只能运送图书、文件、食品等少量货物，不允许人员进入的电梯，代号 TW。它具有的轿厢，就其尺寸和结构型式而言，须满足不得进人的条件。根据 GB 25194—2010《杂物电梯制造与安全规范》规定，轿厢的尺寸不应大于：

（1）轿底面积 1.0 m^2；

（2）轿厢深度 1.0 m；

（3）轿厢高度 1.2 m。

如果轿厢由几个固定的间隔组成，且每一间隔都满足上述要求，则轿厢总高度允许大于 1.20 m。

7. 船用电梯

船用电梯为船舶上使用的电梯，代号 TC。它是固定安装在船舶上，为乘客、船员或其他人员使用的提升设备，它能在摇晃的船舶中正常工作，运行速度一般应小于 1.0 m/s。

8. 观光电梯

观光电梯为井道和轿厢壁至少有同一侧透明，乘客可观看轿厢外景物的电梯，代号 TG。

9. 汽车电梯

汽车电梯为运送车辆而设计的电梯，代号 TQ。其用作各种汽车的垂直运输，如高层或多层车库、仓库等。为与所运载汽车相适应，这种电梯轿厢面积较大，其结构牢固可靠，多无轿顶，升降速度一般都小于 1.0 m/s。

10. 其他电梯

其他电梯为用作专门用途的电梯，如消防员电梯、防爆电梯、矿井电梯、建筑工地电梯等。

（二）根据电梯运行速度分类

1. 低速梯

低速梯为轿厢额定运行速度小于或等于 1 m/s 的电梯，通常用于 10 层以下的建筑物，多为客货两用梯或货梯。

2. 中速（快速）梯

中速（快速）梯为轿厢额定运行速度大于 1 m/s 且小于 2 m/s 的电梯，通常用于 10 层以上的建筑物。

3. 高速梯

高速梯为轿厢额定运行速度自 2 m/s 起且小于 3 m/s 的电梯，通常用于 16 层以上的建筑物。

4. 超高速梯

超高速梯为轿厢额定运行速度大于或等于 3 m/s 的电梯，通常用于超高层建筑物。

（三）按有无电梯机房分类

按有无电梯机房可分为有机房电梯和无机房电梯两类，其中每一类又可做进一步划分。

1. 有机房电梯

有机房电梯根据机房的位置与型式可分为以下几种：

（1）机房位于井道上部并按照标准要求建造的电梯；

（2）机房位于井道上部，机房面积等于井道面积、净高度不大于 2 300 mm 的小机房电梯；

（3）机房位于井道下部的电梯。

2. 无机房电梯

无机房电梯根据曳引机安装位置分为以下几类：

（1）曳引机安装在上端站轿厢导轨上的电梯；

（2）曳引机安装在上端站对重导轨上的电梯；

（3）曳引机安装在上端站楼顶板下方承重梁上的电梯；

（4）曳引机安装在井道底坑内的电梯；

（5）曳引机安装在井道侧边任意位置的电梯。

（四）按曳引机结构型式分类

1. 有齿轮曳引机电梯

曳引电动机输出的动力通过齿轮减速箱传递给曳引轮，继而驱动轿厢，采用此类曳引机方式的称为有齿轮曳引机电梯。

2. 无齿轮曳引机电梯

曳引电动机输出动力直接驱动曳引轮，继而驱动轿厢，采用此类曳引机方式的称为无齿轮曳引机电梯。

（五）按拖动方式分类

1. 交流电梯

（1）单速曳引电动机为交流电动机，电梯运行速度一般在 0.5 m/s 以下；

（2）双速曳引电动机为交流电动机，并有高速、低速两种速度，电梯运行速度在 1 m/s 以下。

（3）三速曳引电动机为交流电动机，并有高速、中速、低速 3 种速度，电梯运行速度一般为 1 m/s。

（4）交流调速电梯曳引电动机为交流电动机，通常装有测速发电机。

（5）交流调频调压电梯，通常采用微机、逆变器、脉宽调制（PWM）控制器，以及速度、电流等反馈系统。其性能优越，安全可靠，电梯运行速度可达 6 m/s。

2. 直流电梯

直流电梯曳引电动机为直流电动机，并根据有无减速箱，分为有齿直流电梯和无齿直流电梯。其特点为性能优良，电梯运行速度较快，通常在 1 m/s 以上，有的能达到高速运行。

3. 液压电梯

液压电梯靠液压传动，根据柱塞安装位置，可分为柱塞直顶式（其油缸柱塞直接支撑轿厢底部，使轿厢升降）、柱塞侧置式（其油缸柱塞设置在井道侧面，借助曳引绳通过滑轮组与轿厢连接，使轿厢升降）两种，电梯运行速度为 1 m/s 以下。

4. 齿轮齿条电梯

齿轮齿条电梯是将齿条固定在构架上，电动机－齿轮传动机构装于电梯的轿厢上，利用齿轮在齿条上的爬行来拖动轿厢运行的电梯。齿轮齿条电梯一般在工程建筑中使用。

（六）按有无司机分类

1. 有司机电梯

有司机电梯必须有专职司机操纵。

2. 无司机电梯

无司机电梯不需要专门司机，而由乘客自己操纵，具有集选功能。

3. 有 / 无司机电梯

有 / 无司机电梯根据电梯控制电路及客流量等，平时可由乘客自己操纵电梯运行，客流大或必要时可改由司机操纵。

（七）按电梯控制方式分类

1. 手柄控制

手柄控制电梯是由司机在轿厢内操纵手柄开关来控制电梯各种工作状态的电梯。

2. 按钮控制电梯

按钮控制电梯是一种具备简单自动控制的电梯，有自动平层功能，有轿外按钮控制和轿内按钮控制两种形式。前一种是由安装在各楼层厅门口的按钮箱进行操纵，一般用于杂物电梯；后一种按钮箱在轿厢内，司机在轿内操纵，一般用于货梯。

3. 信号控制电梯

信号控制电梯是一种自动控制程度较高的电梯，其自动程度除了具有自动平层和自动开门功能外，尚有轿厢命令登记、厅外召唤登记、自动停层、顺向截停和自动换向等功能，通常为有司机客梯。

4. 集选控制电梯

集选控制电梯自动控制的程度要高于信号控制电梯，其特点是除了具有信号控制方面的功能，还具有自动掌握停站时间、自动应召服务、自动换向应答、反向厅外召唤等功能。这种形式电梯的操纵为有 / 无司机，当实行司机操纵时为信号控制。集选控制电梯用于宾馆、饭店、办公大楼及一些住宅楼。

5. 下集选控制电梯

下集选控制电梯是一种只在电梯下行时才能截停的集选控制电梯，其特点是乘客若从某一层到上面层楼时，只有先截停向下运行的电梯，下到基层后，才能再次乘梯去到目的层，以提高单向运送能力。这种电梯多用于住宅楼。

6. 并联控制电梯

并联控制电梯为 2 台～3 台电梯被并联在一起控制并共用厅门外召唤信号，并且本身具有集选功能的电梯，其特点是当无任务时（如 2 台电梯并联工作），一台停在基站俗称基梯，另一台停在预先选定的层楼（一般在中层楼）称为自由梯。若有任务，基梯离开基站向上运行，自由梯立即自动下降到基站替补。当除基站外其他楼层召唤电梯时，自由梯前往，并应答与其运行方向相同的要梯信号，若再出现的要梯信号与自由梯运行方向相反时，则由基梯去完成。

7. 梯群程序控制电梯

梯群程序控制电梯为多台电梯集中排列，共用厅外召唤按钮，按规定和谐集中调度和控制的电梯。其程序控制分为4程序及6程序两种。前者将一天中客流情况分成4种，即上行高峰状态运行，下、上行平衡状态运行，下行高峰状态运行及闲散状态运行，并分别规定相应的运行控制方式。后者比前者多上行较下行高峰状态运行和下行较上行高峰状态运行两种程序。

8. 梯群智能控制电梯

梯群智能控制电梯是由电脑根据客流情况，自动选择最佳运行控制方式的电梯，其特点是优化分配电梯运行时间，省人、省电、省机器。

第三节　自动扶梯的结构和工作原理

自动扶梯（escalator）是带有循环运行梯级，用于向上或向下倾斜输送乘客的固定式电力驱动设备；自动人行道（passenger conveyor）是带有循环运行（板式或带式）走道，用于水平或倾斜角不大于12°输送乘客的固定电力驱动设备。

自动扶梯由一系列的梯级与两根牵引链条连接在一起，沿事先制作成形并布置好的闭合导轨运行，构成自动扶梯的梯路。各个梯级在梯路工作段和梯路过渡段必须严格保证水平，供乘客站立，扶梯两侧装有与梯路同步运行的扶手带装置，以供乘客扶持之用。为保证乘客搭乘自动扶梯的安全，在该系统内装设了多种安全装置。

自动人行道也是一种运载乘客的连续输送机械，它与自动扶梯不同之处在于梯路始终处于平面状态（梯级运行方向与水平面夹角不大于12°），两侧装设有扶手带装置以供乘客扶持之用。

上述两种产品均具有在一定方向上大量连续地输送乘客的能力，并且具有结构紧凑、安全可靠、安装维修方便等特点。同时自动扶梯与自动人行道还能够与外界环境相互配合补充，起到对环境的装饰美化作用，因此在车站、码头、机场、商场等人流密度大的场合得到了广泛应用。

虽然自动扶梯和自动人行道等都可以承担垂直输送乘客的任务，但从定义上讲，它们不能被认定为电梯。

一、自动扶梯与自动人行道的基本参数

自动扶梯和自动人行道的基本参数有提升高度（H）、理论输送能力（C_t）、运行速度（v）、梯级宽度（z_1）及梯路倾角（α）等几项。

提升高度（H）：提升高度是建筑物上、下层楼之间的高度，并可分为小、中、大 3 种高度。

理论输送能力（C_t）：理论输送能力为每小时输送乘客人数。当自动扶梯或自动人行道各梯级被人员占满时，理论上最大输送能力的计算公式为：

$$C_t=3\ 600kv/t$$

式中：

t——一个梯级的平均深度或与此深度相等的踏板的可见长度，m；

k——一个梯级或每段可见长度为 t 级的踏板上能承载的乘客人数；

v——梯级的运行速度，m/s。

一般情况下，t 是定值（0.4 m），速度 v 应按照规范选取。自动扶梯或自动人行道的输送能力取决于人数 k，按照国家标准要求：

名义宽度 z_1=0.6 m 时，k=1.0；

名义宽度 z_1=0.8 m 时，k=1.5；

名义宽度 z_1=1.0 m 时，k=2.0。

运行速度（v）：运行速度是自动扶梯或自动人行道运行速度的快慢，直接关系到乘客在梯上停留时间。速度过快则不能顺利登梯，过慢则影响输送效率。国家规定在扶梯倾角不大于 30° 时，其运行速度不应超过 0.75 m/s；当倾角大于 30° 且小于 35° 时，其运行速度不得超过 0.5 m/s。自动人行道的运行速度不得大于 0.75 m/s，但如果踏板宽度不超过 1.10 m，并且在出入口踏板进入梳齿板之前的水平距离不小于 1.60 m 时，允许其最大速度达到 0.9 m/s。

梯级宽度（z_1）：梯级的宽度（自动扶梯的名义宽度）不应小于 0.58 m，也不应大于 1.10 m；对于倾斜角不大于 6° 的自动人行道，该宽度允许增大至 1.65 m。我国目前采用的梯级宽度单人为 0.6 m，双人为 1.0 m，另外还有 0.8 m 宽度规格。

倾斜角（α）：倾斜角为梯级、踏板运行方向与水平面间的夹角。出于使用安全方面的考虑，自动扶梯倾斜角 α 一般不大于 30°，当提升高度不大于 6 m 且速度不大于 0.5 m/s 时，允许增至 35°；自动人行道倾斜角不应大于 12°。

二、自动扶梯的类型及基本构造

（一）自动扶梯的类型

自动扶梯（如图 1-8 所示）可以按不同的分类方法进行分类。

（1）按驱动方式可分为链条式（端部驱动）和齿轮齿条式（中间驱动）两种；

（2）按运行速度可分为恒速式和可调速式两种；

（3）按梯级运行方式可分为直线型、螺旋型等；

（4）按梯级宽度可分为 1 000 mm、800 mm 和 600 mm 等；

（5）按倾斜角可分为 30°、35° 和 27.3° 等；

（6）按提升高度可分为小提升高度（3 m～10 m）、中等提升高度（10 m～45 m）、大提升高度（45 m 以上）等。

另外根据自动扶梯的使用场合可分为公共交通型和商用型。所谓公共交通型是指该扶梯属于公共交通系统的一个组成部分，能承担每周运行时间约 140 h，且在任何 3 h 的间隔内，持续重载工作时间不小于 0.5 h，其载荷应达到 100% 制动载荷的自动扶梯。公共交通型以外的均称为商用型。同时自动扶梯还可分为苗条型（采用全玻璃透明护栏板、无扶手照明、隐藏式扶手带支撑的自动扶梯）、直达型（跨层连接，提升高度较大的自动扶梯）、节能型（有乘客使用时，自动扶梯按额定速度运行，无乘客时则低速或停止运行）等。

图 1–8 自动扶梯

（二）自动扶梯结构概述

常见链条驱动式自动扶梯，其结构图如图 1-9 所示。它一般由梯级、牵引构件、梯路导轨系统、驱动装置、张紧装置、扶手装置和桁架等组成，其中梯级、牵引构件及梯路导轨系统广义上可称为自动扶梯梯路。

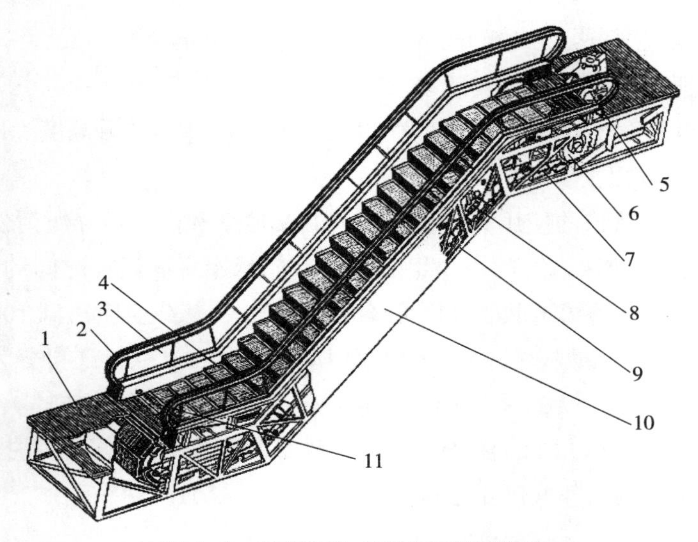

图 1-9　链条驱动式自动扶梯结构图

1. 楼层板；2. 扶手带；3. 玻璃护栏；4. 梯级；5. 端部驱动装置；6. 牵引链轮；7. 牵引链条；
8. 梯级链；9. 支撑结构；10. 护壁板；11. 梳齿板（前沿板）

1. 梯级

梯级是一种特殊结构的小车，有主轮、辅轮各两只。梯级的主轮轮轴与牵引链条铰接在一起，辅轮轮轴不与牵引链条连接，所有梯级沿事先布置好且有一定规律的导轨运行，保证在自动扶梯上层分支导轨上运行时保持梯级水平，下层分支导轨上运行时则梯级倒挂运行。

梯级是扶梯中数量最多的部件，一般小提升高度的自动扶梯中有 50 个～100 个梯级，大提升高度的自动扶梯中会多达 600 个～700 个梯级。由于梯级数量众多、工作负荷大、始终运转，所以梯级的质量决定了自动扶梯的性能和质量。我们要求梯级自重小、装拆维修方便、工艺性好、使用安全可靠等，目前梯级多采用铝合金或不锈钢材质整体压铸而成。

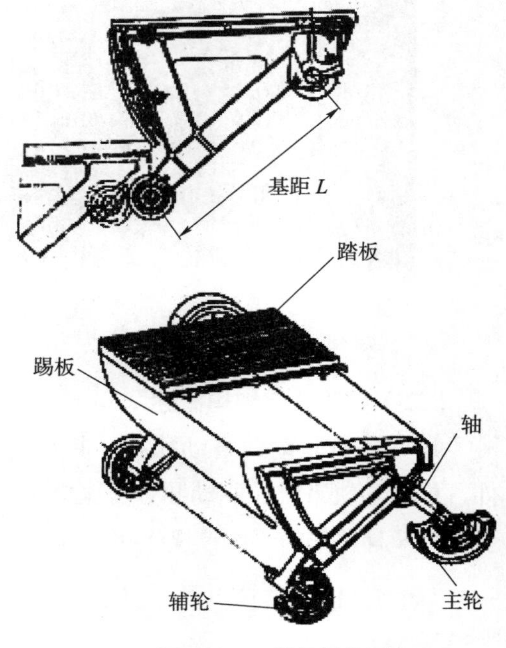

图 1-10　梯级结构图

在每个梯级中，还可根据其功能区分为梯级踏板、踢板、车轮等部分，梯级结构如图 1-10 所示。梯级踏板表面应具有凹槽，它的作用是使梯级通过扶梯上下出入口时，能嵌在梳齿板中，保证乘客安全，防止将脚或物品卡入受伤；另外能增大摩擦力，防止乘客在梯级上滑倒。槽的节距应有较高精度，一般槽深为 10 mm，槽宽为 5 mm～7 mm，槽齿顶宽为 2.5 mm～5 mm。踢板面为圆弧面，小提升高度扶梯的梯级踢板做成有齿的，而在梯级踏板的后端也做成齿形，这样可以使后一个梯级踏板后端的齿嵌入前一个梯级踢板的齿槽内，使各梯级间相互进行导向，大提升高度自动扶梯的梯级踢板可做成光面。车轮是每个梯级上最为重要的部分，一个梯级有 4 只车轮，两只铰接于牵引链条上的为主轮，两只直接装在梯级支架短轴上的为辅轮。扶梯梯级车轮的特点是工作转速较低（为 80 r/min～140 r/min），工作载荷大（8 000 N 或更大），外形尺寸受到限制（直径 70 mm～180 mm），所以决定车轮使用寿命的主要因素是轮圈材料和轴承。轮圈材料可采用橡胶、塑料等制成，橡胶轮圈可使梯级运转平稳，减少噪声，目前较多采用聚氨酯橡胶代替过去常用的丁腈橡胶。公共交通型自动扶梯的主轮宽度一般较大，多为 50 mm，以增加车轮的耐用性；而普通型自动扶梯的主轮轮缘宽度约为 30 mm。

梯级具有几个重要尺寸参数：

（1）梯级宽度：常见为 600 mm、800 mm、1 000 mm 等；

（2）梯级深度：梯级踏板的深度，为保证乘客能够稳定地站立，此尺寸须大于 380 mm；

（3）梯级基距：主轮与辅轮之间的距离，一般为 310 mm～350 mm；

（4）轨距：梯级中两主轮之间的距离；

（5）梯级间距：一般为 400 mm～405 mm。

其中对梯级结构影响较大的参数是梯级基距。基距一般分为短基距、长基距和中基距 3 种。短基距梯级制造方便，能减小牵引轮直径，使自动扶梯结构紧凑，但会带来梯级稳定性差的问题；长基距梯级避免了稳定性差的问题，运转平稳，但整体结构尺寸较大，牵引链轮直径较大，我国目前多采用中基距梯级。

2. 牵引构件

自动扶梯的动力牵引装置根据其安装在扶梯上的位置，分为采用牵引链条的端部驱动和采用牵引齿条的中部驱动两种。使用牵引链条的端部驱动装置装在扶梯水平直级区段的末端，即端部驱动式；使用牵引齿条的中部驱动装置则装在扶梯倾斜直线区段上、下分支中，即中部驱动式。

（1）牵引链条

端部驱动装置所用的牵引链条一般为套筒滚子链，它由链片、小轴和套筒等组成。在我国自动扶梯制造业中，一般都采用普通套筒滚子链，因为这种链条具有较高的可靠性且安装方便。目前所采用的牵引链条分段长度一般为 1.6 m，为了减少左右两根牵引链条在运转中发生偏差而引起梯级的偏斜，对梯级两侧同一区段的两根牵引链条的长度公差应该进行选配，保证同一区段两根牵引链条的长度累积误差尽量接近，所以牵引链条在出厂时，就应标明选配的长度公差。

牵引链条是自动扶梯主要的传递动力构件，其质量及运行情况直接影响自动扶梯的运行平稳和噪声，图 1-11 为常用牵引链条的结构图。梯级主轮可置于牵引链条的内侧，如图 1-11（a），或外侧，也可置于牵引链条的两个链片之间，如图 1-11（b）所示。梯级主轮置于牵引链轮内、外侧的链条的结构，可采用较大的主轮，例如直径为 100 mm 或更大，能承受较大的轮压，可以使用大尺寸的链片，且链片在进行调质处理后，适用于公共交通型等长期重载工况的自动扶梯；装在牵引链条两链片之间的主轮，既是梯级的承载件，又是与牵引链轮相啮合的啮合件，因而主轮直径受到限制，图 1-11（b）所示的结构直径为 70 mm。主轮外圈由耐磨塑料制成，内装高质量轴承。这种特殊塑料的轮外圈既可满足轮压的要求，又可降低噪声，适用于提升高度较低的普通型自动扶梯。

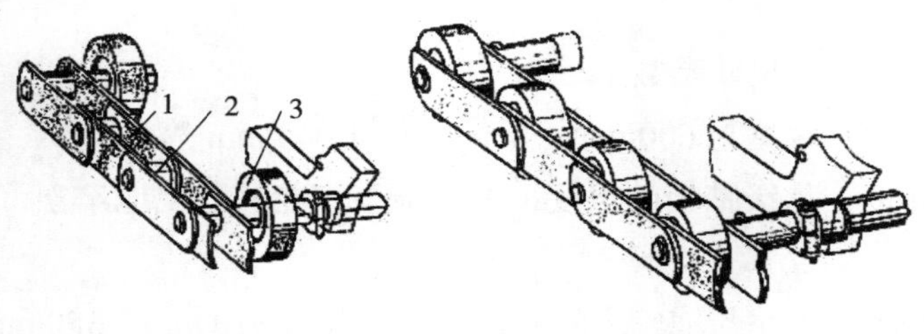

（a）主轮在牵引链条内侧　　（b）主轮在两牵引链片之间

图 1-11　牵引链条结构图

1. 链片；2. 套筒；3. 主轮

节距是牵引链条的主要参数，节距小链条工作平稳，但是关节增多，链条自重和成本加大，而且关节处的摩擦损失大；反之，节距大则自重轻，价格便宜，但为保持工作平稳，链轮齿数和直径也要增大，这就加大了驱动装置和张紧装置的外形尺寸。一般自动扶梯两梯级间的节距采用 400 mm～406.4 mm，牵引链条节距有 67.7 mm、100 mm、101.6 mm、135 mm、200 mm 等几种。大提升高度的自动扶梯采用大节距牵引链条，例如提升高度 60 m 的自动扶梯采用 200 mm 节距的牵引链条；小提升高度的自动扶梯采用小节距牵引链条，例如 4 m 自动扶梯则可采用 67.7 mm 节距链条。

如前所述，自动扶梯向上运动时，在牵引链条的闭合环路上，牵引链轮绕入分支处受力最大，因此在该处牵引链条断裂的可能性最大，特别当满载时。如果牵引链条在该处断裂，则该断裂处以下的梯级与牵引链条将一起急速向下移动而弯折，从而使该处产生一空洞，可能使乘客受到伤害，这一情况必须得到有效预防。图

1-12 所示的是防止牵引链条断链弯折的一种结构：与梯级主轮铰接的链片上各伸出一段相互对着的锁挡，其间隙为 1 mm，同时在梯级主轮上方装有反轨，在牵引链条上装有压链反板，当断链时，由于压链反板压着牵引链条，使它不能向上弯折，又由于两链片的锁挡相互顶着，使链条不能向下弯折，于是在断链的瞬间，牵引链条类似一个刚性的支撑物支撑在倾斜的梯路中，从而使一系列梯级基本保持在原来位置，确保乘客安全。

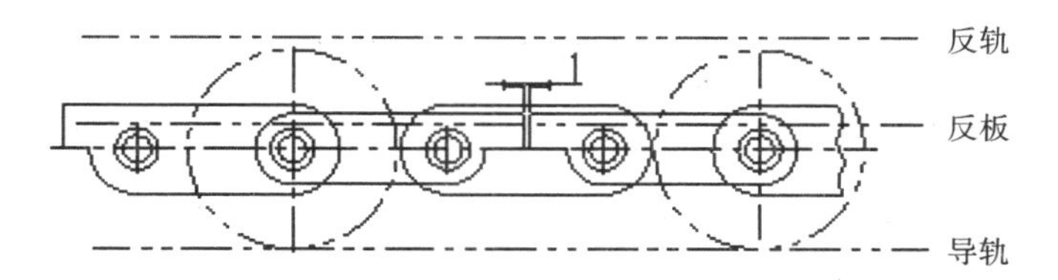

图 1-12　牵引链条断链弯折结构图

（2）牵引齿条

中间驱动装置所使用的牵引构件是牵引齿条，它多为一侧有齿。两梯级间用一节牵引齿条连接，中间驱动装置机组上的传动链条的销轴与牵引齿条相啮合以传递动力，图 1-13 是中间驱动装置机组上所用的牵引齿条结构。

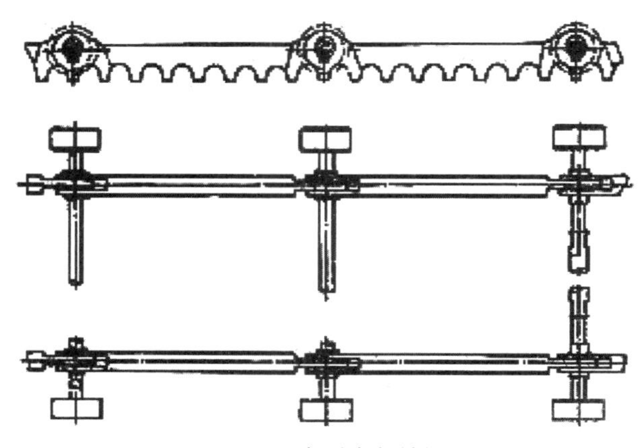

图 1-13　牵引齿条结构图

牵引齿条的另一种结构：齿条两侧都制成齿形，一侧为大齿，另一侧为小齿。牵引齿条的大齿用途如前所述，小齿则用以驱动扶手胶带。

牵引构件必须选择合理可靠的安全系数，保证自动扶梯的正常可靠运行。安全系数 n 的选择一般按如下原则进行：对于大提升高度的自动扶梯 n=10；对于小提升高度的自动扶梯 n=7，我国自动扶梯标准规定安全系数 n 不得小于 5。

3. 梯路导轨系统

（1）自动扶梯导轨、反轨

自动扶梯的梯级沿着金属结构内按要求设置的多根导轨运行，形成阶梯，因此从广义上讲，导轨系统也是自动扶梯梯路系统的组成部分。自动扶梯梯路导轨系统包括主轮和辅轮所用的全部导轨、反轨、反板、导轨支架及转向壁等。导轨系统的作用在于支撑由梯级主轮和辅轮传递来的梯路载荷，保证梯级按一定的规律运动以及防止梯级跑偏等。

支撑各种导轨的导轨支架及异形导轨如图 1-14 所示，导轨的材料可用冷拉或冷轧角钢或异形钢材制作，反轨由于处于梯级控制运行状态区域，可用热轧型钢制作。

在工作分支的上、下水平区段处，导轨侧面与梯级主轮侧面的平均间隙要求小于 0.5 mm，以保证梯级能顺利通过梳齿板，其他区段的间隙要求小于 1 mm。

（2）转向壁

当牵引链条通过驱动端牵引链轮和张紧端张紧链轮转向时，梯级主轮已不需要导轨及反轨了，该处是导轨及反轨的终端。该导轨的终端不允许超过链轮的中心线，并制成喇叭口型式易于导向。但是辅轮经过驱动端与张紧端时仍然需要转向导轨，这种辅轮将终端转向导轨做成整体式的，即转向壁，如图 1-15 所示。转向壁将与上分支辅轮导轨和下分支辅轮导轨相连接。

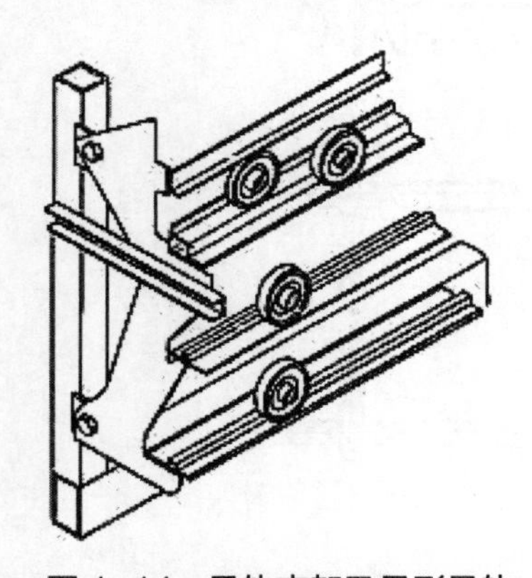

图 1-14　导轨支架及异形导轨

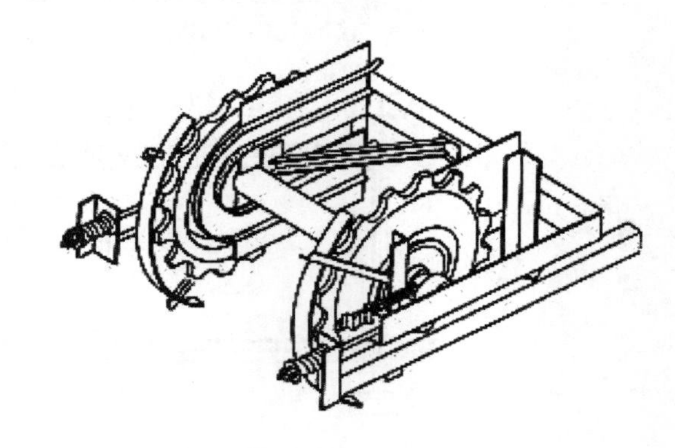

图 1-15　转向壁

由于中间驱动装置位于自动扶梯的中部，因而在驱动端和张紧端都没有链轮，梯级主轮行至上、下两个端部时，就需要经过如辅轮转向壁一样的转向导轨。这两个转向轨道通常各由两段约为四分之一弧段长的导轨组成，其中下部一段需要略可游动，以补偿由于长 400 mm 的牵引齿条从一分支转入另一分支时在圆周上所产生的误差，其结构如图 1-16 所示。

4. 桁架

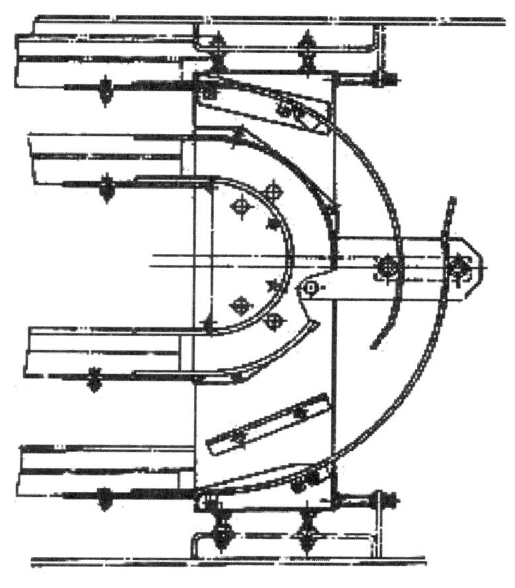

图 1-16 中间驱动转向壁

桁架是扶梯的基础构件，起着连接建筑物两个不同高度地面、承载各种载荷及安装支撑所有零部件的作用。桁架一般用多种型材、矩形管等焊接而成，对于小提升高度的自动扶梯桁架，一般将驱动段、中间段和张紧段（端部驱动扶梯）三段在厂内拼装或焊接为一体，作为整体式桁架出厂；对于大、中提升高度的自动扶梯，出于安装和运输的考虑，桁架一般采用分体焊接，采用多段结构，现场组装，而且为保证刚性和强度，在桁架下弦处设有一系列支撑，形成多支撑结构。

桁架是自动扶梯内部结构的安装基础，它的整体和局部刚性的好坏对扶梯性能影响较大，因此一般规定它的挠度控制在两支撑距离的 1/750 范围内，对于公共型自动扶梯要求控制在两支撑距离的 1/1 000 范围内。

5. 梳齿、梳齿板、前沿板

为了确保乘客上下自动扶梯的安全，必须在自动扶梯进、出口设置梳齿前沿板，它包括梳齿、梳齿板、前沿板 3 部分，如图 1-17 所示。梳齿的齿应与梯级的齿槽相啮合，齿的宽度不小于 2.5 mm，端部修成圆角，保证在啮合区域即使乘客的鞋或物品在梯级上相对静止，也会平滑地过渡到楼层板上。一旦有物品不慎阻碍了梯级的运行，梳齿被抬起或位移，就触发微动开关切断电路使扶梯停止运行。梳齿的水平倾角不超过 40°，梳齿可采用铝合金压铸而成，也可采用工程塑料制作。

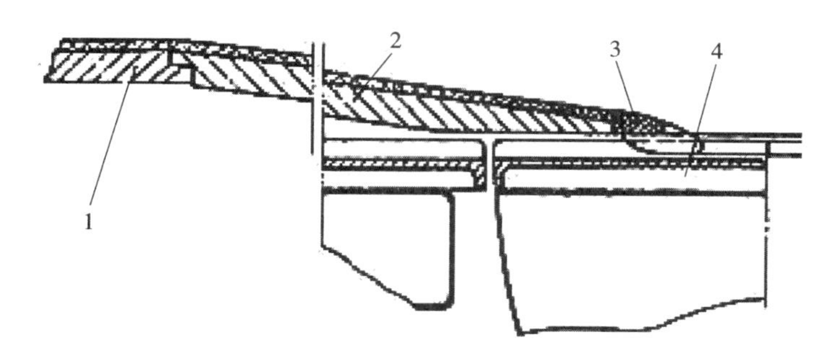

图 1-17 梳齿前沿板示意图

1. 前沿板；2. 梳齿板；3. 梳齿；4. 梯级踏板

梳齿板被固定支撑在前沿板上并固定梳齿，水平倾角小于10°，梳齿板的结构为可调，保证梳齿啮合深度大于6 mm。

自动扶梯梯级在出入口处应有导向，使从离开梳齿梯级的平直段和将进入梳齿板梯级的平直段至少为0.8 m（该距离从梳齿根部量起）。在平直运动段内，两个相邻梯级之间的最大高度误差为4 mm。若额定速度大于0.5 m/s或提升高度大于6 m，该平直段至少为1.2 m（始测点与上述相同）。

（三）自动扶梯制动器

由于自动扶梯所承运的是乘客，提升高度大，所以其工作的安全可靠程度就显得非常重要。自动扶梯必须保证当设备发生故障，或因停电、地震等发生时，能够有效并最大程度地保证人员的安全，所以自动扶梯采用了一系列的安全制动装置，其中包括工作制动器、紧急制动器和辅助制动器等。

1. 工作制动器

工作制动器一般装在电动机高速轴上，它必须使自动扶梯在停车过程中，以人体能够承受的减速度停止运转，在停车后能够保持可靠的停住状态。工作制动器在动作过程中应反应灵敏迅速，无延迟现象。工作制动器必须采用常闭式，即自动扶梯不工作时始终为可靠的停住状态；而在自动扶梯正常工作时，通过持续通电由释放器（电磁铁装置）输出力或力矩，将制动器打开，使之得以运转；在制动器电路断开后，电磁铁装置的输出力消失，工作制动器立即制动，工作制动器的制动力必须由有导向的压缩弹簧或重锤来产生。自动扶梯的工作制动器常使用制动臂式、带式或盘式制动器等几种方式。

2. 紧急制动器

在驱动机组与驱动主轴间使用传动链条传动时，如果传动链条断裂，两者之间即失去联系，此时即使有安全开关使电源断电，驱动电动机停止运转，但自动扶梯梯路由于自身及载荷重力的作用，也无法停止运行。特别是在有载上升时，自动扶梯梯路将突然反向运转和超速向下运行，导致乘客受到伤害。于是人们在自动扶梯驱动主轴上装设了一个制动器，采用机械方法使驱动主轴（梯级）在发生突然事故时整个停止运行，这个制动器被称作紧急制动器。

紧急制动器在下列情况下设置：

（1）工作制动器和梯路系统间是以传动链条连接的；

（2）工作制动器不是使用机电式制动器的；

（3）公共交通型自动扶梯。

紧急制动器的功能：在制动力作用下，有载自动扶梯（自动人行道）以较明显的减速度停止下来并保持静止状态；不需要保证工作制动器的制动距离，但要能在紧急情况下切断控制电路；紧急制动器应该是机械式的，利用摩擦原理通过机械结构进行制动。

紧急制动器应在下列两种情况发生时起作用：首先，梯级速度超过额定速度的40%之前；其次，梯级突然改变其规定的运行方向时。

3. 辅助制动器

辅助制动器（如图1-18所示）的作用在于自动扶梯停车时起保险作用，尤其是在满载下降时，其作用更为显著。图1-18中，位于上侧的制动钢带是辅助制动器，下侧的制动钢带是工作制动器，它们的结构一样，功能相同。工作制动器是必备的，而辅助制动器则是根据用户的要求增加的。在自动扶梯正常工作时，辅助制动的电磁铁上的卡头将拉杆卡住，使制动器处于释放状态，不起制动作用。当需要辅助制动器动作时，监控装置发出信号，电磁铁将卡头收回，拉杆在弹簧作用下动作，制动带拉杆上的弯件驱动开关，使自动扶梯停止运行。

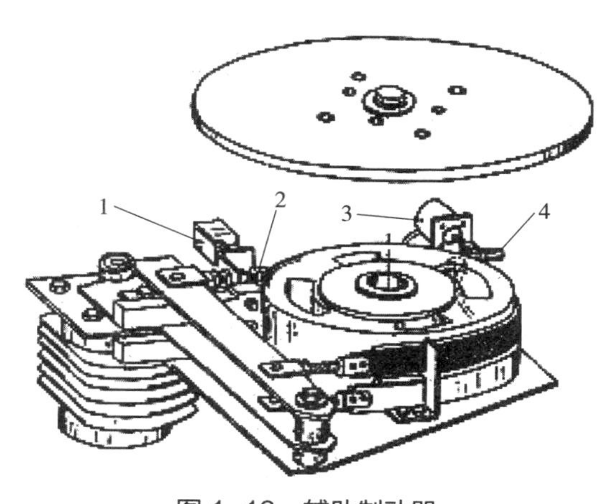

图1-18　辅助制动器

1. 开关；2. 弯件；3. 弹簧；4. 电磁铁

（四）扶手带装置

扶手带装置是自动扶梯中的重要安全部件，一是防止乘客不慎滑落扶梯，二是由于扶手带与梯级同步运行，可以保证乘客站稳不致跌倒。自动扶梯在装备了扶手带装置后，才逐渐进入实用阶段。

扶手带装置由扶手带、驱动系统、扶手带张紧装置、护壁板及相关装饰部件等组成。扶手带装置可以看作是装设在自动扶梯梯路两侧特种结构型式的胶带输送机，同时还可根据环境的特点选择彩色扶手胶带，与建筑物及装饰和谐地融为一体，成为建筑结构中的一个亮点。扶手带装置具体结构如图1-19所示。

自动扶梯在空载运行情况下，能源主要消耗于克服梯路系统和扶手带系统的运行阻力，其中扶手带运行阻力约占空载总运行阻力的80%，减少扶手带运行阻力可以大幅度地降低能源消耗。

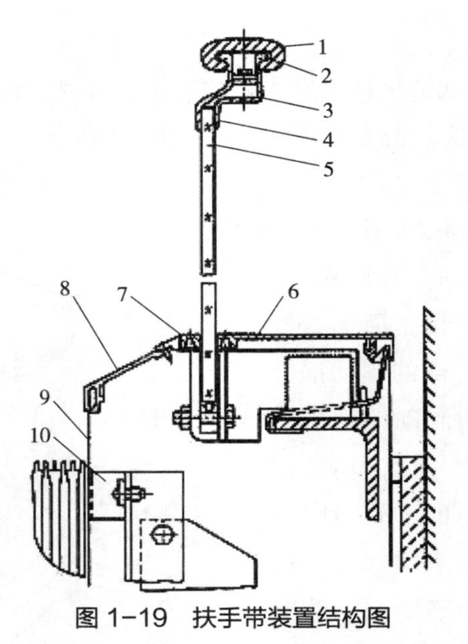

图 1-19　扶手带装置结构图

1. 扶手带；2. 扶手带导轨；3. 扶手带支架；4. 玻璃垫条；5. 护壁板（钢化玻璃）
6. 外盖板；7. 内盖板；8. 斜盖板；9. 围裙板；10. 安全保护装置

1. 扶手带

扶手带（如图 1-20 所示）是一种边缘向内弯曲的橡胶带，由橡胶外层、帘子布层、钢丝层、摩擦层等组成，一般为黑色，随着对建筑物装饰美化要求的提高，现在也出现了红色、蓝色等彩色扶手带供业主选择。

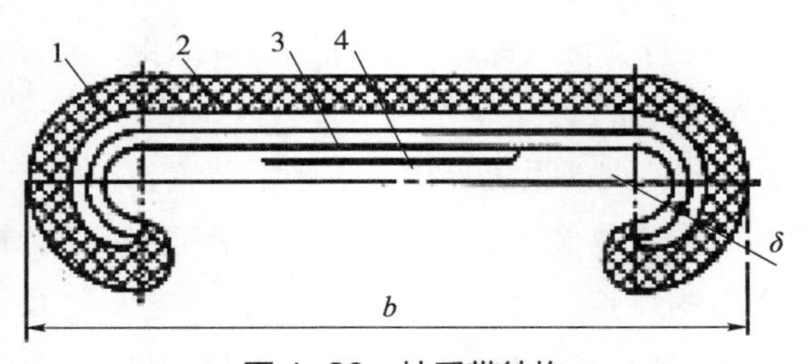

图 1-20　扶手带结构

1. 橡胶外层；2. 帘子布层；3. 钢丝层；4. 摩擦层；δ. 厚度；b. 宽度

扶手带按照内部衬垫不同可分为如下几种：

（1）多层织物衬垫扶手胶带：此种结构具有延伸率大的特点，在使用时必须注意调整带的张紧装置。

（2）织物夹钢带扶手胶带：此结构在工厂生产时制成闭合环形带，具有不须在工地拼接，延伸率小，调整工作量小的特点；缺点是长期使用后钢带与橡胶织物间易脱胶，脱胶后钢带会在扶手胶带内隆起，甚至戳穿帆布造成扶手带损坏。

（3）夹钢丝绳织物扶手胶带：这种结构在织物衬垫层中夹一排细钢丝绳，既增加扶手胶带的强度，又可控制扶手胶带的延伸，这种扶手胶带在工厂生产时制成闭合环形，不须在工地拼接，综合性能良好。我国生产的自动扶梯多采用这种结构，并且扶手胶带宽度一般为 b=80 mm～90 mm，厚度 δ=10 mm。

2. 扶手带支架与导轨装置

扶手带支架（护壁板）是自动扶梯展示给乘客的“外貌”，自动扶梯的外形美观程度及与建筑物内部的色彩、装修结构的协调性，都通过其展示出来。扶手带支架结构分为全透明无支撑式、半透明支撑式及不透明有支撑式等，其中全透明无支撑式占绝大部分，全透明无支撑结构一般由高强度钢化玻璃构成。为了进一步提高扶梯的装饰性和改善扶梯部分的照明亮度，扶手带支架上还可装设一系列的照明灯具，这些照明灯具安装在扶手带支架下，给扶手带和梯级照明。为防止发生意外碰触，照明灯外侧必须设置透明灯罩。图 1-21 分别展示了带照明装置的扶手带支架和不带照明的苗条型扶手带支架装置。扶手带导轨一般采用冷拉型材或不锈钢型材制成，安装在扶手带支架上，对扶手带起支撑和导向作用。

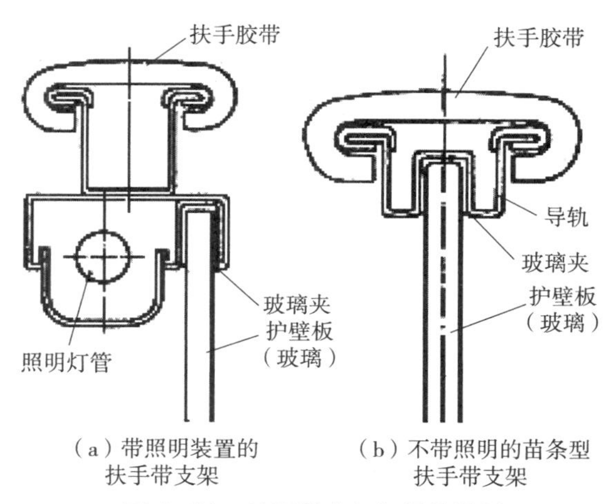

图 1-21　扶手带支架与导轨装置

3. 扶手带驱动装置

扶手带驱动装置的功能是驱动扶手带运行，并且保证其运行速度与梯级同步，两者之间的速度差不大于 2%。目前常用的扶手带驱动装置有摩擦轮驱动、压滚轮驱动和端部轮式驱动 3 种形式。

（1）摩擦轮驱动装置

摩擦轮驱动装置是利用扶手带驱动轮与扶手胶带之间的摩擦力，驱动扶手带以梯级同步的速度运行的装置，其整体布置如图 1-22 所示。此种方式由于扶手胶带会反复多次弯曲，增加了扶手胶带的驱动阻力，同时还会对扶手胶带的寿命有较大的影响。扶手胶带的压紧装置如图 1-23 所示。

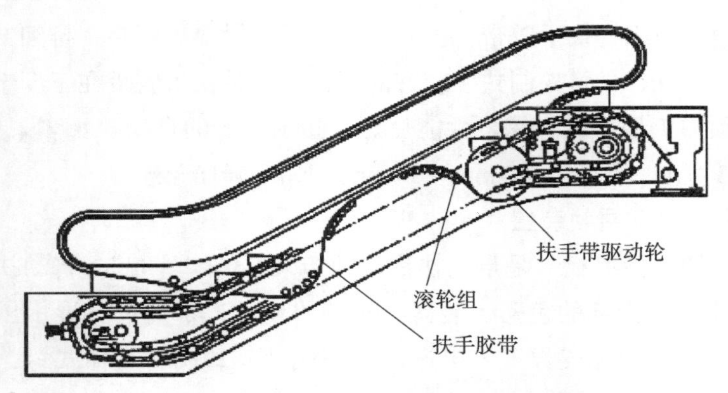

图 1-22　摩擦轮驱动装置

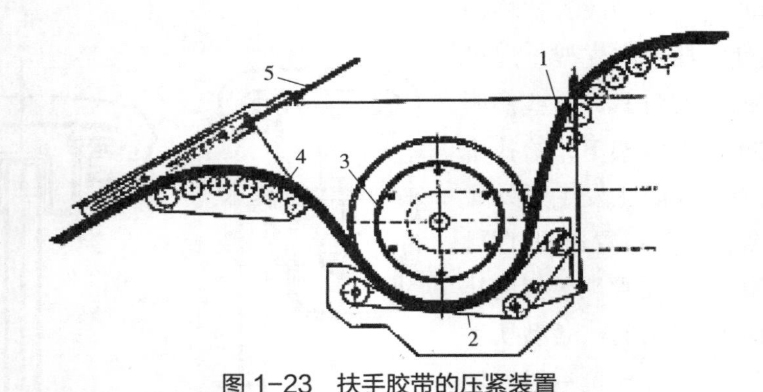

图 1-23　扶手胶带的压紧装置

1. 扶手胶带；2. 压紧带；3. 扶手带驱动轮；4. 滚轮组；5. 扶手带张紧装置

（2）压滚驱动装置

压滚驱动装置由包围在扶手胶带上、下两侧的两组压滚轮组成。上侧压滚轮组由自动扶梯的驱动主轴获得动力驱动扶手胶带，下侧压滚轮组从动，仅压紧扶手胶带（如图 1-24 所示）。这种结构的扶手胶带基本上是顺向弯曲，较少反向弯曲，弯曲次数大大减少，降低了扶手胶带的僵性阻力。由于不是摩擦驱动，扶手胶带不再需要启动时的初张力，调整装置只是用以调节扶手胶带长度的制造误差而设，因此能大幅度减少运行阻力，同时也延长了扶手胶带的使用寿命。测试结果表明这种结构型式较摩擦轮驱动装置的运行阻力减少约 50%。

（3）端部轮式驱动装置

端部轮式驱动装置具体结构如图 1-25 所示。从工作原理上来讲，端部轮式驱动也属于摩擦轮驱动方式，不同的是将驱动轮置于扶梯的端部，可有效地加大扶手带在驱动轮上的包角，提高驱动能力，并且不须对扶手带施加过大的张紧力。采用此种驱动装置具有驱动效率较高、较易保证扶手带与梯级运行的同步、扶手带伸长量小、带寿命较长等特点，但此方式不适用于透明护壁板扶梯。

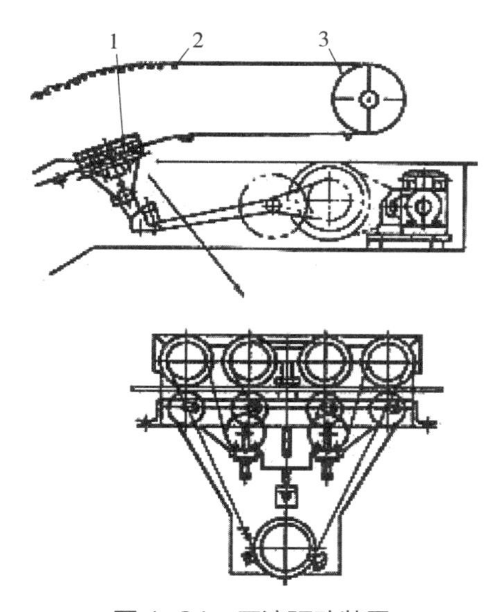

图 1-24 压滚驱动装置

1. 扶手带驱动装置；2. 滚子组；3. 导向轮

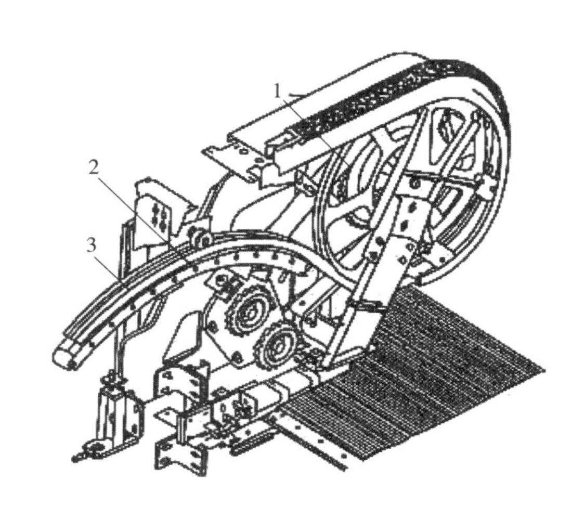

图 1-25 端部轮式驱动装置

1. 驱动轮；2. 张紧弓；3. 扶手带

（五）自动扶梯安全装置及安全措施

自动扶梯运行是否安全可靠，直接关系每一个乘客的生命安全，所以必须在设计、生产、安装、使用等过程中，将可能发生的危险情况全面周到地考虑清楚，并采用有效的措施加以防范和控制。目前在自动扶梯中，设置了较多的安全装置。这些安全装置在扶梯上的安装位置如图 1-26 所示。

1. 安全装置

（1）急停按钮

在扶手盖板上装有一个红色紧急开关（如图 1-27 所示），其旁边装有钥匙开关，可以按要求方向打开。紧急开关装在醒目而又容易操作的地方。在遇到紧急情况时，按下开关，即可立即停车。

（2）工作制动器

工作制动器是自动扶梯正常停车时使用的制动器。一般采用制动臂式制动器、带式制动器或盘式制动器。

（3）紧急制动器

紧急制动器是在紧急情况下起作用的。在驱动机组与驱动主轴间采用传动链条进行连接时，应设置紧急制动器。为了确保乘客的安全，即使提升高度在 6 m 以下，也应设置。

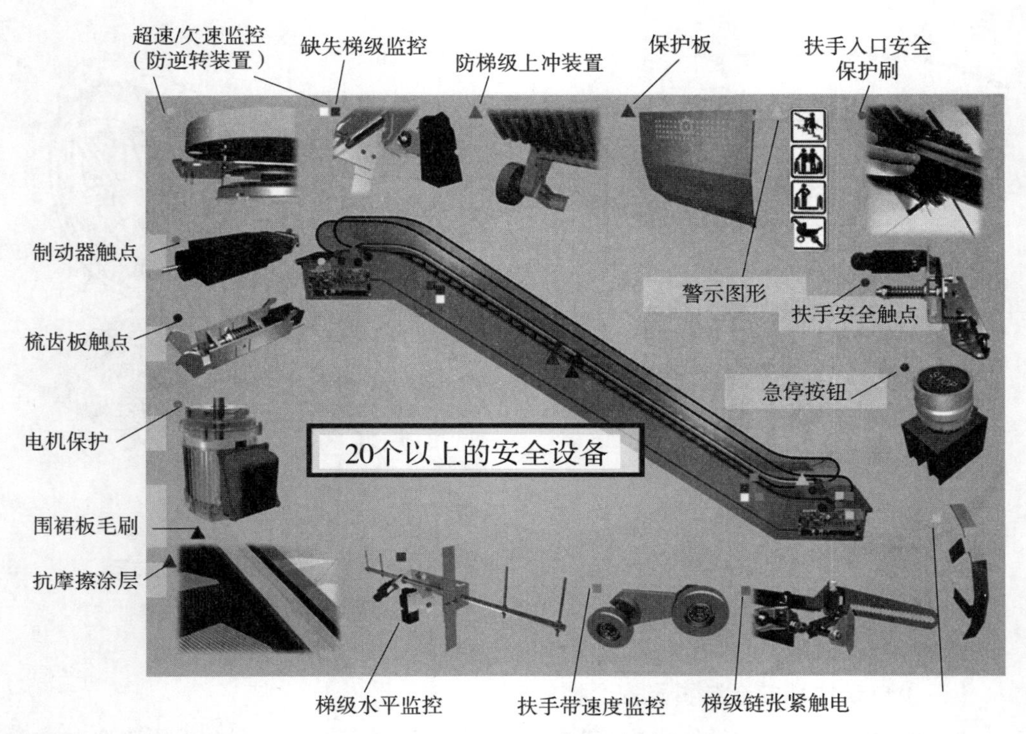

（a）自动扶梯的安全设备

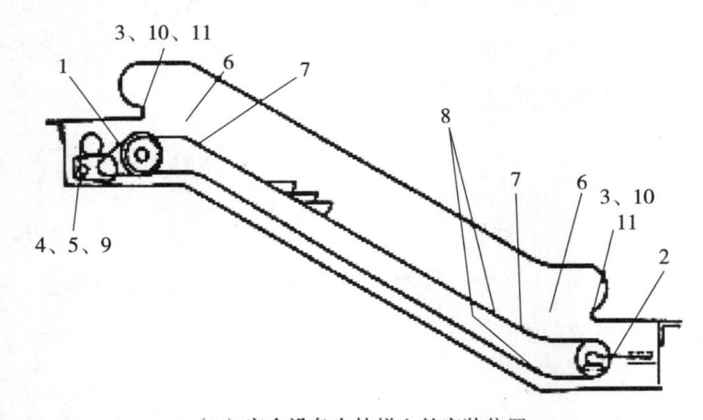

（b）安全设备在扶梯上的安装位置

图 1-26　安全装置在扶梯上的安装位置示意图

1. 驱动链安全装置；2. 梯级链安全装置；3. 扶手带入口安全装置；4. 电磁制动器；5. 限速器；6. 围裙板安全装置；7. 弯曲部导轨安全装置；8. 梯级滚轮安全装置；9. 不反转装置；10. 急停按钮；11. 梳齿安全装置

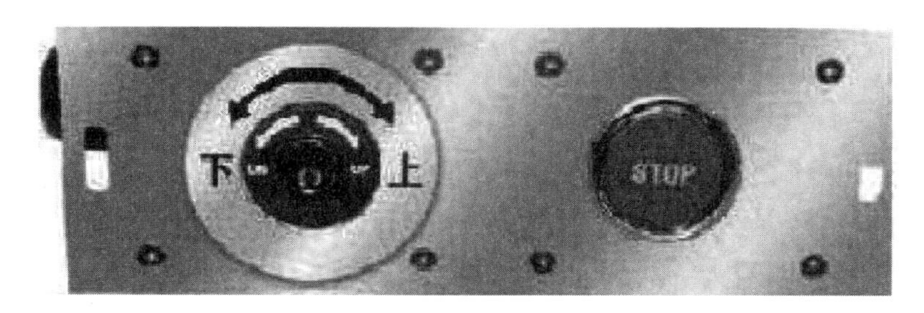

图 1-27　急停按钮

（4）围裙板保护装置

如图 1-28 所示，为了防止异物插入梯级与围裙板之间的间隙，造成对人员的伤害，同时为了防止梯级跑偏与梳齿错位，造成设备的损坏，一些制造厂家针对围裙板可能产生的变形虽然能满足标准的要求，即不大 4 mm，但考虑到 1 mm～3 mm 的间隙仍然存在挤夹的风险，采取了进一步降低风险的防护措施，在自动扶梯的上、下进出口接近水平运行段设置了电气开关。此安全装置不是国家强制要求的。

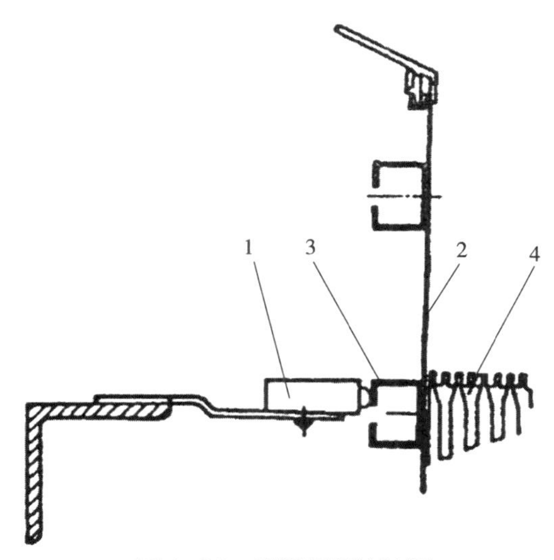

图 1-28　围裙板保护装置

1. 电气保护开关；2. 围裙板；3. 加强型钢；4. 梯级

（5）出入口保护装置

为防止人的手或手指被扶手带带入围裙板内而造成伤害（特别是小孩儿由于好奇而用手抓扶手带时，手被带入），安全开关安装在自动扶梯的 4 个扶手端部的扶手带出入口处。该装置中含有一只滚轮压杆式开关。当人的手随扶手带运动至出入口时，手指将会触发滑块，滑块在滑槽内靠左运行，同时触发电气开关，切断控制系统，使自动扶梯停止运行。扶手带出入口保护装置如图 1-29 所示。

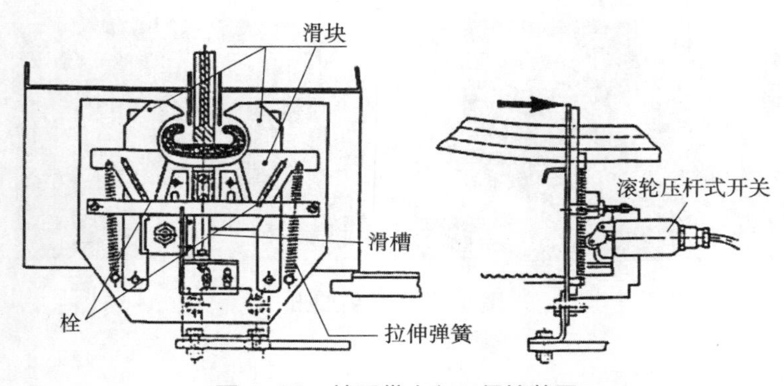

图 1-29　扶手带出入口保护装置

（6）梳齿板保护装置

梳齿板保护装置（如图 1-30 所示）是当异物卡在梯级踏板与梳齿板之间，梯级无法与梳齿板正常啮合时，梯级的前进力将梳齿板抬起移位，使微动开关动作，导致扶梯停止运行，达到安全保护的作用的装置。

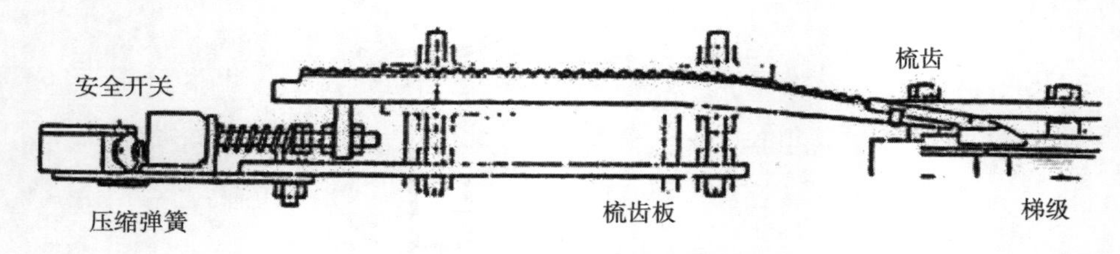

图 1-30　梳齿板保护装置

（7）超速和防逆转保护装置

超速常常发生在满载下行时，速度的加大可能会造成乘客在到达下出口后不能及时地离开，而造成人员堆积的情况，由此可能引发挤压和踩踏事故。自动扶梯和自动人行道应在速度超过名义速度的 1.2 倍之前自动停止运行。如果采用速度限制装置，该装置应能在速度超过名义速度的 1.2 倍之前切断自动扶梯或自动人行道的电源。

自动扶梯和倾斜角大于或等于 6° 的倾斜式自动人行道应设置一个装置，使其在梯级、踏板或胶带改变规定运行方向时自动停止运行。 逆转一般是发生在正常满载上行时，梯级突发改变方向而向下溜车，其造成的后果也是乘客在到达下出口后不能及时地离开而堆积，由此引发挤压和踩踏事故。

（8）传动链伸长或断裂保护设备

传动链条由于长期在大负荷状况下传递拉力，不可避免地要发生链节及链销的磨损、链节的塑性拉伸、链条断链等情况，而这些事故一旦发生，将直接威胁乘客的人身安全，所以在传动链条张紧装置中张紧弹簧端部装设触点开关，如果传动链条磨损或其他原因伸长或断链时，触点开关能切断电源使自动扶梯停止运行。

（9）梯级塌陷保护装置

梯级是运载乘客的重要部件，如果损坏是很危险的。当梯级损坏而塌陷时，梯级进入水平段无法与梳齿板啮合，角形杆碰到梯级塌陷保护装置（如图 1-31）的立杆，转轴随之转动，触发开关，自动扶梯停止运转。梯级塌陷保护装置开关动作如图 1-32 所示。

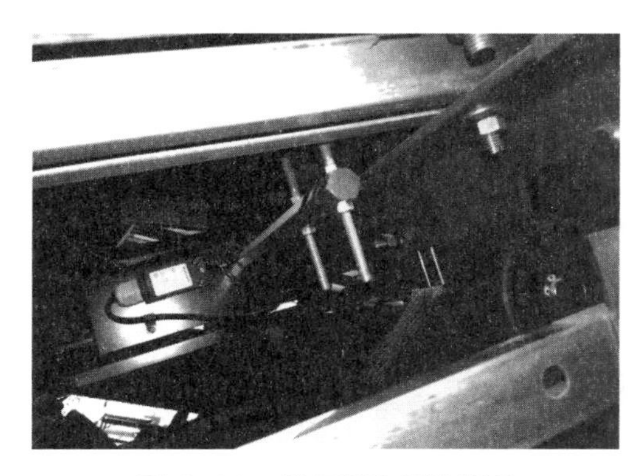

图 1-31 梯级塌陷保护装置

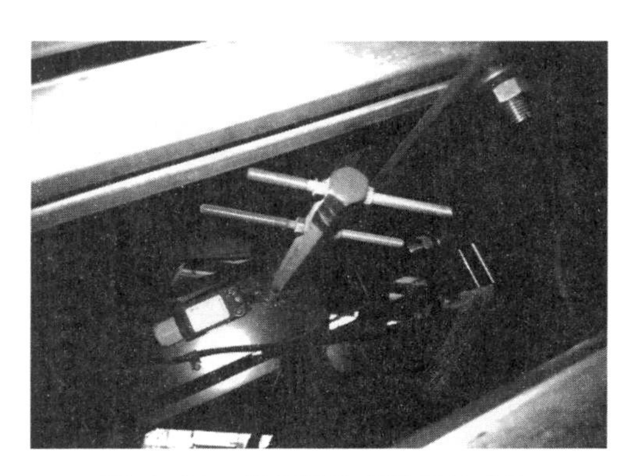

图 1-32 梯级塌陷保护开关动作

（10）梯级缺失保护装置

自动扶梯和自动人行道应当能够通过装设在驱动站和回转站的装置检测梯级或踏板的缺失，并在缺口（由梯级或踏板缺失而导致的）到达梳齿板位置出现之前停止。梯级缺失保护开关常见有光电式和磁感应式，该保护开关（如图 1-33）安装在驱动主轴旁，当检测到梯级或跳板缺失时，立即让自动扶梯停止运行，并确保缺口在梳齿板位置出现之前停止自动扶梯运行。

图 1-33 梯级缺失保护装置

（11）检修盖板和上下盖板保护装置

检修盖板被打开后，就可以进入扶梯的机房，如果此时扶梯仍能正常运行会存在安全隐患。因此在检修盖板和上、下盖板时应配备一个监控装置（如图 1-34 所示）。当打开桁架区域的检修盖板和（或）移去或打开楼层板时，驱动主机应当不能启动或者立即停止。

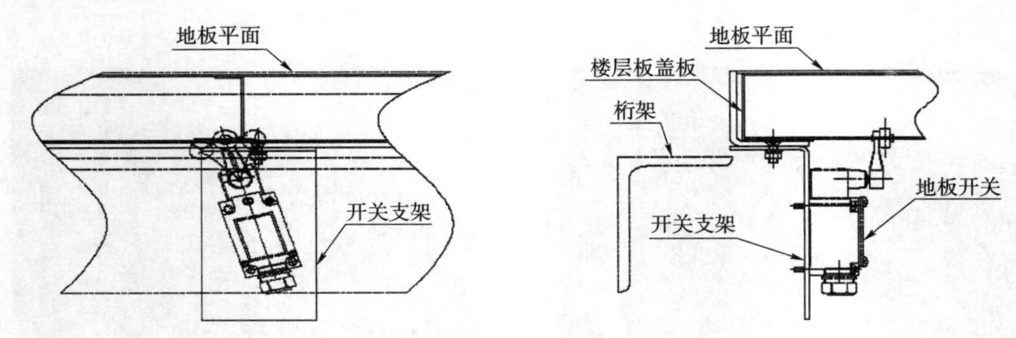

图 1-34　盖板监控装置

（12）梯级间隙照明装置

在梯路上、下平区段与曲线区段的过渡处，梯级在形成阶梯，或在阶梯的消失过程中，乘客的脚往往踏在两个梯级之间而发生危险。为了避免上述情况的发生，在上、下水平区段的梯级下面各安装一个绿色荧光灯，使乘客经过该处看到绿色荧光时，及时调整在梯级上站立的位置。

（13）电机超载保护

当超载或电流过大时，热继电器自动断开使自动扶梯停车，在充分冷却后，可重新启动工作，以保护电机不致烧毁。

（14）相位保护

当电源相位接错或相位缺相时，自动扶梯应不能运行。

2. 安全措施

（1）出入口设置

在自动扶梯和自动人行道的出入口，应有充分畅通的区域（如图 1-35 所示）。该畅通区（图中标注 *A*-*A*）的宽度至少等于扶手带外缘距离加上每边各 80 mm，该畅通区纵深尺寸（图中标注 *A*）从扶手装置端部算起至少为 2.5 m；如果该区域（图中标注 *A*-*A*）的宽度不小于扶手带外缘之间距离（图中标注 *B*-*B*）的两倍加上每边各加上 80 mm，则其纵深尺寸（图中标注 *A*）允许减少至 2 m。

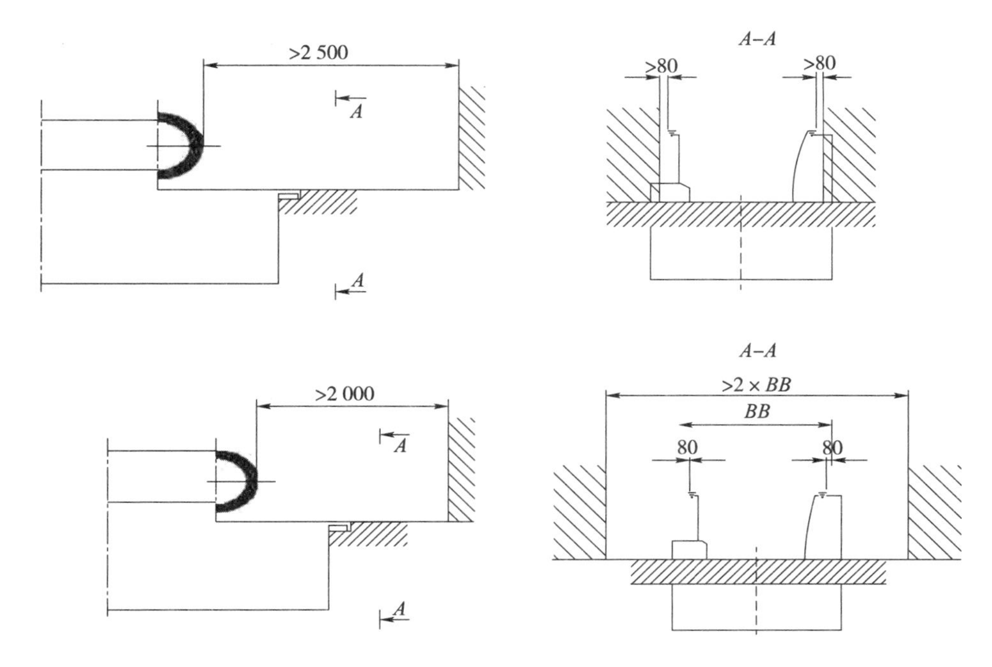

图 1-35　出入口设置尺寸示意图

（2）垂直净高

为防止人员的头部撞到上方异物造成危险，自动扶梯的梯级或自动人行道的踏板或胶带上方垂直净高度 h_4 不应小于 2.3 m（如图 1-36 所示）。该净高度应当延续到扶手转向端端部。

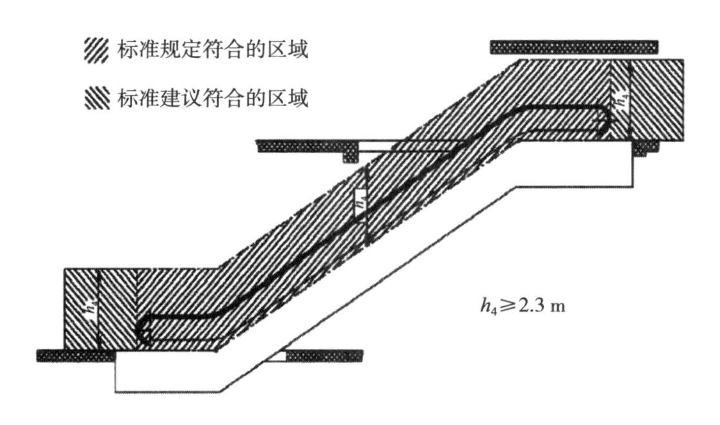

图 1-36　垂直净高尺寸示意图

（3）防护挡板

如果建筑物的障碍物会引起人员伤害，则应采取相应的预防措施。特别是在与楼板交叉处以及各交叉设置的自动扶梯或自动人行道之间，应当设置一个高度不应小于 0.3 m、无锐利边缘的垂直固定封闭防护挡板（如图 1-37 所示）位于扶手带上方，且延伸至扶手带外缘下至少 25 mm（扶手带外缘与任何障碍物之间距离大于或等于 400 mm 的除外）。

图 1-37　防护挡板设置

（4）扶手带外缘距离

为了防止人员因手握扶手带触碰到障碍物受伤，要求墙壁或其他障碍物与扶手带外缘之间的水平距离在任何情况下均不得小于 80 mm，与扶手带下缘的垂直距离均不得小于 25 mm（如图 1-38 所示）。

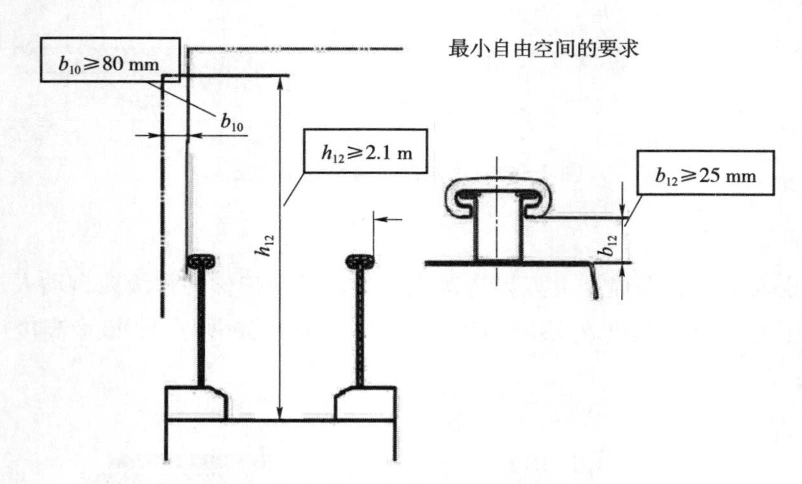

图 1-38　扶手带外缘距离

（5）扶手防攀爬设置

为防止人员跌落，在自动扶梯与自动人行道的外盖板上应当装设扶手防攀爬装置（如图 1-39 所示）。扶手防攀爬装置位于地平面上方（1 000 ± 50）mm，下部与外盖板相交，平行于外盖板方向上的延伸长度不应小于 1 000 mm，并应当确保在此长度范围内无踩脚处。该装置的高度应至少与扶手带表面齐平。

（6）围裙板防夹装置

为防止人员的手或鞋子被梯级与围裙板之间的缝隙夹住造成伤害，在自动扶梯的围裙板上应当装设围裙板防夹装置（俗称毛刷）（如图 1-40 所示）。该装置有以下几点要求：

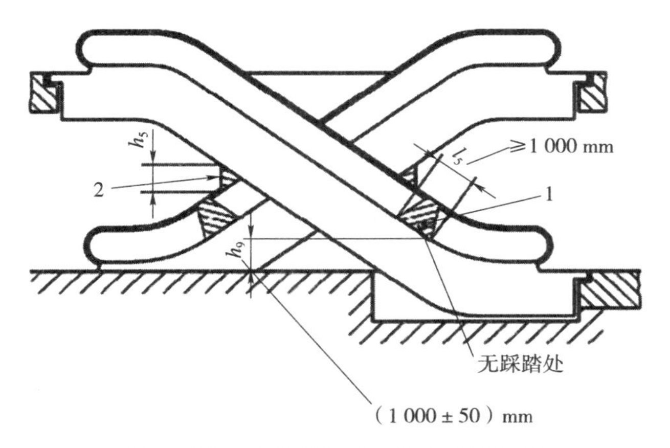

图 1-39 扶手防攀爬设置尺寸示意图

1. 防爬装置；2. 阻挡装置；h_5. 阻挡装置设有固定高度；h_9. 防爬装置；l_5. 平行于外盖板方向上的延伸长度

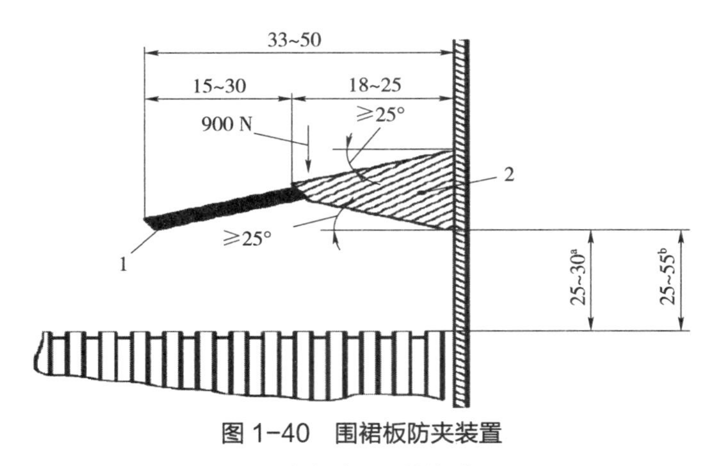

图 1-40 围裙板防夹装置

1. 柔性部分；2. 刚性部分

[a] 在倾斜区域；

[b] 在过渡段和水平区域。

注：构造不必完全与图示一致，但标注的尺寸规定必须遵守。

①由刚性和柔性部件（例如毛刷、橡胶型材）组成。

②从围裙板垂直表面起的突出量应最小为 33 mm，最大为 50 mm。

③在刚性部件突出区域施加 900 N 的力，该力垂直于刚性部件连接线并均匀作用在一块 6 cm^2 的矩形面积上，刚性部件不应产生脱离和永久变形。

④刚性部件应有 18 mm～25 mm 的水平突出，柔性部件的水平突出应为最小 15 mm，最大 30 mm。

⑤在倾斜区段，围裙板防夹装置的刚性部件最下缘与梯级前缘连线的垂直距离应在 25 mm～30 mm。

⑥在过渡区段和水平区段，围裙板防夹装置的刚性部件最下缘与梯级表面最高位置的距离应在 25 mm～55 mm。

⑦刚性部件的下表面应与围裙板形成向上不小于 25° 的倾斜角，其上表面应与围裙板形成向下不小于 25° 倾斜角。

⑧围裙板防夹装置边缘应倒圆角。坚固件和连接件不应突出至运行区域。

⑨围裙板防夹装置的末端部分应当逐渐缩减并与围裙板平滑相连。围裙板防夹装置的端点应当位于梳齿与踏面相交线前（梯级侧）不小于 50 mm，最大 150 mm 的位置。

（7）梳齿啮合

梳齿板梳齿或踏面齿应当完好，不得有缺损。梳齿板梳齿与踏板面齿槽的啮合深度至少为 4 mm，间隙不应超过 4 mm。

任务实施

1. 全班进行分组，每组 5 人～6 人，选出一名组长。

2. 以小组为单位，对工作情景进行讨论和分析，完成下列工作任务：

（1）电梯是谁发明的？电梯从发明到现在经过了哪些发展变化？

（2）根据电梯的结构组成，电梯使用中占据哪些空间？

（3）根据电梯运行过程中各组成部分所发挥的作用与实际功能，可以将电梯划分为哪几个相对独立的系统？

（4）简述自动扶梯的结构组成。

任务评价

1. 教师巡回检查各组的学习情况，记录各个小组在学习过程中存在的问题，并进行点评。

2. 教师根据各个小组的学习情况和讨论情况，对各个小组进行综合评分。

小组合作评价表

组别	评价内容分值					
	分工明确（20分）	小组内学生的参与程度（20分）	认真倾听、互助互学（20分）	合作交流中能解决问题（20分）	自主、合作、探究的氛围（20分）	总分（100分）
A组						
B组						
C组						
D组						

评价老师签名：______________

任务二
电梯安装规程

知识目标

◎ 掌握电梯安装的各项规程。

技能目标

◎ 熟悉电梯安装遵循的基本规程。

工作情景

电梯是现代建筑的一个重要组成部分，与我们的生活息息相关。电梯是如何被安装在建筑物中的？电梯零件的生产、安装及使用，应该注意哪些安全操作规程？请你认真阅读资料，带着问题一起探索电梯世界。

任务分析

掌握电梯安装的各项基本规程，是对一名电梯专业学生的基本要求。

知识准备

电梯安装是一项专业技术要求高、工艺复杂且危险性较高的工作。在多达几十道工序的安装过程中，任何一个项目的失误都可能造成电梯整机运行性能的下降，甚至造成人身伤亡事故。因此，电梯安装单位建立行之有效的安装安全质量控制体系与安全验收规范是非常必要的。

国家通过各级市场监督管理部门对电梯安装行业行使监管职能。各安装项目开始前都必须向当地市场监督管理局进行施工告知后方可开工。电梯安装完毕后须经市场监督管理局认定的电梯检测验收机构验收合格，获得检验合格标志并注册登记后方可正式投入使用。

一、总则

（1）电梯安装工应该经过技术培训和安全操作培训。

（2）电梯安装工应该熟悉和掌握起重、电工、钳工、电梯驾驶等理论知识和实际操作技术，熟悉高空作业防火和电焊、气焊的安全知识，熟悉电梯安装工艺的要求。

（3）非电梯安装工严禁操作电梯，没有电梯修理工证不得进行电梯的维修保养、更新改造操作。

（4）对违反规程的人，根据其违反规程的性质及后果，追究其经济上、行政上直至法律上的责任。

二、基本规程

（1）电梯安装工接到任务单，必须会同有关人员到现场，根据下达的施工要求和实际情况，采取切实可行的安全措施后，方可进入工地施工。

（2）施工场地必须保持清洁和畅通，材料杂物必须堆放整齐、稳固，以防倒塌伤人。

（3）操作时，必须正确使用个人劳动防护用品，严禁穿汗衫、短裤、宽大笨重的衣服和硬底鞋进行操作。集体备用的防护用品，必须做到专人保管，定期检查，使之保持完好状态。

（4）电梯层门安装前，必须在层门上设置安全护栏，并挂有醒目的标志，在未放置障碍物之前，必须有专人看管。

（5）进出轿厢、轿顶必须思想集中，看清轿厢的具体位置，方可用正确的方法进出，轿厢未停妥不准外出，严禁电梯层门一打开就进去，以防踏空下坠。

（6）在运转的绳轮两旁清洗钢丝绳，必须用长柄刷帚操作，清洗必须在慢车速度下进行，并注意电梯的运行方向，清洗对重方向的钢丝绳时应开上升车，清洗轿厢方向的钢丝绳时应开下降车。

（7）安装曳引机组、轿厢、对重、导轨，或调整更换钢丝绳时，必须由工地负责人统一指挥，使用安全可靠的设备工具，做好人员力量的配备，严禁冒险违章操作。

（8）在施工中严禁站在电梯内外门的骑跨处进行操作或去触动按钮或手柄开关以防轿厢移动发生意外。骑跨处是指电梯的移动部位与静止部位之间的空间，如轿门地坎和层门地坎之间、分隔井道用的工字钢（槽钢）和轿顶之间等。

（9）电梯在调试过程中，必须有专业人员统一指挥，严禁载客。

（10）施工过程中如需离开轿厢必须切断电源，关上内外门并挂上“禁止使用”

的警告牌，以防他人使用电梯。

三、安全用电规程

（1）电梯安装工必须严格遵守电工安全操作规程。

（2）进入机房检修时必须先切断电源，并挂上“有人工作，切勿合闸”的警告牌。

（3）在清理发电机、换向器的控制开关时，不得使用金属工具，应用绝缘工具进行操作，手持式电动工具应符合安全规定。

（4）施工中如需用临时线操作电梯时必须做到：

①所使用的装置应有急停开关；

②所设置的临时控制线应保持完好，不能有接头，并能承受足够的拉力和具有足够的长度；

③临时线在使用过程中应注意盘放整齐，不得用铁钉或铁丝缠住临时线，并避开锐利的物体边缘，以防损伤临时线；

④用临时线操纵轿厢上、下运行，必须绝对注意安全；

⑤不允许短接电梯的安全保护电路及门锁电路。

四、井道作业规程

（1）施工时必须戴好安全帽，登高作业应系好安全带，工具要放在扣紧的工具袋内，大工具要用保险绳扎好，妥善放置。

（2）搭设脚手架必须做到：

①由具有相关资质的单位来承接搭设任务；

②单位领导和施工人员详细向搭建单位交代安全要求，搭建完工后，做好验收工作，不符合安全要求的脚手架严禁施工；

③脚手架如需增加跳板用 18 号以上的铁丝扎牢跳板两头，严禁使用变质、强度不够的材料做跳板；

④在施工过程中，施工者经常检查脚手架的使用情况，发现有隐患之处，立即停工采取有效措施，确保安全后方可再施工；

⑤拆卸脚手架时，由上而下，如需拆除部分脚手架，待拆除后，对现存脚手架进行加固，确保安全后方可再施工。

（3）安装轨道及龙门架等劳动强度大的工作，必须配备好人力，由专人负责统一指挥，做好安全防护措施。

（4）井道作业施工人员必须上、下呼应，密切配合，井道内必须用 36 V 的低压照明行灯，并有足够的亮度。

（5）在底坑作业时，轿厢内应有专人看管，并切断轿厢内电源，拉开内外门。

（6）在轿顶上进行维修、保养、调试时，必须做到以下几点。

①轿厢内一定要有检修人员或熟悉操作的电梯驾驶员配合，并听从轿顶上检修人员的指挥。检修人员要思想集中，密切注意周围环境的变化，下达正确的口令。当驾驶人员离开岗位时必须切断电源，关闭内外门，并挂好“有人工作，禁止使用”的警告牌。

②在使用轿顶检修操纵箱的控制按钮时，轿厢内人员应思想集中，注意配合。

③电梯在即将到达最高层时要注意观察，随时准备采取紧急措施。在轨道加油时，注意左右电梯上、下运行情况，严禁将身体和手脚伸到正在运行的电梯的井道内。

（7）电梯安装工在设备、金属结构安装过程中严格遵守机修工和钳工的安全操作规程。

（8）使用梯子等常用工具设备时，严格遵守常用工具设备的安全操作规程。

五、吊装作业规程

（1）使用吊装工具设备，必须仔细检查，确认完好方可使用。在吊装前必须充分估计重量，选用相应的吊装工具设备。

（2）正确选择挂链条葫芦的位置，使其具有承受足够吊装负载的强度。施工人员必须站在安全位置上进行操作，使用链条葫芦时，如拉不动不准硬拉，必须查明原因，采取措施，确保安全后方可进行操作。

（3）井道和场地吊装区域下面和底坑内不得有人操作和行走。

（4）起吊轿厢时，应用相应的保险钢丝绳对起吊后的轿厢进行保险，确认无危险后，方可回松链条葫芦。在起吊有补偿绳及衬轮的轿厢时，应注意不能超过补偿绳和衬轮的允许高度。

（5）钢丝绳轧头只准将两根同规格的钢丝绳轧在一起，严禁轧三根或不同规格的钢丝绳，绳轧头规格必须与钢丝绳相符，轧头方向和间距应符合安全要求。

（6）吊装机器，应使机器底座处于水平位置平稳起吊。抬、扛重物时应注意用力方向及用力的一致性，防止滑杠脱手伤人。

（7）顶撑对重应选用大口径铁管或大规格木材，变质材料严禁使用，操作时支撑要垫稳，不能歪斜，做好保险措施。

（8）放置对重块，应用链条葫芦等设备吊装，在人力搬装时应有两人共同配合，防止对重块坠落伤人。

（9）拆除旧电梯时，严禁先拆限速器、安全钳，有条件的应搭脚手架，如无脚手架，必须落实可靠的安全措施后方可拆卸，并注意相互配合。

（10）电梯安装工在吊装起重设备和材料时，必须严格遵守高空作业和起重工安全操作规程。

六、防火规程

（1）各种易燃物品必须贯彻用多少领多少的原则，当天用剩的易燃物品必须妥善保管在安全的地方，油回丝不能随便乱抛。

（2）施工中凡需动明火，必须通知使用单位，重点单位应通知保卫科、安全部门及消防机关，施工前做好防火措施，施工过程中必须有使用单位专人值班，每班明火作业后，应仔细检查现场，消除火苗隐患。

（3）焊接、切割必须严格遵守电焊工安全操作规程。使用喷灯必须严格遵守喷灯的安全操作规程。

任务实施

1. 全班进行分组，每组 5 人～6 人，选出一名组长。

2. 以小组为单位，对工作情景进行讨论和分析，完成下列工作任务：

（1）电梯安装的基本规程是什么？

（2）施工中如需用临时线操作电梯，应当遵循什么规程？

（3）脚手架的搭设应当遵循什么规程？

（4）施工中如需动明火应当遵循什么规程？

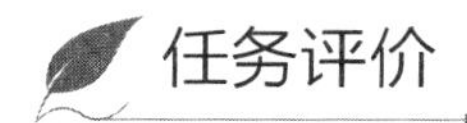

任务评价

1. 教师巡回检查各组的学习情况，记录各个小组在学习过程中存在的问题，并进行点评。

2. 教师根据各个小组的学习情况和讨论情况，对各个小组进行综合评分。

小组合作评价表

组别	评价内容分值					
	分工明确（20分）	小组内学生的参与程度（20分）	认真倾听、互助互学（20分）	合作交流中能解决问题（20分）	自主、合作、探究的氛围（20分）	总分（100分）
A组						
B组						
C组						
D组						

评价老师签名：______________

任务三
电梯使用、保养和维修的重要性与内容

知识目标

◎ 了解电梯使用、保养和维修的重要性。

◎ 掌握电梯使用、保养和维修技术的内容。

技能目标

◎ 熟悉电梯的保养和维修内容。

工作情景

作为一种频繁使用的特种运输设备，电梯的安全运行不仅与产品质量和安装有关，更与定期维修保养有关。“三分产品，七分保养”是电梯行业内的共识，维保是电梯整个生命周期中不可或缺的配套环节。在电梯使用、保养和维修中，应注意哪些内容？请你认真阅读资料，带着问题一起探索电梯世界。

任务分析

了解电梯使用、保养和维修的重要性，掌握电梯使用、保养和维修技术的内容，是对一名电梯专业学生的基本要求。

知识准备

一、电梯使用、保养和维修的重要性

电梯使用、保养和维修的重要性可从以下几方面看出：

（1）严格遵守电梯使用规则和安全操作规则，是使电梯正常运行，减少事故发生的前提。很多电梯事故都是因违反操作规程造成的。

电梯交付使用后，为保证安全和正常运行，需要对其进行定期维护，有些情况还需要对电梯进行修理甚至改装。然而由电梯维修（包括改装）不规范而造成的事

故时有发生。这些事故伤害的对象包括电梯乘客、维修人员、货物及电梯设备，因此制定电梯维修标准，进行正常电梯运行操作和维修操作，是电梯正常运行和维修安全的重要保证。

在电梯交付使用后某些部件因长期工作，性能发生变化，使电梯处于非正常工作状态，为此需要对电梯进行定期的维护，根据零部件的磨损情况或使用寿命进行修理。如果没有进行电梯维修，或电梯维修不规范，可能导致电梯出现事故。

（2）电梯保养和维修工作是电梯厂家增加收入的重要来源。例如在 2001 年，通力电梯公司利润增长 20%，税后利润为 2.187 亿欧元，公司销售额的 60% 来自于电梯维修、保养和更新改造。同年德国电梯工业产值中新制造电梯产值约 20 亿欧元，维修、保养电梯收入 20 多亿欧元。由此可见电梯保养和维修工作在电梯业中所占的分量。往往有这种情形，电梯生产数量在减少，但电梯生产厂家的收入仍然在增加，这主要是靠电梯保养和维修增加厂家收入的。

为了杜绝不规范的电梯维修，1994 年北京市发布了 DB 11/040—1994《电梯维修技术要求》，1997 年上海市发布了 DB 31/193—1997《电梯维护保养安全规范》，2009 年发布了 GB/T 18775—2009《电梯、自动扶梯和自动人行道维修规范》。GB/T 18775—2009 是进行电梯维修的国家标准，是保证电梯安全施工和电梯运行质量的依据。该标准规定了电梯维修后应达到的要求，只涉及电梯安全问题，不涉及产品性能和功能，电梯维修具体计划、工艺和操作方法。

二、电梯使用、保养和维修技术的内容

电梯维护、修理和改装涉及的概念包括维护、修理、改装、维修及业主等。

维护也称为保养，是指在电梯交付使用后，为保证电梯正常及安全运行，而按计划进行的所有必要的操作，如润滑、检查、清洁等，还包括设置、调整操作及更换易损件的操作。这些操作不应对电梯的特性产生影响。

修理是指为保证在用电梯正常、安全运行，用相应的新的零部件取代旧的零部件或对旧的零部件进行加工、修配的操作。

改装是指在电梯交付使用后，由于某种原因对电梯及其部件进行改造，改变电梯的特性，如改变额定载重量、额定速度、轿厢质量，更换曳引机、轿厢、控制系统、导轨及导轨类型等。采用新技术、新材料改进在用电梯的功能、性能及可靠性的改造也属于改装范畴。改装通常属于电梯改造和更新的内容。

狭义的维修是指维护和修理，广义的维修是指在电梯交付使用后的所有维护、修理和改装服务。

业主是指有权处置电梯及决定其使用的法人或自然人。业主并非专指法律意义上的大楼或电梯的所有者，而是指有权与电梯维修组织签订维修合同的法人或自然

人。因此业主更多的是指大楼或电梯的管理者，通常是物业公司。

电梯使用、保养和维修的主要内容包括：

（1）电梯维护和修理，包括电梯日常维护，重要零部件维护和修理；

（2）电梯维修（包括改装）包括电梯系统结构维修和常见故障的排除；

（3）电梯使用总则；

（4）电梯系统可靠性。

GB/T 7588（所有部分）—2020《电梯制造与安装安全规范》是进行电梯生产及保证生产安全的依据，电梯维修工作也是使电梯设备通过维修达到制造时的标准。

因为电梯维修需要多学科专业知识，又是一项有较大危险性的工作，没有维修资格的组织或自然人显然难以具备这些条件，一旦发生事故，没有维修资格的组织或自然人也难以承担相应的民事责任，所以电梯维修组织一定要具有维修资格。

电梯设备维修的安全责任不仅同维修组织有关，也同业主有关。如果业主不按标准规定的要求去做，雇佣了不合格的维修组织，对由此而引起的电梯事故也要承担责任。

电梯维修保养是电梯使用周期中最长、最主要的环节，伴随电梯使用的全过程，维修保养内容和质量对电梯安全运行极为重要。随着微电子技术、自动控制技术和微机技术在电梯上的成功应用，以及高新技术的发展，对维保人员素质的要求也越来越高。

有些维修人员对于故障的逻辑分析和判断缺乏应有的能力，造成延长维修时间，或者处理不当，给正常的电梯维修带来了损失。为了解决上述问题，维修组织必须培养一批掌握了现代专业知识的维修人员持证上岗，并努力提高维修技术水平。

总之，电梯维修质量的高低和维修人员的素质与维修组织是否称职有很大关系，本教材的目的是提升电梯安装、维保和安全管理人员能力，以做好电梯维修工作、达到电梯维修标准，保障电梯安全运行。

任务实施

1. 全班进行分组，每组 5 人～6 人，选出一名组长。

2. 以小组为单位，对工作情景进行讨论和分析，完成下列工作任务：

（1）电梯使用、保养和维修的重要性主要体现在哪些方面？

（2）什么是电梯的保养？

（3）什么是电梯的维修？

（4）电梯使用、保养和维修的内容主要包括哪些？

任务评价

1. 教师巡回检查各组的学习情况，记录各个小组在学习过程中存在的问题，并进行点评。

2. 教师根据各个小组的学习情况和讨论情况，对各个小组进行综合评分。

小组合作评价表

组别	评价内容分值					
	分工明确（20分）	小组内学生的参与程度（20分）	认真倾听、互助互学（20分）	合作交流中能解决问题（20分）	自主、合作、探究的氛围（20分）	总分（100分）
A组						
B组						
C组						
D组						

评价老师签名：________________

任务四
电梯安装与调试

知识目标

◎ 了解电梯安装的基本流程。
◎ 了解电梯安装前的准备工作。
◎ 掌握电梯样板架的制作。
◎ 掌握电梯机械部分设备的安装。
◎ 掌握电梯电气部分设备的安装。
◎ 掌握电梯的试运行和调整。
◎ 了解电梯安装的验收规范与交付使用。

技能目标

◎ 熟悉电梯安装的基本流程规范。
◎ 熟悉电梯整梯的安装。
◎ 能够完成电梯的试运行与调试。

工作情景

在现代建筑中，特别是高层住宅、办公楼里，电梯随处可见，或许我们每天都在使用。通过电梯，人们可以快速、舒适地到达每一层楼，那么大家有没有想过，电梯是怎么安装在建筑物里的？电梯的安装流程是怎样的？安装好以后还要做哪些工作才能交付给业主使用？带着这些问题，阅读本任务内容，让我们一起来学习电梯的安装与调试。

任务分析

掌握电梯安装与调试，是对一名电梯专业学生的基本要求。

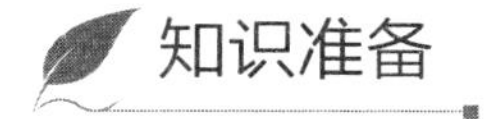

知识准备

第一节 安装前的准备工作

一、总体要求

电梯是一种复杂的机电综合设备。电梯安装是一种专业技术要求高、工艺复杂且危险性较高的工作。电梯的组装和调试工作质量，直接关系电梯的性能水平和使用安全。安装水平高，可以提高电梯使用寿命和降低故障率。

电梯产品具有零碎分散、与安装电梯的建筑物紧密相关等特点。电梯的安装工作实质上是电梯的总装配，而且这种装配工作往往在远离制造厂的使用现场进行，在多达几十道工序的安装过程中，任何失误都可能造成电梯整机运行性能的下降，甚至造成人身伤亡事故。因此电梯安装工作比一般机电设备的安装工作更加复杂、重要。

电梯安装应由持有有关部门核发的安装许可证的单位承担和组织，安装人员须经有关部门培训、考核，持证上岗，杜绝无证操作。电梯安装完毕后须经各地市场监督管理局认定的电梯检测验收机构验收合格，获得检验合格标志并注册登记后方可正式投入使用。电梯安装工程一般以现场施工组织为单位进行，根据不同用途电梯的技术要求、规格参数、层站数、自动化程度等因素来确定所需劳动力及其技术工人等级。

电梯的安装和调试是决定电梯投入使用后能否正常运行的重要环节。从事电梯安装的主要人员不但应有比较丰富的理论知识和实践经验，还应具有为用户负责的精神。应根据所安装电梯的状况确定安装人员的数量、技术力量的配置。安装队一般由 4 人～6 人组成，其中包括熟练的钳工和电工各 1 名，每队必须由 1 名有经验的安装工任队长。根据安装进度，需要临时配备一定人数的木工、瓦工、焊工、起重工、脚手架工等，以保证安装顺利进行。机械与电气部分的安装，可采用平行作业，由安装队长制定作业计划，明确要求，统一安排。人员组织好后编制施工进度表，施工进度的安排通常是将机械和电气两部分内容按平行推进的原则来安排，表 4-1 为一般电梯安装施工进度表。

在开始进行电梯安装之前，必须认真了解施工现场的情况，把准备工作做扎实。现代电梯是典型的机电一体化产品，对施工人员的要求也趋向于一专多能。对参加安装的人员需要进行必要的培训，内容包括：安全规范要求、所装电梯安装工艺要求、国家标准要求、施工注意事项等。安装负责人还要向安装人员进行有关电梯井道、机房、仓库、材料、货场、电话、电源、灭火器、火警报警处、医疗站等事项的介绍。

表 4-1　电梯安装施工进度表

序号	工序	有效工作日																						
		2	4	6	8	10	12	14	16	18	20	22	24	26	28	30	32	34	36	38	40	42	44	46
1	安装前的准备工作																							
2	电梯导轨的安装																							
3	轿厢																							
4	对重与缓冲型																							
5	曳引机与导向轮																							
6	曳引钢丝绳																							
7	层门与门滑轮																							
8	安全钳与限速器																							
9	自动门机																							
10	电气部分安装																							
11	调试																							

电梯安装人员应熟知电梯安装、验收的国家标准、地方性法规、企业产品标准，同时学习电梯制造厂商提供的各种资料，包括电梯安装使用维护说明书、部件组装图、电气控制原理图、电气接线图、电梯的调试大纲及电梯土建资料等。安装人员通过学习，应详细了解电梯的类型、结构、控制方式和安装技术要求。电梯开工前，对现场道路、井道内壁障碍物等不安全因素应加以清除，对孔洞加盖或设置栏杆。从电梯机房到井道、底坑的尺寸都是测量的重点，它们必须满足电梯生产厂家对井道的设计要求。否则，井道尺寸偏差太大可能会造成电梯安装工作无法进行。

另外，主电源箱应设在从机房门容易接近的地方，要求对电梯单独供电。接地端要预留到位，还要求井道顶板（机房对井道的地板）暂不封闭，给吊运预留通道。机房承重吊钩位置要合理、承载能力应充足。电梯安装基本程序如图 4-1 所示。

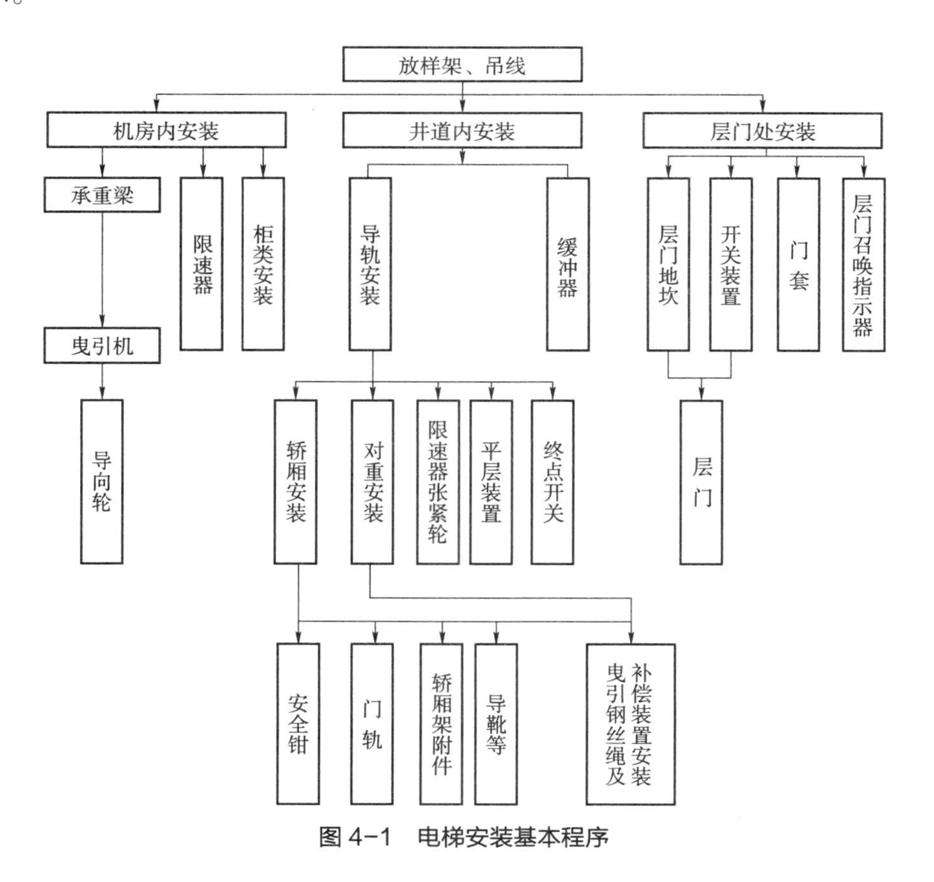

图 4-1　电梯安装基本程序

应在每个电梯层门口张贴“电梯井道施工，严禁乱抛杂物，注意安全，请勿靠近”的安全告示牌。

二、电梯设备的开箱验收及资料收集工作

电梯的机械设备和电气装置一般在出厂时已包装成箱。但是，在安装工地开箱前，为了分清生产厂家、供货商、购货方及安装公司的管理责任，有必要进行由电梯业主主持，供货商、电梯安装队参加的开箱检查程序。三方代表共同在场，业主负责召集、主持、组织开箱验收（开箱现场如图 4-2），查看验收产品装箱单、出厂合格证，装箱产品有无缺漏、损坏，以及下列随机技术资料是否齐全：

（1）产品合格证、装箱单；

（2）安装平面布置图；

（3）使用维护说明书；

（4）电气原理说明书、电气原理图及符号说明；

（5）电气安装接线图；

（6）安装说明书、部件安装图；

（7）电梯润滑汇总图表和电梯功能表等。

图 4-2 在安装工地开箱验收

电梯安装人员应熟读上述技术资料和图纸，详细了解电梯的类型、结构、控制方式和安装技术要求，并进行充分的准备，保质保量完成任务。

应根据装箱单开箱清点、核对电梯的零部件和安装材料。在清点机件规格、型号、数量时，如有随机工器具的也应同时检查有无缺失，并认真做好记录，发现不符的应及时提出，以便尽早处理。清点记录应由制造单位、安装单位、用户单位三方确认。

清点核对过的零部件要合理放置和保管，避免压坏或使楼板的局部承受过大载荷。可以根据部件的安装位置和安装作业的要求就近堆放，避免部件的重复搬运。例如可将导轨、对重铁块及对重架堆放在一层楼的电梯厅门附近；轿厢架、轿底、

轿顶、轿壁等堆放在上端站的厅门附近；曳引机、控制柜、限速器等搬运到机房；各层站的厅门、门框、踏板堆放在各层站的厅门附近；各种安装材料搬进安装工作间妥善保管，以防止损坏和丢失。

三、对机房与井道土建状况的勘查

电梯安装前，安装负责人应组织有经验的安装人员依照GB/T 7025（所有部分）《电梯主参数及轿厢、井道、机房的型式与尺寸》和设计单位所提供的电梯井道（如图4-3）、机房土建图进行查验，并做详细记录备案。对机房与井道土建状况的勘查包括以下几个方面。

（1）检查机房的外观、门窗、楼板地面强度、电源箱、所用电源、接地（零）保护等，并核对机房位置尺寸和楼板预留孔。

（2）检查外呼和层站显示器的开孔深度和高度是否合适，门框的开孔位置、尺寸是否合适。

（3）核对井道横截面的内径尺寸。核对井道纵剖面图中的顶层净高、底坑深度、导轨架预留孔位置尺寸和各层层门框位置等。

（4）检查井道的垂直度是否超出井道土建图的偏差要求。核对牛腿间的垂直偏差是否超过2 mm～3 mm。

（5）检查井道墙壁、底坑是否有足够的强度，底坑是否无漏水。对因基建需要，在底坑下方有人可能通过的地方设置的防护措施进行检查。向土建单位了解底坑地面的实际承载能力是否满足至少为5 kPa的均衡布荷。检查是否将对重缓冲器安装在一直延伸到坚固地面上的实心墩上，或在对重上装设安全钳装置。

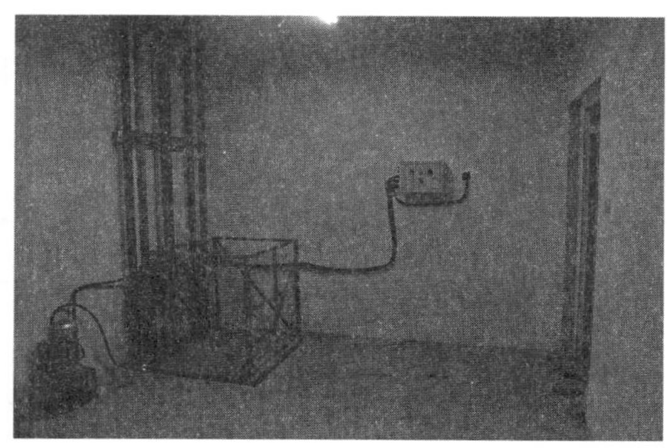

图4-3 电梯井道

四、工具和人员防护用品要求

电梯安装应选择合理的工具，包括手工工具、便携电气工具和各种专用工具。

所配备的工具在每次开工前应做一次全面严格的检查，将已经损坏的工具贴上专用标签后剔除，换上合格的工具，以免在施工中因工具损坏而发生事故。所有工具均应妥善保管、收工清点，以免丢失。一般安装电梯需要配备的工具见表4-2。

表4-2 安装电梯需要配备的工具

序号	名称	规格	备注
1	钢丝钳	150 mm、200 mm	
2	斜口钳	160 mm	
3	尖嘴钳	160 mm	
4	剥线钳		
5	压线钳		
6	活扳手	100 mm、150 mm、200 mm、300 mm	
7	梅花扳子	套	
8	套筒扳子	套	
9	开口扳手		
10	电工刀		
11	一字螺钉旋具（螺丝刀）	50 mm～300 mm	
12	十字螺钉旋具（十字头螺丝刀）	75 mm、100 mm、150 mm、200 mm	
13	台虎钳	2号	
14	挡圈钳	轴、孔用全套	
15	锉刀	扁、圆、半圆、方、三角	粗、中、细
16	整形锉		
17	铁皮剪		
18	钢锯架、锯条	300 mm	调节式
19	钳工锤	0.5 kg、0.75 kg、1 kg、1.7 kg	
20	铜锤		
21	橡胶锤		
22	钻子		
23	中心冲		
24	划线规	150 mm、250 mm	
25	丝锥	M3～M16	

续表

序号	名称	规格	备注
26	丝锥扳手	180 mm、230 mm、280 mm、380 mm	
27	圆扳牙	M4～M12	
28	圆扳牙扳手	200 mm、250 mm、300 mm、380 mm	
29	冲击钻	ϕ6 mm～ϕ38 mm	
30	手电钻	ϕ6 mm～ϕ13 mm	
31	台钻	钻孔直径 12 mm	
32	开孔刀		电线槽（自制）
33	射钉枪		
34	三爪卡盘	300 mm	
35	导轨调整弯曲工具		自制
36	钢直尺	150 mm、300 mm、1 000 mm	
37	钢卷尺	2 m、30 m	
38	游标卡尺	300 mm	
39	卷尺		
40	弯尺	200 mm～500 mm	
41	直尺水平仪		
42	粗校卡板		检查导轨用（自制）
43	精校卡尺		
44	厚度规		
45	弹簧秤	0 kg～1 kg、0 kg～20 kg	
46	秒表		
47	转速表		
48	万用表		
49	兆欧表		
50	直流中心电流表		
51	钳形电流表		
52	同步示波器	SBT-5 型	用于交流、直流电梯
53	超低频示波器	SBD-1～6 型	
54	蜂鸣器		
55	对讲机		
56	钻头	ϕ2 mm～ϕ13 mm	

续表

序号	名称	规格	备注
57	平行砂轮	125 mm × 20 mm	
58	手摇砂轮机	2 号	
59	索具套环、索具卸扣		
60	钢丝绳扎头	Y4-12、Y5-15	
61	C 字夹头	50 mm、75 mm、100 mm	
62	环链手动葫芦	1 t、3 t、5 t	
63	双轮吊环型滑车	0. 5 t	
64	油压千斤顶	5 t	
65	木工锤	0.5 kg、0.75 kg	
66	手扳锯	600 mm	
67	钻子		凿墙洞用
68	抹子		抹泥砂浆
69	吊线锤	0.5 kg、10 kg、15 kg、20 kg	
70	铅丝	0.71 mm	
71	棉纱		
72	皮风箱	手拿式	
73	手电筒		
74	手灯	36 V	带护罩
75	电烙铁	20 W～25 W、100 W	
76	熔缸		熔巴氏合金
77	喷灯	2.1 kg	
78	油枪	200 mm^3	
79	油壶		
80	铜丝刷		
81	手剪		
82	电源变压器	用于 36 V 电灯照明	
83	电源三眼插座拖板		
84	电焊工具		
85	小型电焊机		
86	乙炔发生器		
87	气焊工具		

施工操作时，每个电梯安装施工人员都必须正确地使用个人的劳动防护用品。集体用的防护用品，应有专人保管、定期检查，使之保持完好状态。安装人员要了解并严格遵守操作规程，注意做到以下几点。

（1）准备并检查工具，如吊索、滑轮、脚手架等应无损伤。

（2）配电板、各种电动工具等应无漏电、破损，完全符合安全要求。

（3）各种测量工具符合标准，测量和指示准确无误。

（4）用手搬运材料或干粗活时，必须戴手套。在转动的机械附近工作，或在受载荷的滚筒转轴下工作时切勿戴手套。

（5）严禁穿汗衫、短裤或宽大笨重的衣服和软底鞋进行操作，进入井道施工时必须戴安全帽，登高作业应系好安全带（超过 1.3 m）。

（6）安装时，施工人员必须严格遵守《安全操作规程》和有关的规章制度，如电气焊、起重、喷灯、带电作业规程等。当钻、凿、磨、切削、浇注、焊接巴氏合金，使用化学品或溶剂，以及在空气中含有尘屑较多的地方工作时，必须戴上规定的护目眼镜和口罩。

（7）井道内不得使用汽油或其他易燃溶剂清洗机件，在井道外现场清洗机具、机件时应防止电气火花。剩油、废油、油棉纱等应及时处理，不得留在现场。

（8）在安装过程中，因层口尚未装上，这时层门口就是一个危险地带，为防止发生人员踏空坠井事故，应在各层门口和其他能进入井道路口处设置安全栅栏，并挂上“严禁入内，谨防坠落”的醒目标志，在未设置栅栏之前，必须有专人看管，不许有人靠近。层门口安全栅栏架设方法如图 4-4 所示。

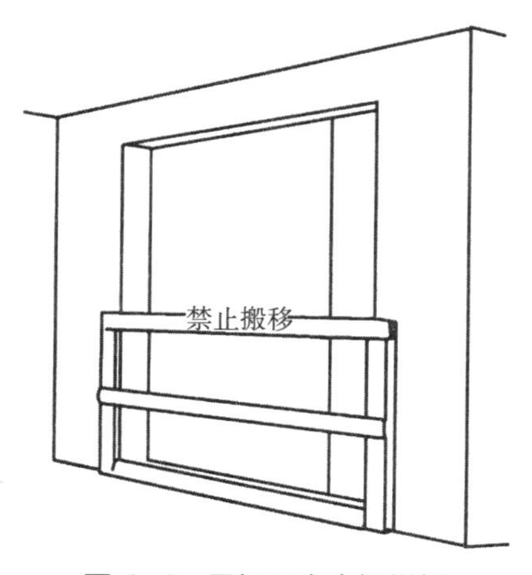

图 4-4 层门口安全栅栏架

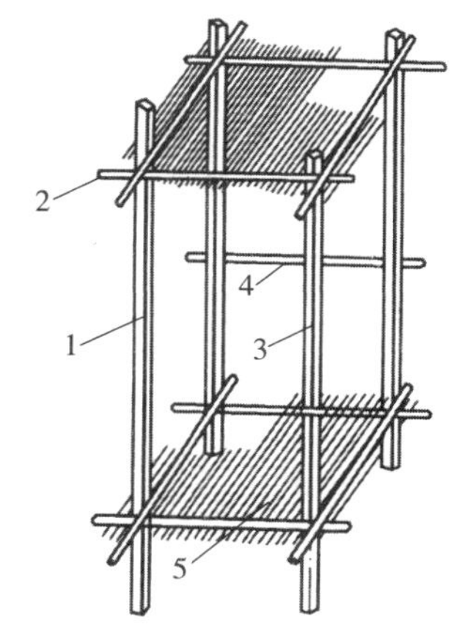

图 4-5 脚手架的结构

1. 立杆；2. 横杆；3. 支撑杆；4. 攀登杆；5. 隔离层

（9）施工人员应会一般救护方法，懂消防常识，会合理、熟练使用灭火器材。

电梯安装施工现场必须保持清洁和通畅。电梯安装用的材料与机件尽可能放置在安装部位附近，并且堆放整齐，以保证安全。具体要求如下：

①导轨、立柱、门框、门扇和各种型钢等细长的构件和材料，不允许直立放置，以免发生倾倒伤人事故。应采用卧式放置的办法，而且应垫平垫稳，既要保证不会倾倒，又能防止发生较大的弯曲变形。

②重型设备及部件堆放时应垫好脚手板或垫木，分散堆放在安装部位的附近。这样载荷均布在楼板或大楼梁上，不要集中堆放在楼板或屋顶上面，避免建筑物局部承载过大。

③电子器件、测量仪表等贵重器材，以及一些外形尺寸较小容易散失的专用零件，应用专用的木箱上锁保存，并用记事本记清存入或发出的各零件清单，以备查验。

五、安装方式及装设井道照明

（一）架设脚手架方式

安装电梯是一种高空作业，为了便于安装人员在井道内进行施工作业，一般需要在井道内搭设脚手架。对于层站多、提升高度大的电梯，在安装时也有用卷扬机作动力，驱动轿厢架和轿厢底盘上、下缓慢运行，进行施工作业。也可以把曳引机先安装好，由曳引机驱动轿厢架和轿厢底盘来进行施工作业。这种平台作业，作业人员一定要系带有安全锁的防止坠落的安全绳。

搭脚手架之前必须先清理井道，特别是底坑内一般杂物比较多，必须清理干净。脚手架可用竹竿、木杆、钢管搭成。脚手架由立杆、横杆、支撑杆、攀登杆、隔离层组成，如图 4-5 所示。

在制定井道内脚手架的搭设方案时，应结合井道内电梯各个部件如对重、对重导轨、轿厢、轿厢导轨之间的相对位置，以及层门、电线管槽、接线盒等位置，留出适当的空隙，并注意不要影响吊挂铅垂线的通路。

脚手架的形式与轿厢和对重装置在井道内的相对位置有关，对重装置在轿厢后面的脚手架一般可搭成如图 4-6（a）所示的形式，对重装置在轿厢侧面的脚手架一般可搭成如图 4-6（b）所示的形式，脚手架横架高度要求如图 4-6（c）所示。

如果电梯的井道截面尺寸或电梯的额定载重量较大，采用单井式脚手架不够牢固时，可增加图 4-7 中所示的虚线部分，改为双井式脚手架。

搭脚手架时必须注意：

（1）铁丝捆绑要牢固，便于安装人员上、下攀登，其承载能力在 2.45 kPa 以上。横梁的间隔适中，一般为 1.3 m 左右。每层横梁铺放两块以上脚手板，各层间的脚手板交错排列，脚手板两端伸出横梁 150 mm～200 mm，并与横梁捆扎牢固。

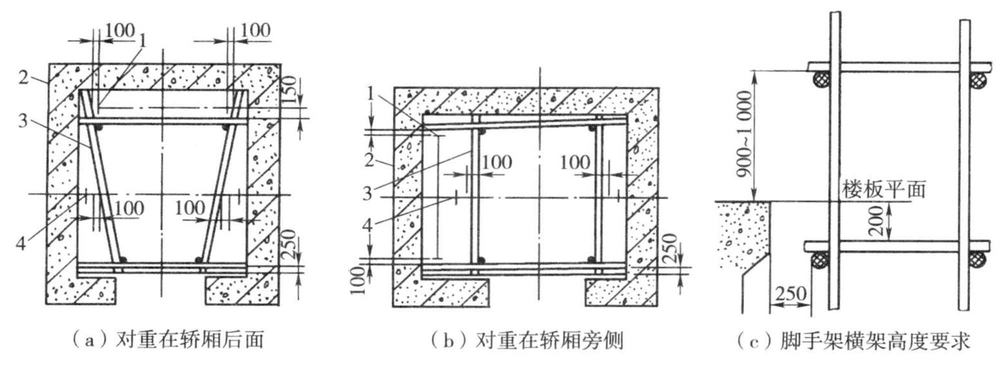

（a）对重在轿厢后面　　（b）对重在轿厢旁侧　　（c）脚手架横架高度要求

图 4-6　单井字式脚手架

1. 对重导轨；2. 井道；3. 脚手架；4. 轿厢导轨

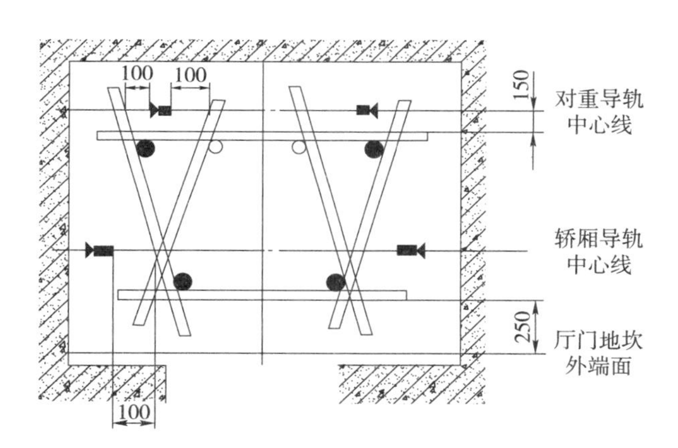

图 4-7　双井式脚手架

（2）脚手架在层门口处符合图 4-8 的捆扎要求。

（3）采用竹竿和木杆搭成的脚手架，应有防火措施。

（4）不要影响导轨、导轨架及其他部件的安装，防止堵塞或影响吊装导轨和放置铅垂。

（5）脚手架搭到上端站时，立杆选用短材料，以便组装轿厢时先拆除。

脚手架使用完后，拆除脚手架时应本着先绑的后拆、后绑的先拆的原则，按层次由上向下拆。应先拆最上一层的隔离层，然后依次拆除横杆、攀登杆、支撑杆和立杆。操作时思想要集中，拆下杆件应逐根传递下去。堆放在地面层适当的位置，不要随意扔下去，以免伤人或损坏材料。在拆除过程中，中途最好不要换人，如必须换人，应将情况交接清楚才可换人。拆下的材料和机件应分类堆放整齐，并注意留出通道、通风和排水位置。

图 4-8　脚手架在层门口处捆扎方式

（二）无脚手架方式

无脚手架的电梯安装步骤如图 4-9 所示。

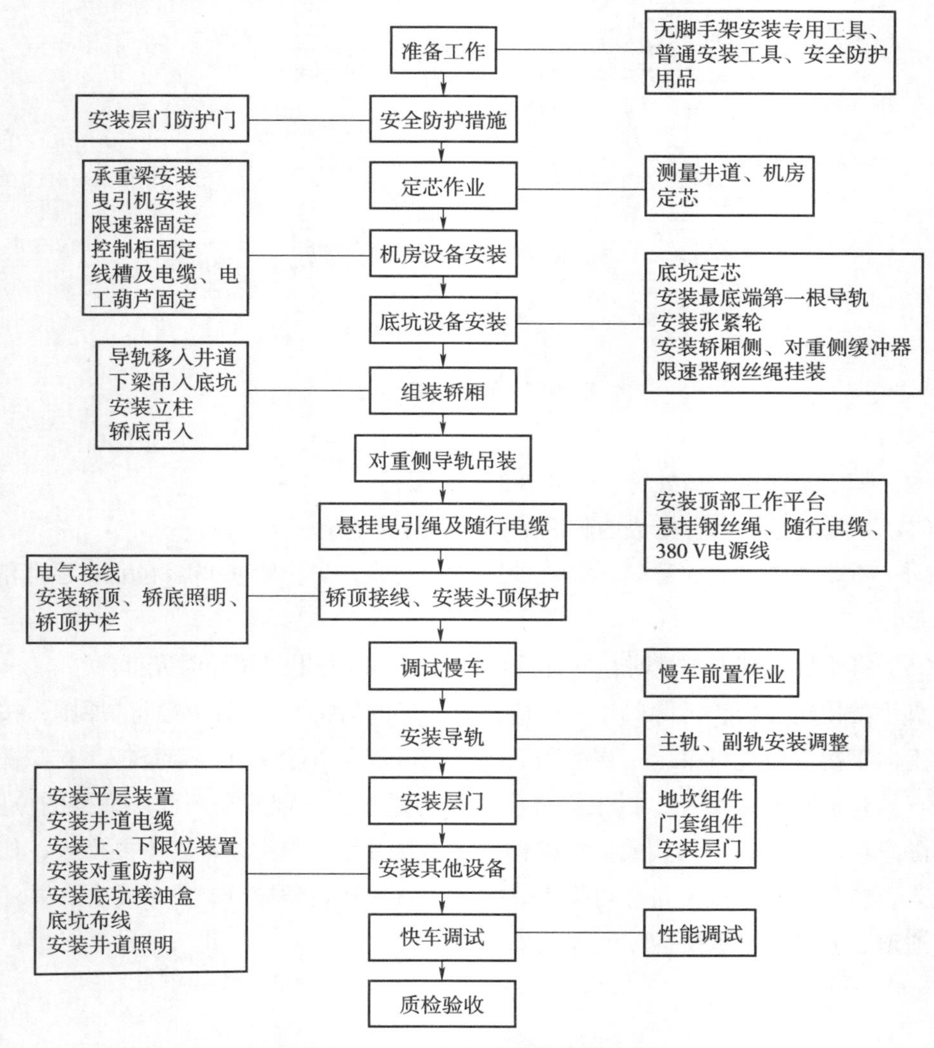

图 4-9　无脚手架的电梯安装步骤

（三）设置安装井道照明

在井道内应设置带有防护罩的工作电压不高于 36 V 的低压照明灯，每台电梯应单独供电，并在井道入口处设电源开关，井道照明灯应每隔 3 m～7 m 设一盏，顶层和底坑应有两个或两个以上的照明灯，机房照明灯数量应不小于两倍电梯台数。

第二节　电梯的安装定位

样板架是根据电梯轿厢、对重、导轨等部件的实际尺寸所制作的足尺放样样板，是由上向下悬挂各条电梯安装铅垂线的依据和出发点。电梯固定部件在建筑物中的位置及运动件的运动空间是根据电梯安装时样板架确定的，制作样板架及放样板线就是给电梯在建筑物中定位，以保证安装过程中各主要部件定位的准确性。

样板架制作是电梯安装的一个重要环节，它直接影响电梯安装质量。制作的样板架必须结构牢固、尺寸准确。安装施工的全过程必须严格按照样板线进行。

一、样板架制作

样板架可选用不易变形并经烘干处理的木料制成，也可用经过校直的 5 mm×40 mm×40 mm 角钢制作。

根据电梯轿厢、对重在井道内相应位置的不同，样板架分为对甩式电梯样板架（对重位于轿厢后）和旁置式电梯样板架（对重位于轿厢门侧面）两种，图 4-10 是两种样板架平面示意图。样板架图样一般由熟练的电梯安装人员根据电梯的安装布置图画出。

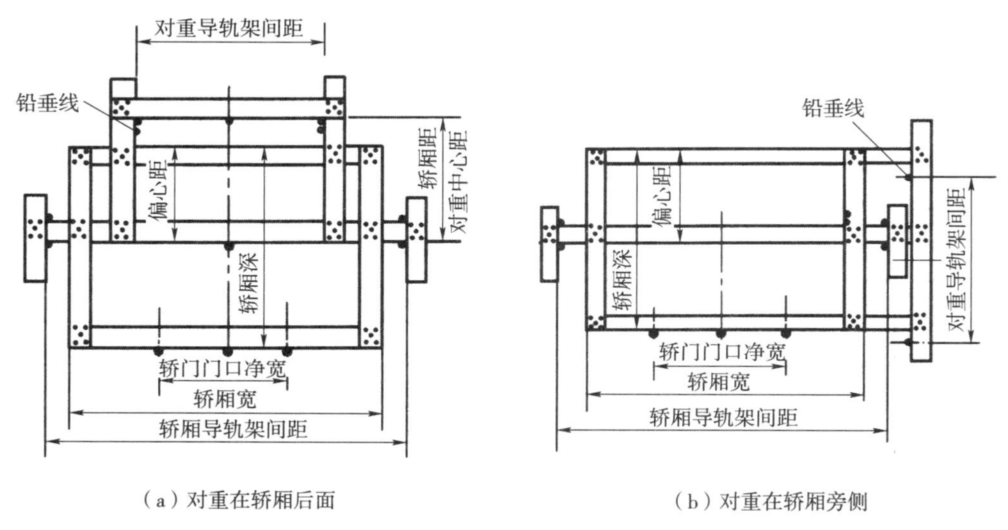

（a）对重在轿厢后面　　（b）对重在轿厢旁侧

图 4-10　样板架平面图

用木材制作样板架时，其横截面尺寸见表 4-3。应根据电梯井道平面布置图给定的尺寸参数，并结合安装规范中的一些安全距离尺寸要求，推算出图 4-10 中样板架的尺寸数值。

表 4-3 样板架方木料尺寸

提升高度 /m	宽度 /mm	厚度 /mm
≤20	80	40
>20	100	50

样板架图样及尺寸确定后，结合电梯有关部件的实际尺寸，进行一次实际校核，以确保图样尺寸与实际部件协调一致，做到准确无误。

把干燥、不变形的木料四面刨平成直角，制成方木，将所有提供做样板的木料分成相等的两个组，对每组中长、短块编上同样的号码，检查每块木材的牢固程度和直度。

样板架制作尺寸应准确，位置尺寸允许误差为 ±0.5 mm。在样板架上应标明轿厢中心线、对重中心线、层门中心线、轿门中心线、层门净宽等。

二、安装样板架

样板架安装有墙孔固定木梁式和角钢固定木梁式两种形式。

（一）墙孔固定木梁式

在井道顶距机房楼板下面约 100 mm～800 mm 处的井道墙上，在同一标高处凿出 4 个尺寸为 150 mm×150 mm、深 200 mm 的方孔，然后选择两根截面大于 100 mm×100 mm 的方木条作为样板架托梁。将托梁装入已凿好的井道墙的孔中，两根木梁应水平并平行，用水平仪校正后固定好。此托梁（见图 4-11 部件 4）水平度应不超过 5 mm。然后将样板架放置于托梁上，这时再校正一次样板架的水平度是否在 5 mm 范围以内。经校正后，按照井道内实际尺寸及机房预留孔位置来确定样板架水平放置的位置。

一般电梯安装时，只要顶部一个样板架（上样板架）挂线即可符合要求。但当电梯井道存在倾斜情况时，只用一个样板架无法正确挂线，还需配做一个底部样板架，这样在底坑距离地面 0.8 m～1.0 m 高度处，放置一个与上样板架一样的下样板架，用以稳定铅垂线，防止其晃动，如图 4-12 所示。上、下样板架的水平位移不应超过 1 mm。下样板架木梁一端顶在墙体上，另一端用木楔固定，下端用立木支撑住。

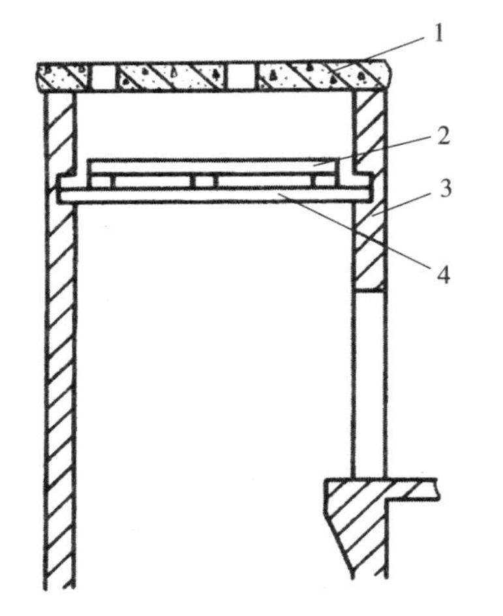

图 4-11 顶层样板架托梁及样板架安装示意图

1. 机房楼顶；2. 样板架；3. 井道壁；4. 样板架托梁

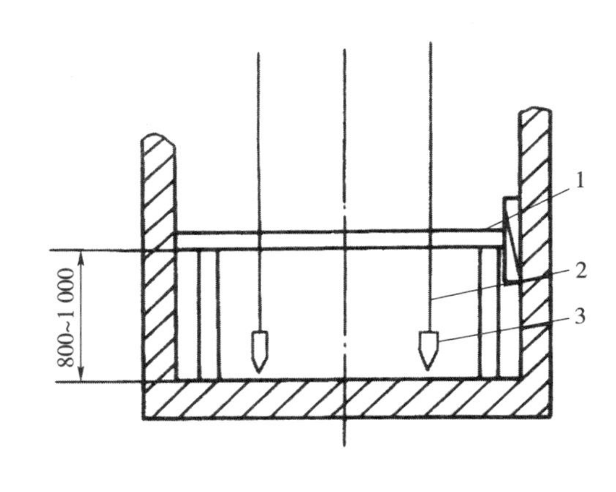

图 4-12 下样板架固定方式

1. 样板架托梁；2. 垂线；3. 铅锤

（二）角钢固定木梁式

将样板架木梁一端顶在墙体上，另一端用木楔固定，木梁下端用 50 mm × 50 mm × 5 mm 角钢托起。

三、悬挂铅垂线（放线）

悬挂铅垂线（放线）的技术要求如下：

（1）在样板架上悬挂铅垂线的标记位置上，用锯锯一斜口，在其旁钉一铁钉，用以固定悬挂的铅垂线；

（2）在样板架上需放置铅垂线的地方，用直径为 0.7 mm～0.91 mm 的钢丝（非高层可以使用相同直径的镀锌铁丝），放垂线到底坑；

（3）垂线端部悬挂重为 10 kg 的线坠，为防止铅垂线晃动，可将线坠放入装有水的水桶中，如图 4-13 所示。

四、稳固铅垂线

铅垂线稳定后，确定好位置，用 U 形钉将铅垂线固定在下样板架木梁上。

在电梯安装中，如果采用激光技术测距定位，则在提高工程质量，加快施工进度方面会起到更好的效果。

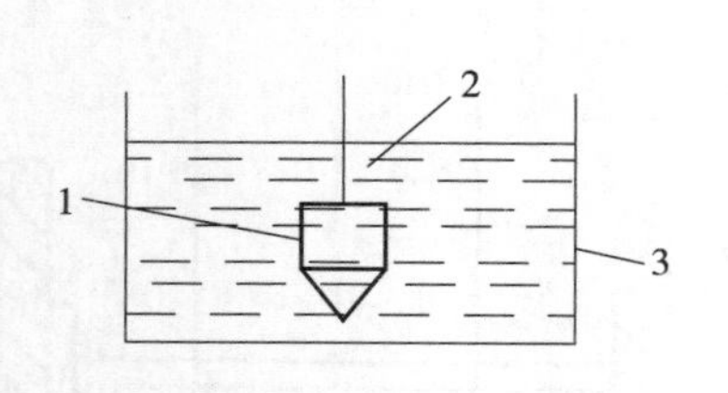

图 4-13　铅垂线入水防晃动

1. 线坠；2. 水；3. 水桶

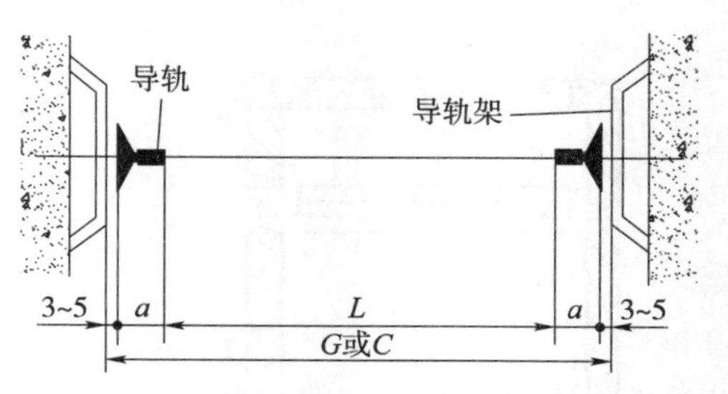

图 4-14　导轨间距示意图

a. 导轨高度；*G*. 轿厢导轨架间距；*C*. 对重导轨架间距；*L*. 导轨端面间距

第三节　电梯机械部分的安装

一、导轨的安装

导轨包括轿厢导轨和对重导轨两种。导轨固定在导轨架上。

（一）安装导轨架

安装导轨首先应安装导轨架，导轨架的形状多种多样，导轨架的间距应为图 4-14 上所注导轨端面间距 L 加上 2 倍的导轨高度 a 和 2 倍的调整间隙（3 mm～5 mm）。

导轨架应与井道壁墙体牢固连接，常用的固定方式有埋入式、焊接式、对穿螺栓固定式等，如图 4-15 所示。使用膨胀螺钉固定导轨架，因其牢固性与螺钉本身的质量、墙体的强度及打孔时的误差有关，难以保证质量，故新国家标准中未推荐用此方式。无论采用何种型式安装导轨架，均应符合以下安全技术要求：

（1）采用埋入式固定导轨架时，导轨架开脚埋进的深度不得小于或等于 120 mm，如图 4-15 所示。

（2）使用埋入式灌注导轨架或地脚螺钉时，应使用 400 号以上的水泥，并用水清洗外小内大的孔洞，待阴干 24 h 后，方可进行下道工序。

（3）采用焊接式固定导轨架时，焊接速度要快，避免预埋件过热变形。与预埋件及加强件之间的焊缝要焊接牢固，应双面焊且焊缝是连续的。

（4）导轨架应错开导轨接头 200 mm 以上，支架应安装水平，其水平度小于 1.5%，如图 4-16 所示。

（5）距顶层楼板不大于 0.5 m 处应装一导轨架。每根导轨至少应有两个导轨架，其间距不应大于 2.5 m，以 1.5 m～2.0 m 为宜。

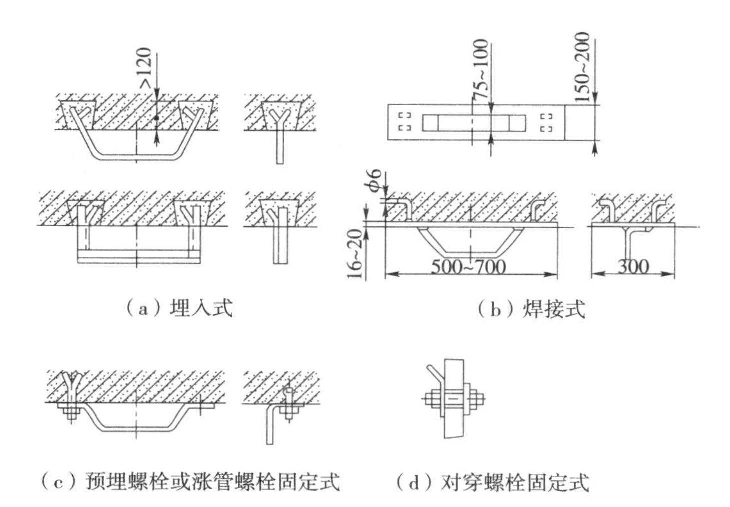

图 4-15 导轨架稳固方式

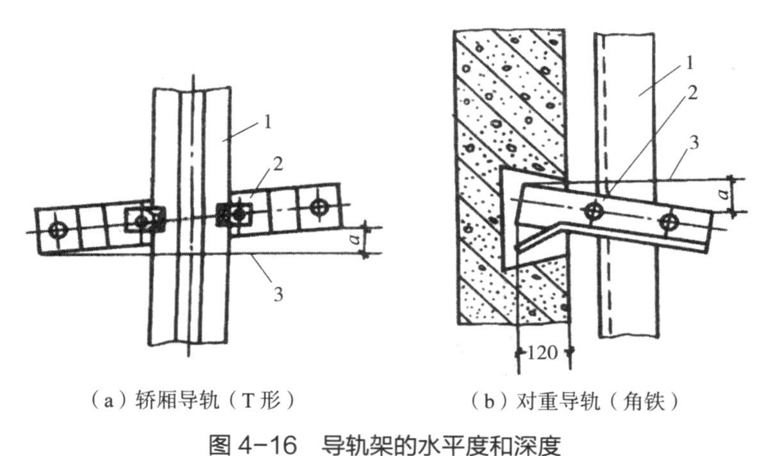

图 4-16 导轨架的水平度和深度

1. 导轨;2. 导轨架;3. 水平线;*a*. 水平度偏差

(6)由于井壁偏差或导轨架高度误差,允许在校正时用宽度等于导轨架的钢板调整井壁与导轨架之间的间隙。使用厚度超过 10 mm 的钢板调整井壁与导轨架的间隙时,钢板应与导轨架焊为一体。

(二)安装导轨

在安装前应对导轨进行检验,看有无外伤、变形弯曲等现象,对不符合要求的导轨应予以校正,然后用汽油或煤油清洗导轨工作表面及两端榫头。

导轨由下向上逐根安装,应用滑车吊装,如图 4-17 所示。先将第一根导轨竖立在地面坚固的导轨底座上,如图 4-18 所示,然后将导轨固定,固定方法一般不采用焊接或用螺钉直接连接,而是采用压板固定法,用导轨压板将导轨压紧在导轨架上，如图 4-19 所示。导轨的长度一般为 3 m～5 m，因此必须进行连接安装。两根导轨的端部要加工成凹凸形的榫头与榫槽楔合定位，底部用连接板将两根固定，如图 4-20 所示。

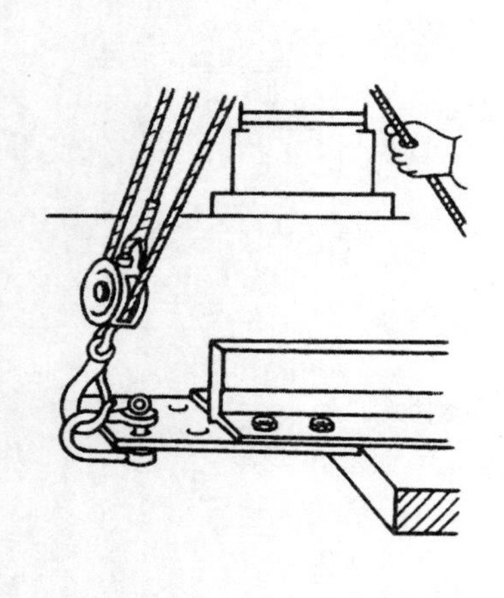

图 4-17　导轨吊装

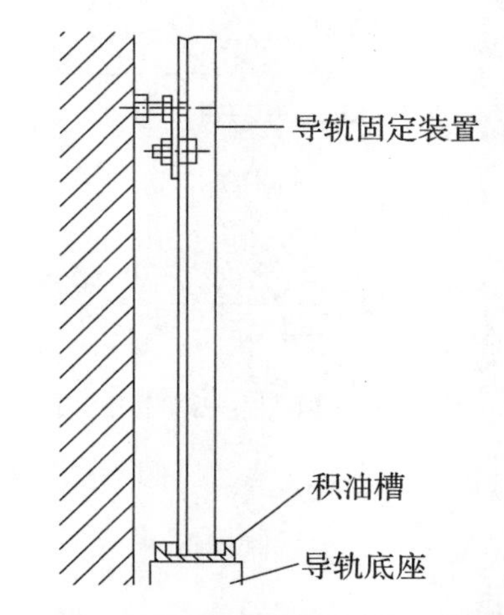

图 4-18　导轨在井道底部的安装位置

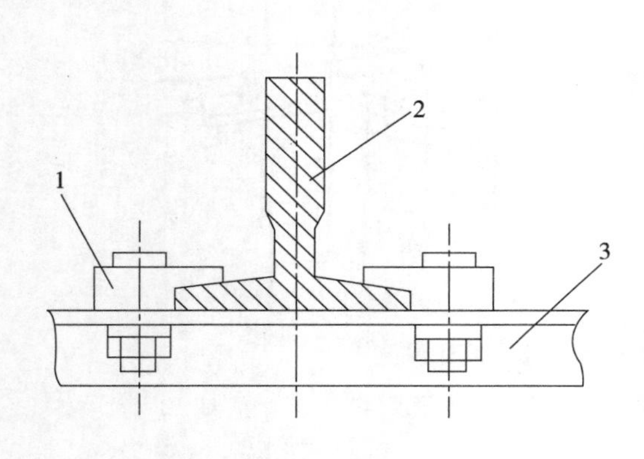

图 4-19　压板固定法

1. 导轨压板；2. 导轨；3. 导轨架

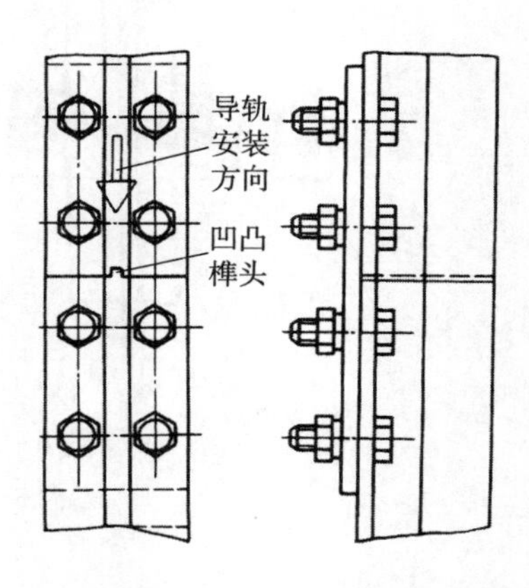

图 4-20　导轨的连接

安装导轨时应注意下面 3 个问题：

（1）导轨吊运时，在井道脚手架上部、中部、下部应由辅助工扶正导轨，避免与脚手架碰撞；

（2）导轨在逐根立起时就用连接板相互连接牢固，并用导轨压板将其与导轨架略加压紧，待校正后再行紧固；

（3）轿厢（或对重）两侧的导轨接头应相互交错，如图 4-21 所示。

轿厢导轨加工精度和安装质量的好坏，与电梯运行时的舒适感和噪声等有着直接关系，电梯的运行速度越快，对导轨安装质量要求越高。同样电梯的对重导轨也是加工精度和安装质量越高越好。

导轨吊装完后，需要对轿厢导轨、对重导轨进行认真地调整校正。导轨校正是以样板架为基准进行的，故应首先调整上、下样板架，使铅垂线复位并绷直，在每列导轨距中心端 5 mm 处悬挂一铅垂线，如图 4-22 所示。

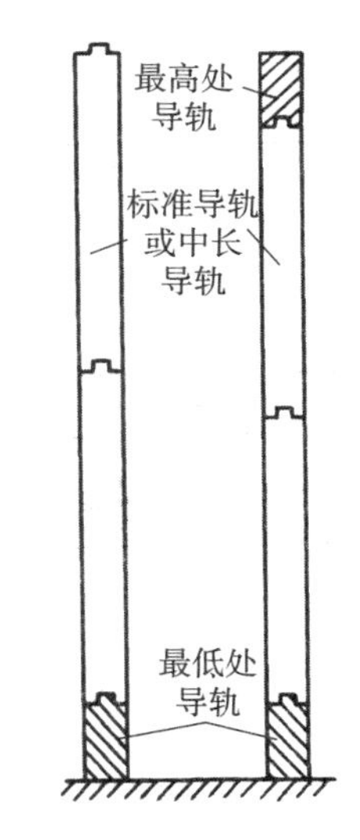

图 4-21　两列导轨的接头错开位置

校正导轨可按以下两步进行：

（1）校正导轨垂直度

根据导轨和固定铅垂线的距离，用初校卡板校正，如图 4-23 所示。以样板架所悬挂下垂的铅垂线为依据，将导轨的垂直度与工作侧面调整到规定的要求。

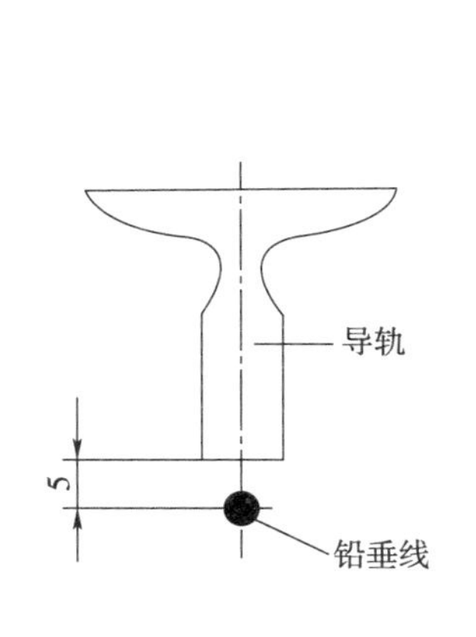

图 4-22　校正铅垂线

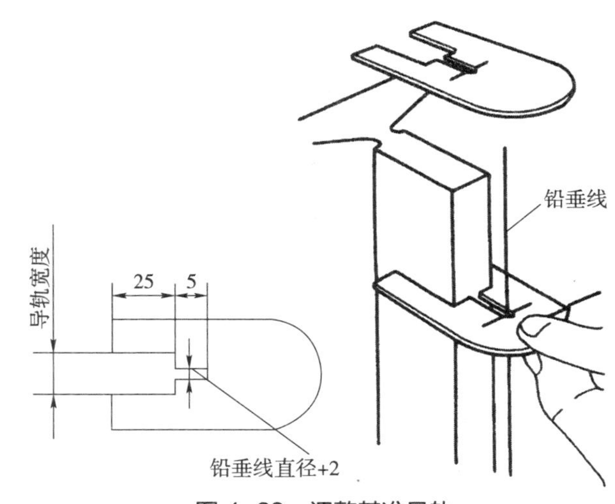

图 4-23　调整基准导轨

（2）校正导轨的间距和面平行度

使用精校卡板（如图 4-24 所示）自上而下进行测量校正。精校卡板是检查和测量两列导轨间的距离、垂直、偏扭的工具。当两侧导轨侧面平行时，卡板两端的箭头应准确地指向校正卡板中心线。

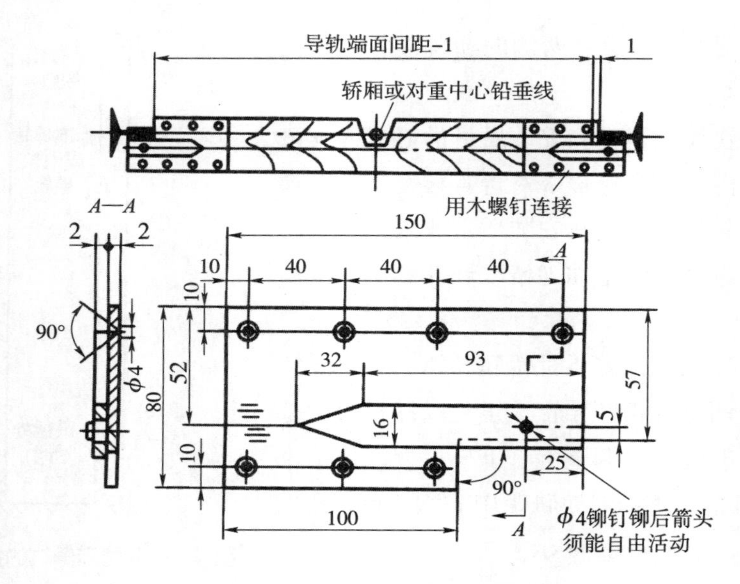

图 4-24 导轨精校卡板

调整时可采用加减调整垫片，局部用铁刨、油石、锉刀等专用工具修整好。导轨经精校后应达到以下要求：

（1）两列导轨端面间距误差：轿厢导轨为 0 mm～2 mm，对重导轨为 0 mm～3 mm。

（2）相对的两列导轨在整个高度上工作面的相互偏差不应超过 1 mm，在每 5 m 高度上不应超过 0.7 mm。

（3）导轨接头处不应有连续的缝隙，局部缝隙口应不大于 0.5 mm。接头处台阶在 ± 150 mm 内间隙小于 0.05 mm。

（4）导轨接头处的台阶应按表 4-4 规定的修光长度修光。修光后的突出量应小于 0.02 mm，如图 4-25 所示。

（5）导轨应用压导板固定在导轨架上，不允许焊接或用螺栓直接固定。

表 4-4 导轨接头台阶的规定修光长度

电梯类别	高速梯	低速、快速梯
修光长度 /mm	300	200

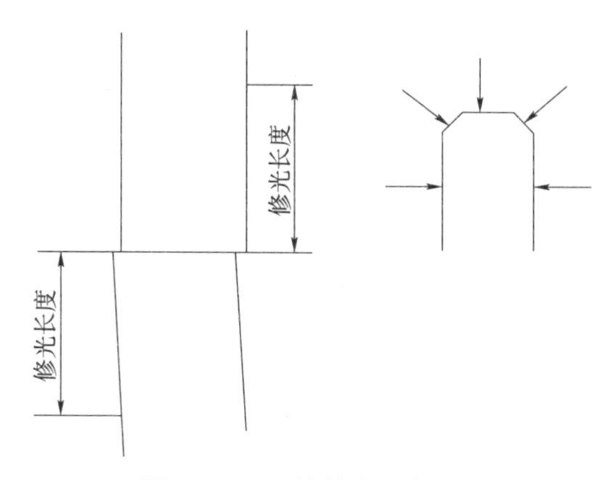

图 4-25 导轨接头修光长度

二、曳引机的安装

曳引机是电梯产品的关键部件。曳引机加工、装配、安装的精度和质量，直接关系电梯的运行工作性能。曳引机一般多位于井道上方的机房，大都先安装在机架上，再安装于机房的承重结构上。机架由制造厂与曳引机一起提供，一般由槽钢或钢板折弯件焊接而成。机架是曳引机和承重梁之间的过渡结构。现在很多电梯将导向轮安装在机架上，使曳引机和机架的组合体在运转时只有垂直方向的外力而没有水平方向的外力，在安装时只需进行垂直方向的防震连接而无须水平方向的约束。

承重梁是承载曳引机、轿厢、额定载荷、对重装置等总重量的机件，承重梁由大规格的工字钢或槽钢构成。安装曳引机的承重结构主要是承重梁，承重梁的两端必须牢固地埋入墙内或稳固在对应井道墙壁的机房地板上，如图 4-26 所示。承重梁一头安设在由井道壁延伸上来的承重墙内，要求在墙内的支撑长度要超过墙中心 20 mm 以上，并大于 75 mm。另一头安设在井道壁或建筑承重梁上方的墩子上。承重梁安装时，两端要垫钢板，以分散对墙体的压力，防止接触处局部压溃。在位置和水平度调整好后用钢板焊接固定，并用水泥浇灌牢固。承重梁的纵向水平误差应小于 0.5 mm，相邻两梁的相对水平误差应小于 0.05%。

对于有减速器的曳引机，其承重梁的安装方式如下：

（1）当建筑物顶层不太高时，可将承重梁置于电梯机房楼板上面，并在安装导向轮的地方留出十字形安装预留孔，如图 4-27（a）所示。这种安装方式会使机房不太整齐，但承重梁的安装比较方便。

（2）当建筑物顶层有足够的高度时，可根据电梯安装平面图将承重梁置于楼板下面，并与楼板连为一体，如图 4-27（b）所示。采用这种安装方式时，机房比较整齐，但导向轮的安装及维修保养较为不便。

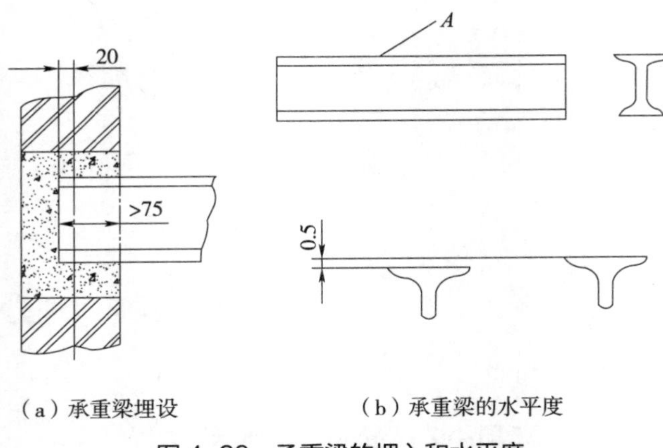

（a）承重梁埋设　　（b）承重梁的水平度

图 4-26　承重梁的埋入和水平度

（3）顶层高度由于建筑结构的影响不宜太高，当机房内出现机件的位置与承重梁发生冲突，机房高度又足够高时，可用两个高出机房楼面 600 mm 的混凝土台，把承重梁架起来，如图 4-27（c）所示。用这种方式安装承重梁时，常在承重梁两端上、下各焊两块 12 mm 厚的钢板，在梁上钻出安装导向轮的螺栓固定孔，在混凝土台与承重梁钢板接触处垫放 25 mm 厚的防震橡胶垫，通过地脚螺栓把承重梁紧固在混凝土台上。

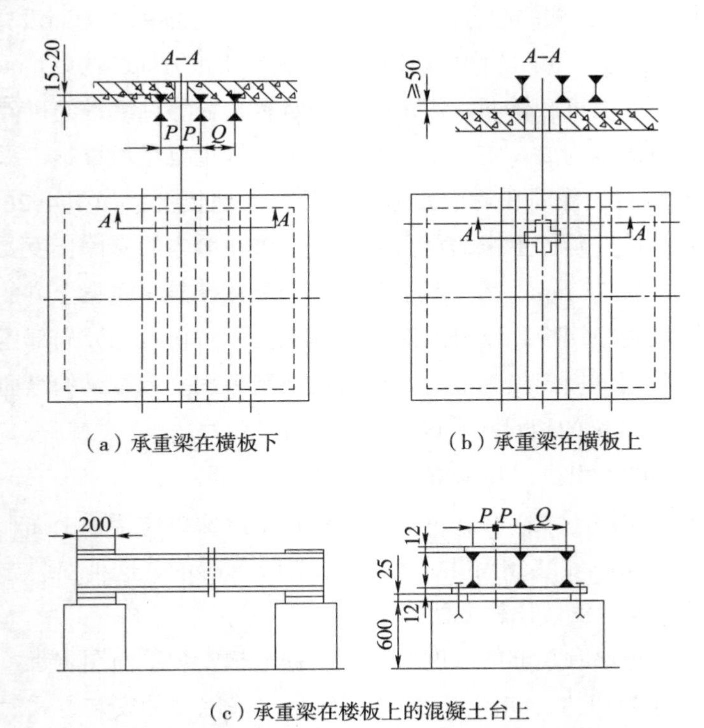

（a）承重梁在横板下　　（b）承重梁在横板上

（c）承重梁在楼板上的混凝土台上

图 4-27　有减速器的曳引机承重梁安装方式

对于无减速器的曳引机，其承重梁常用六根槽钢分成 3 组，以面对面的形式，用类似有减速器曳引机承重梁的安装方法进行安装，如图 4-28 所示。

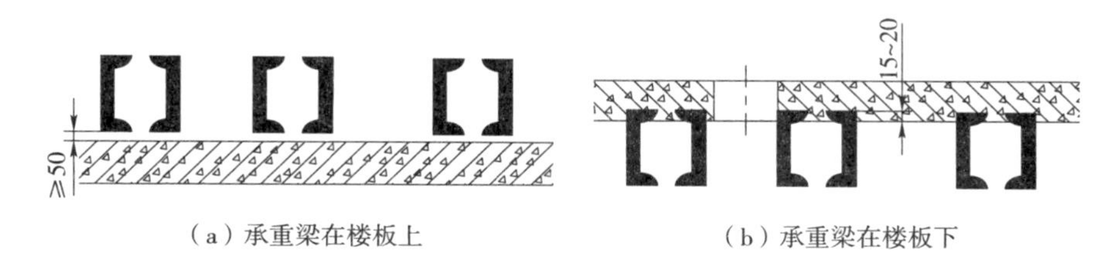

（a）承重梁在楼板上　　（b）承重梁在楼板下

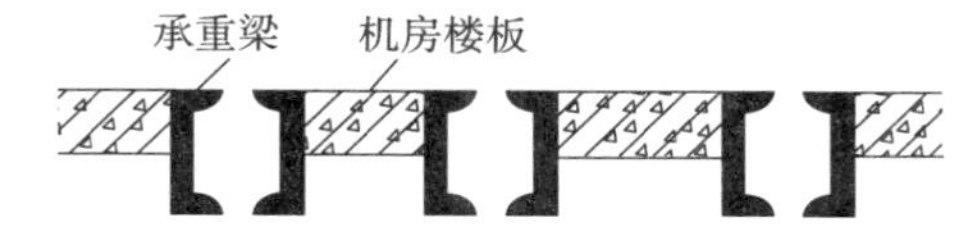

（c）承重梁在楼板下平

图 4-28　无减速器的曳引机承重梁安装方式

曳引机安装简图如图 4-29 所示。为了减小震动和噪声，通常采用橡皮垫块作为减震件。承重梁经安装、稳固和检查符合要求后，方能开始安装曳引机。安装有齿轮曳引机时，将绳绕悬在底盘上，通过吊装，水平放置在基座上，然后清除基座和电动机脚柱的支撑部位的灰尘和残漆，将电动机准确安放于曳引电动机底座上，采用定位销定位，并用螺栓拧紧。

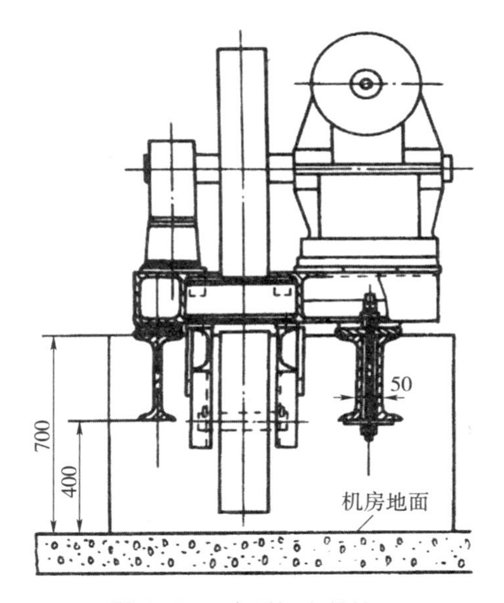

图 4-29　曳引机安装简图

具体曳引机的安装方法与承重梁的安装形式有关：

（1）承重梁在机房楼板上时，先在楼板上安装妥当承重梁，对于控制噪声要求不太高的杂物电梯、货梯等，可以通过螺栓把曳引机直接固定在承重梁上。对于噪声控制要求严格的医梯、客梯，在曳引机底盘下面和承重梁之间还应设置减震装置。减震装置由上、下两块与曳引机底盘尺寸相等，厚度为 20 mm 左右的钢板和减震橡胶垫构成，橡胶垫位于上、下两块钢板之间。

为防止位移，上钢板和曳引机底盘需设置压板和挡板。

（2）承重梁安装在机房楼板下时，一般按曳引机的外轮廓尺寸，先制作一个高 250 mm～300 mm 的混凝土底座，然后把曳引机稳固在底座上。

制作台座时，在底座上方对应曳引机底盘上各固定螺栓孔处，预埋好地脚螺栓，按安装平面布置图在承重梁的上方摆设好减震橡胶垫，待混凝土底座凝固后，把曳引机吊放在减震橡胶垫上，经调整校平校正后把固定螺栓拧紧，使底座和曳引机连成一体。

为防止电梯在运行过程中台座和曳引机之间产生位移，底座和曳引机两端还需用压板、挡板、橡胶垫等将底座和曳引机固定。

曳引机起吊就位应使用悬挂在曳引机位置上方主梁吊钩上的环链手拉葫芦进行吊装，吊装前应认真检查主梁吊钩承载能力能否满足要求，手拉葫芦承载能力是否足够，各运行部件是否完好。应按安装说明要求的起吊方式，将索具套挂在曳引机座上的起吊孔上进行吊装。吊装的索具不能直接套挂在电动机轴、曳引轮轴等曳引机的机件上。起吊时应缓慢平稳地进行，当手动葫芦不是垂直受力时，应特别注意防止索具脱开或环链的断开而发生事故。起吊作业时工作人员要精神集中，由一人统一指挥，起吊工作要一气呵成，不得将曳引机长时间悬挂在半空中。

在安装过程中，可用图 4-30 所示的方法进行调整校正。校正前需在曳引机上方拉一根水平铅丝，而且从该水平线悬挂下放置以下 3 根铅垂线：

（1）对准井道上样板架标出的主导轨中心，即轿厢中心铅垂线；

（2）对准对重导轨中心，即对重装置中心铅垂线；

（3）按曳引轮的节圆直径，在水平线上再悬挂放下另一根铅垂线，即曳引轮铅垂线。

根据轿厢中心铅垂线与曳引轮铅垂线，调整曳引机的安装位置。调整曳引机到正确位置后，拧紧吊装螺栓，如图 4-31 所示。

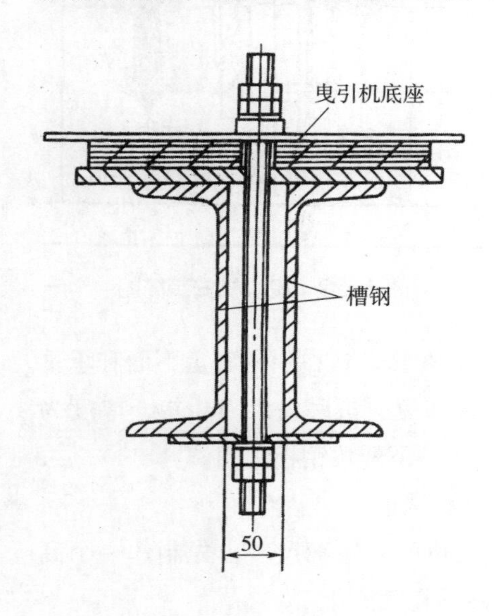

图 4-30　曳引机安装位置找正图

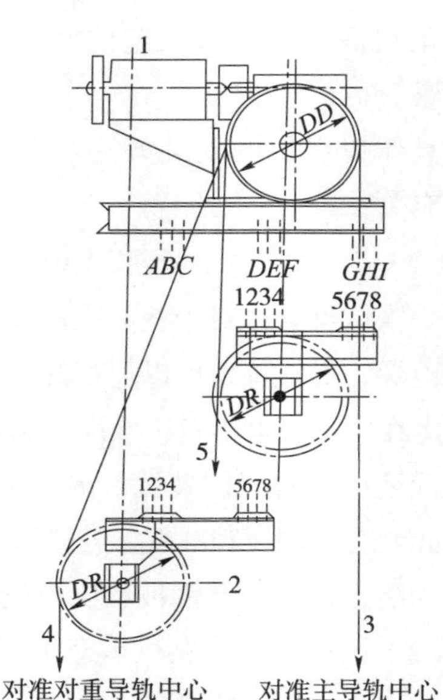

图 4-31　曳引机底座和基座的固定

1. 曳引电动机；2. 导向轮；3、4、5. 铅垂线；
DD. 曳引轮直径；*DR*. 导向轮直径

三、限速器的安装

限速器是限制电梯轿厢超速下行的安全装置。当电梯超速到限速器的动作速度时，限速器开始动作。限速器动作后即将限速器钢丝绳轧住，并同时将安全钳开关断开，使曳引电动机和制动器失电停止运行。如轿厢因失控或打滑而继续下坠，限速绳就拉动安全钳拉杆，使安全钳楔块将轿厢牢牢地轧在导轨上。

限速器的安装应按以下步骤进行：

（1）在安装限速器前，先在井道上方的楼板上，浇注一个混凝土基础（该基础应大于限速器底座每边 25 mm～40 mm，楼板和混凝土基础厚度之和应大于 250 mm），然后将限速器固定其上。限速器也可以安装在承重梁上。

（2）在安装时，先检查预留孔洞是否符合要求，如不符合要求，要修扩，但要注意孔洞不可过大，防止破坏楼板的强度。

（3）按安装图要求的坐标位置，将限速器就位，然后确定限速器的位置。具体方法为从限速轮绳槽中心挂铅垂线至轿厢上横梁处的安全钳拉杆的绳头中心，再从这里另挂一根铅垂线到底坑中张紧轮绳槽中心，要求这 3 点垂直重合。然后在限速轮右侧绳槽中心到底坑中张紧装置再拉一根铅垂线，如限速轮与张紧轮直径相同，则这根线也应是铅垂的。限速器位置确定以后，用金属膨胀螺钉将其固定。

（4）限速器钢丝绳的张紧力可通过增加或减少张紧装置中的配重块来调整，张紧装置在轿厢升降时沿着自己的导轨上、下运动。

对于低速电梯，张紧装置是将配重挂在一个悬臂的臂架上，在张紧装置上、下运动的幅度较小时，可不设配重导轨，由配重臂架通过配重和臂架上的铰轴的转动使限速钢丝绳被张紧。限速器安装简图如图 4-32 所示。

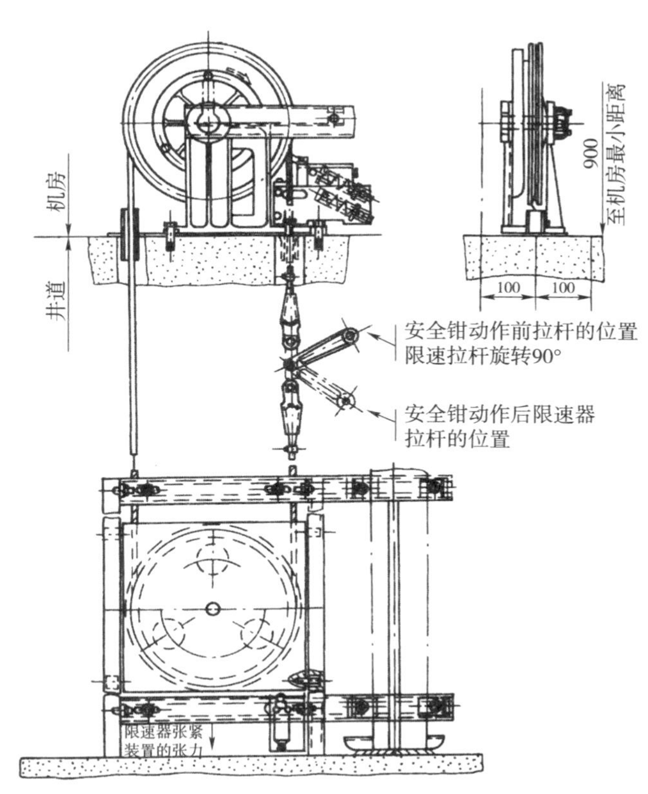

图 4-32　限速器安装简图

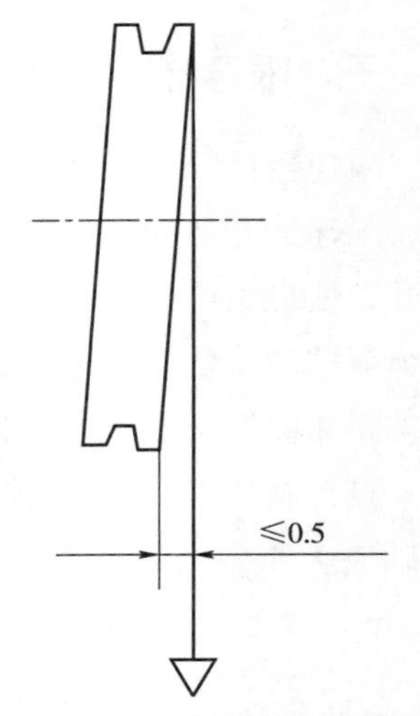

图 4-33　限速器绳轮的垂直度

安装限速器应符合以下要求：

（1）限速器绳轮的垂直度不应超过 0.5 mm，如图 4-33 所示。当垂直度大于 0.5 mm 时，可在限速器底面与底座间加垫片调整。

（2）限速器在前后和左右方向的位置偏差，应小于 3 mm。

（3）限速装置绳索至导轨的距离，应按安装平面布置图的要求设置，图 4-34 中 a、b 的偏差值应不超过 ±5 mm。

（4）限速器钢丝绳头必须用 3 个扎头，其间距应大于 6 倍钢丝绳直径，扎头 U 形螺钉置于不受力绳一边，如图 4-35 所示。

（5）调试限速器的速度测试开关位置正确，动作可靠。

（6）电梯正常运行时，限速装置的绳索不应触及装置的夹绳机件。

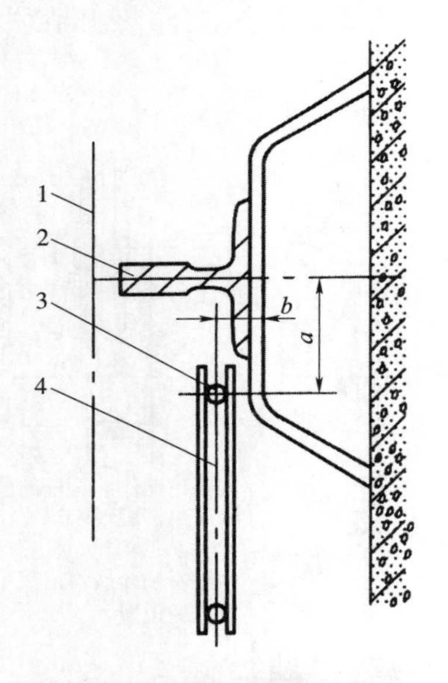

图 4-34　绳索至导轨的距离

1. 轿厢底的外廓；2. 导轨；3. 限速器绳索；4. 张紧轮；a. 限速器绳索与导轨中心的距离；b. 限速器绳索与导轨底面的距离

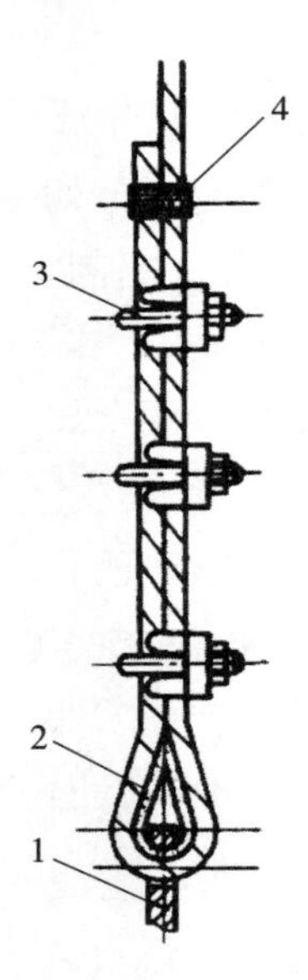

图 4-35　限速器钢丝绳与安全钳拉杆的连接绳头

1. 安全钳拉杆连接件；2. 索具套环；3. 钢丝绳扎头；4. 扎结镀锌铁丝

四、轿厢、安全钳及导靴的安装

（一）轿厢的安装

由于轿厢的体积比较大，制造厂把全部机件制作完后，经合装检查再拆成零件进行表面装潢处理，然后以零件的形式包装发货。

在一般情况下轿厢的组装工作在上端站进行。轿厢应在井道最高层内安装，在轿厢架进入井道前，首先将最高层的脚手架拆去，在厅门地槛对面的墙上平行地凿两个孔洞，孔距与门口宽度相接近，如图 4-36（a）所示。然后用两根方木（不小于 200 mm×200 mm）作支承梁，并将其上平面找平，二方木调平行，最后加以固定，如图 4-36（b）所示。另外，在井道顶通过轿厢中心点的曳引绳孔，并借助于楼板承重梁用手拉葫芦来悬吊轿厢架，如图 4-37 和图 4-38 所示。

轿厢的组装工作比较麻烦，由于轿厢是乘用人员的可见部件，装潢比较讲究，组装时必须避免磕碰划伤。

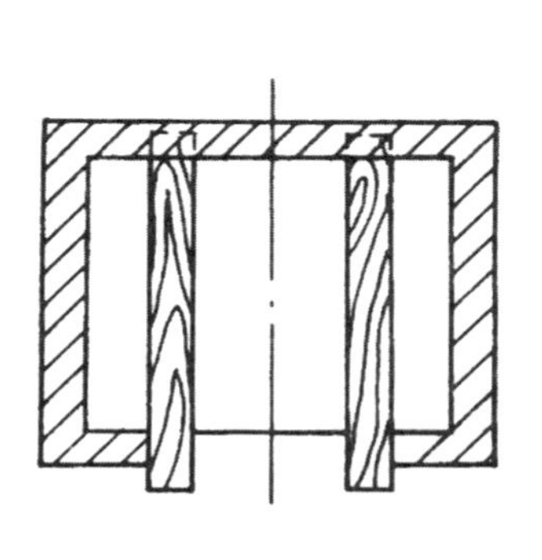

（a）墙面凿洞示意图

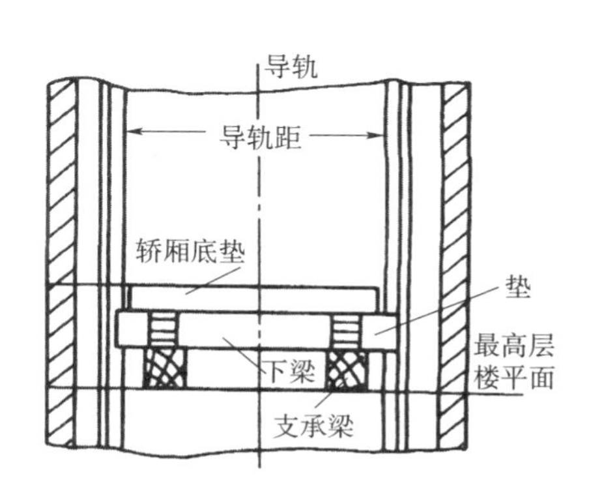

（b）支承梁安装示意图

图 4-36 轿厢支承架的设置

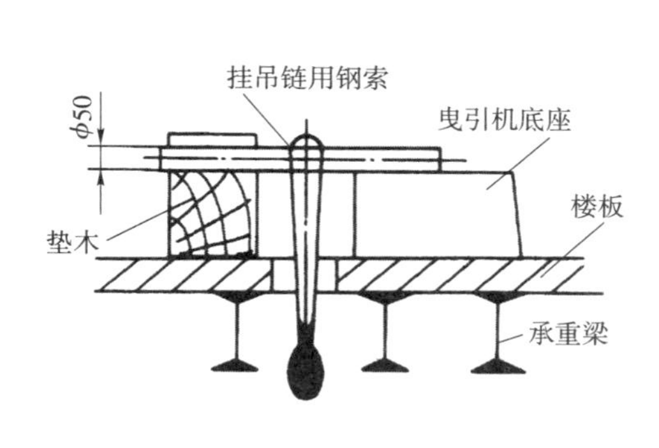

图 4-37 轿厢的悬吊装置

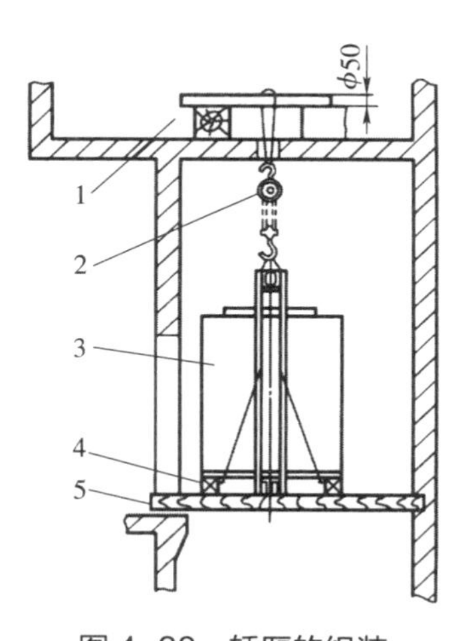

图 4-38 轿厢的组装

1. 机房；2. 手动葫芦；3. 轿厢；4. 木块；5. 方木

（二）安全钳的安装

当载货电梯的轿厢面积超出表 4-5 规定的面积，其安装的瞬时式安全钳，应以轿厢实际载重量达到了轿厢面积按表 4-5 规定所对应的额定载重量进行安全钳的动作试验；对渐进式安全钳，取 125% 额定载重量与轿厢实际载重量达到了轿厢面积按表 4-5 规定所对应的额定载重量两者中的较大值，进行安全钳的动作试验。

表 4-5　额定载重量与轿厢最大有效面积的关系

额定载重量 kg	轿厢最大有效面积 m^2	额定载重量 kg	轿厢最大有效面积 m^2
100[a]	0.37	900	2.20
180[b]	0.58	975	2.35
225	0.70	1 000	2.40
300	0.90	1 050	2.50
375	1.10	1 125	2.65
400	1.17	1 200	2.80
450	1.30	1 250	2.90
525	1.45	1 275	2.95
600	1.60	1 350	3.10
630	1.66	1 425	3.25
675	1.75	1 500	3.40
750	1.90	1 600	3.56
800	2.00	2 000	4.20
825	2.05	2 500[c]	5.00

[a] 一人电梯的最小值。

[b] 二人电梯的最小值。

[c] 额定载重量超过 2 500 kg 时，每增加 100 kg，面积增加 0.16 m^2。对中间的载重量，其面积由线性插入法确定。

先将安全钳装入轿厢架上的安全钳座内，然后装上安全钳的拉杆，使拉杆的下端与楔块连接，拉杆的上端与上梁的安全钳传动机构连接。调整各楔块拉杆上端螺母，以使安全钳楔块面与导轨工作面的间隙达到规定要求。最后调整上梁的安全钳联动机构的非自动复位开关，使之在安全钳动作的瞬间，先断开电气控制回路。

安全钳底面与导轨正工作面的间隙要求为 2 mm～3.5 mm，楔块与导轨两侧工作面的间隙要求为 2 mm～3 mm。

绳头拉手的提拉力应不大于 300 N，且动作灵活可靠。安全钳装置在安装完后，必须要进行试验。

（三）下梁和轿底的安装

将下梁安放在导轨之间的临时支承梁上，并用水平仪调节至水平，如图 4-39 所示。然后调节导轨与安全钳楔块的滑动面之间的间隙。楔块式固定安全钳与导轨之间的间隙如图 4-40（a）所示，楔块式弹性安全钳与导轨之间的间隙如图 4-40（b）所示。

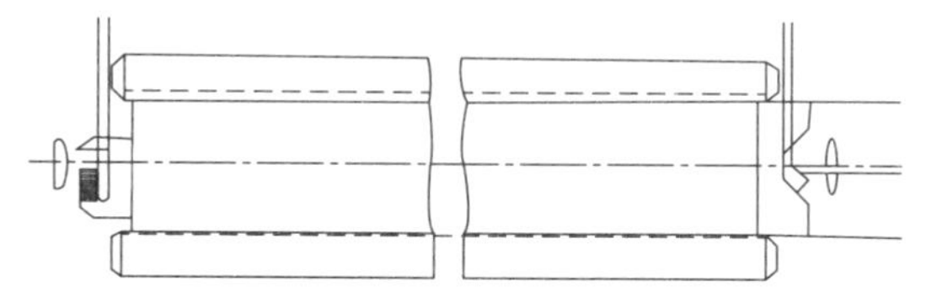

图 4-39 轿厢下梁在导轨之间的安装

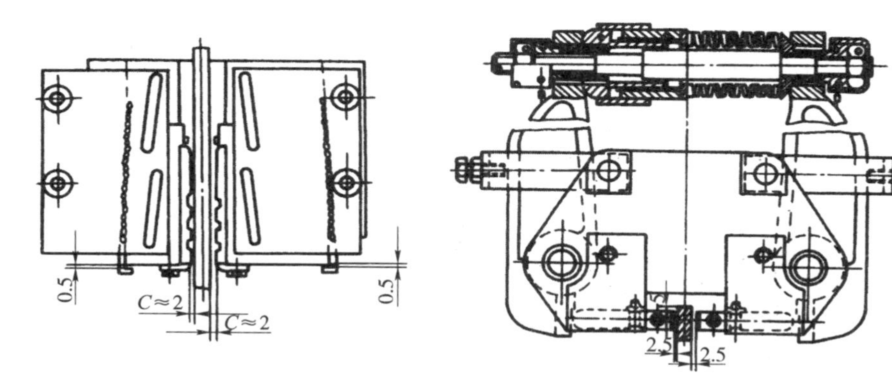

图 4-40 安全钳与导轨之间的间隙

接着应将下面的导靴妥善安装。

根据预先安装在上、下梁上的螺栓数，可确定轿厢的每侧应安装 2 根还是 4 根立柱角铁。在安装立柱角铁（侧面护板）的同时，应把下面极限开关凸轮用的固定板拧上去。把拉条旋到安全钳楔块的螺栓孔上并拧紧，最后安装轿底。如果轿厢带减震元件，则应预先安装在下梁上，如图 4-41 所示。需要强调的是，应保证轿底不致发生倾斜并调至水平。

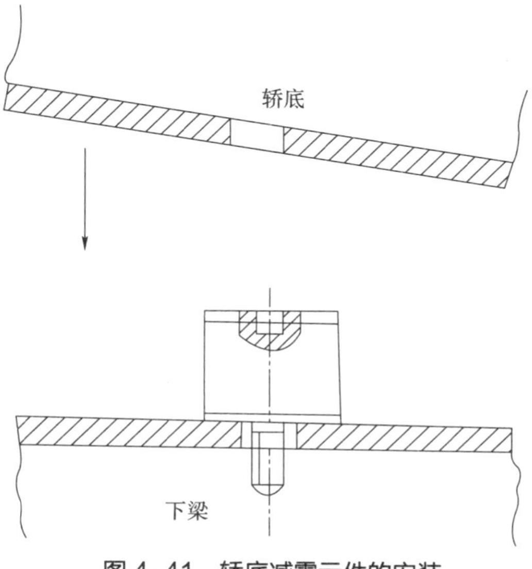

图 4-41 轿底减震元件的安装

（四）轿壁的安装

（1）把电缆槽和操纵箱安装在相应的轿壁上，先装配轿厢的后壁，再装配侧壁，最后装配前壁。对设有轿门这一扇的轿壁应用弯尺校正，其不垂直度（或者称为垂直度偏差）应不大于 1/1 000 mm。

（2）将带端子弹簧的半圆头方颈螺钉插到分布铝型材上的钻孔内，在安装踢脚板时，将它倾斜地安插上去，然后将螺钉拧紧。

（3）安装门额和地坎部件。

（五）轿顶和上梁部件的安装

（1）把轿顶装妥，盖上保护板。然后安装轿顶压板。

（2）检查限速器杠杆的位置及预先安装的零件，装上梁。把上梁安装在两侧立柱上并校正，同时安装上极限开关凸轮用的固定板及限速器拉杆用的挡板卡箍（止动弯件），如图 4-42 所示。

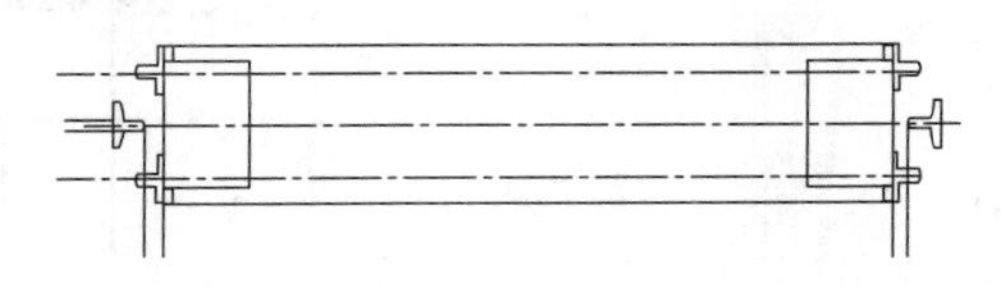

图 4-42　挡板卡箍的安装

（3）将上梁调整到与下梁平行的位置，在固定导靴之前用铅笔将正确位置标上去，如图 4-43 所示，然后安装上导靴。

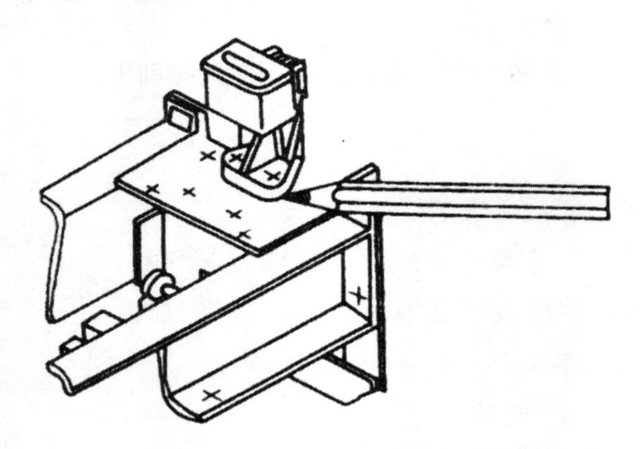

图 4-43　上导靴位置的预定方法

（4）安装悬挂装置，并悬挂轿厢。

依据样板架垂下的轿门铅垂线，确定轿厢门套立柱的位置和尺寸，安装轿门、开门机、安全触板和门刀。此外，还要注意安装轿厢扶手、装饰吊顶、整容镜，以及照明设备、操纵箱、轿内层楼指示器等（参见下一节中轿厢电气装置的安装）。

安装导靴时，应使同一侧上、下导靴保持在同一个垂直平面内。固定式（刚性）导靴与导轨端面应保留适当的间隙，其两侧间隙各为 0.5 mm～1.0 mm；弹性导靴与导轨端面应无间隙，弹性导靴对导轨端面的压力应按预定的设计值调定，过紧或过松均会影响电梯乘坐的舒适性；滚轮导靴外圈表面与导轨端面应紧贴。

轿厢和轿门在组装过程中应边组装边校正，组装后的每个零部件都要分别达到规定要求，全部机件装配完后须再进行一次全面的检查校正工作，以确保安装质量。

五、缓冲器的安装

在安装缓冲器时，先检查缓冲器底座是否与主体配套。若配套就可以将缓冲器底座安装在导轨底座上。对于没有导轨底座的电梯，就要浇注混凝土基础。缓冲器必须牢固、可靠地固定在缓冲器底座上。弹簧缓冲器和油压缓冲器虽然在结构和性能上有所不同，但其安装要求基本相同。在此以油压缓冲器为例说明安装过程。

（1）根据缓冲器安装的要求（包括数量、位置尺寸等）浇注混凝土柱基础。用水平仪调整柱底板并将其固定在混凝土内，如图 4-44 所示。

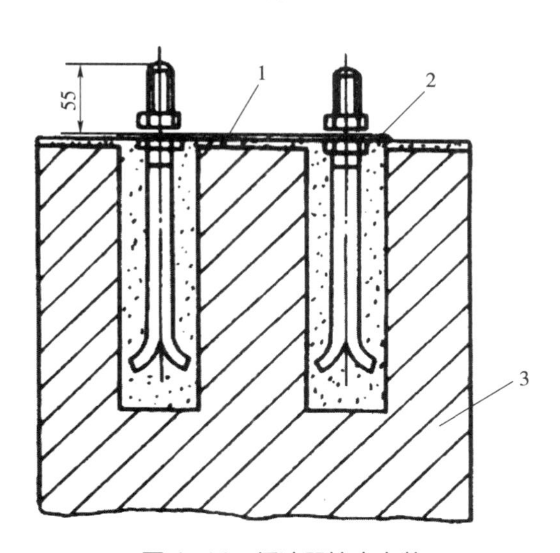

图 4-44　缓冲器柱底安装

1. 灌注混凝土的开口；2. 柱底板；3. 柱基础

（2）取下柱底板的上螺母并安装缓冲器。

（3）用水平仪和铅垂线调节缓冲器，必要时可使用垫片。

（4）用一字旋具取下柱塞盖，将油位指示器打开，以便空气外逸。然后加油至油位指示器上油位刻度线，用盖将开口关闭。

（5）安装瞬动开关，如图 4-45 所示。触点支撑必须用手通过螺钉连接在油缸上，操作托架准确地调节至触点槽的中点，然后将触点支架拧紧，检查操作触点间隙是否仍然在 1 mm 左右。

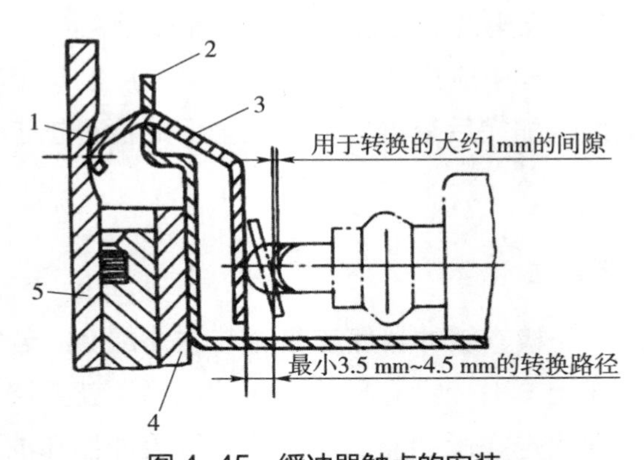

图 4-45　缓冲器触点的安装

1. 触点槽；2. 触点支架；3. 操作托架；4. 压力缸；5. 柱塞

缓冲器经安装调整后，应满足下列要求：

（1）轿厢、对重底部碰撞板中心与其缓冲器顶面板中心偏差不大于 20 mm。

（2）当一个轿厢采用两个缓冲器时，两个缓冲器顶部高度偏差不大于 2 mm。

（3）采用液压缓冲器时，其柱塞垂直度不大于 0.5 mm；采用弹簧缓冲器时，弹簧顶面的水平度不大于 0.4%。

（4）液压缓冲器内用油标号、油量加注正确。

（5）当液压缓冲器压缩时慢慢地、均匀地向下移动。

（6）液压缓冲器的电气安全开关每次动作后由人工手动复位，电梯方能运行。

六、对重的安装

对重装置由对重架和对重铁块组成，如图 4-46 所示。在安装对重装置时，首先应在底坑架设一个由方木构成的木台架，木台架的高度为底坑地面到缓冲器越程位置时的距离。然后拆卸下对重架一侧的上、下两个导靴，在电梯的第二层左右吊挂一个手动葫芦。用手动葫芦将对重架由下端站口吊入井道底坑内的木台架上，再装上导靴，最后将对重块装入对重架内。铁块要平放、塞实，并在最上面的重块的顶面中心安装防跳安全件（如图 4-47 所示），防止运行时由于铁块窜动而发出噪声。

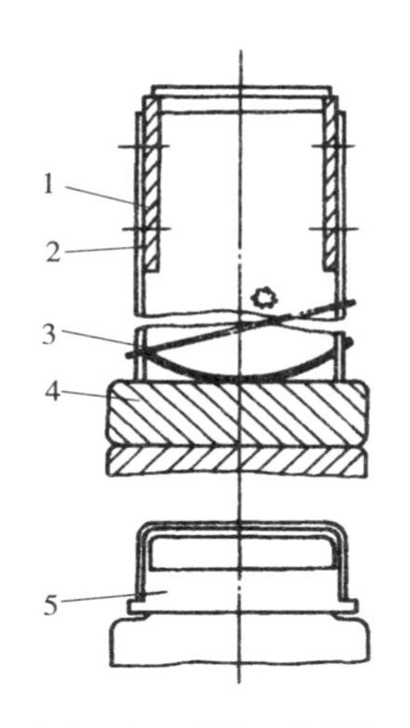

图 4-46　对重安装外形图

1. 上横梁；2.U 形槽钢立柱；3. 防跳安全件；4. 充填式重块；5. 防跳安全件

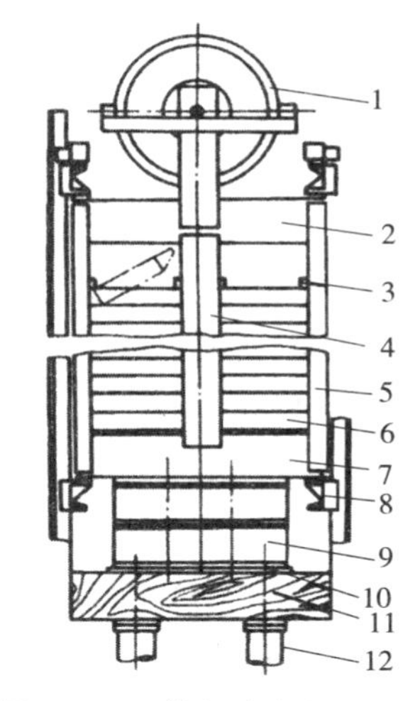

图 4-47　装上防跳安全钳

1. 反向滑轮；2. 上横梁；3. 防跳安全件；4. 中间立柱；5.U 形槽钢立柱；6. 充填式重块；7. 下横梁；8. 导靴；9. 缓冲器基座 H 形槽钢；10. 缓冲器撞板；11. 填木；12. 缓冲器

七、曳引钢丝绳、悬挂装置及补偿装置的安装

（一）绳头组合

曳引绳和曳引绳锥套是连接轿厢和对重装置的机件，曳引钢丝绳绳头组合有很多种形式。电梯建议采用锥套式，用巴氏合金浇注的绳头组合，其制作工艺如下：曳引钢丝绳的长度应根据轿厢和对重位置、曳引方式、曳引比及加工绳头的余量，及在井道内实际测量所得的长度来截取。量好电梯用曳引钢丝绳的长度在钢丝绳展开后再测量，为了避免绳头松散，在裁截处用 ϕ0.5 mm～ϕ1 mm 退火铁丝分三处扎紧，如图 4-48 所示，然后在第一处扎紧端用钢凿、砂轮切割机、钢丝绳剪刀等工具将绳截断。将已截断的曳引钢丝绳头插入锥套内，解开第一处（图 4-48 最左端）铁丝，松开绳股，并在第二处捆扎位置附近将纤维绳芯截断，如图 4-49 所示。用柴油清洗松散部分，去除油脂、沙尘，以利于灌注巴氏合金。

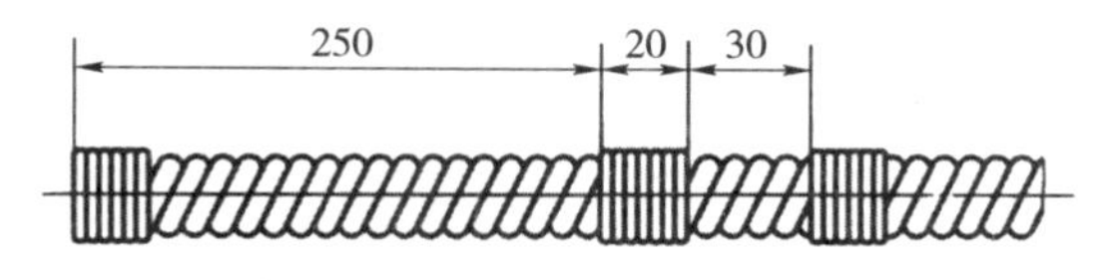

图 4-48　钢丝绳扎紧示意图

图 4-49　松开曳引绳股

如图 4-50 所示，把清洗干净的各股曳引钢丝绳向内做四环花结，其打弯长度应大于曳引钢丝绳直径的 2.5 倍，并且小于插入锥套部分的长度。将曳引钢丝绳全部拉入后，第二处捆扎铁丝绝大部分应露出锥体小端。

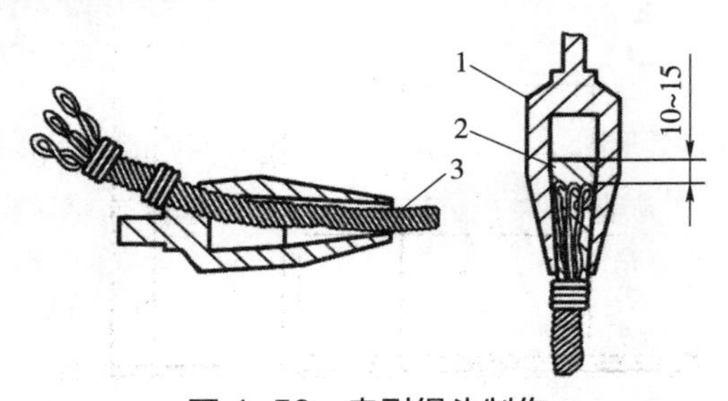

图 4-50　曳引绳头制作

1. 拉杆；2. 巴氏合金；3. 曳引钢丝绳

将锥套预热至 40 ℃～50 ℃，锥套大端向上垂直固定，在小端出口处缠上布条（或棉纱），以防溶液渗透后外流。将巴氏合金放入专用金属器皿内，加热至 270 ℃～350 ℃（其颜色发黄），去除浮渣。将熔解的巴氏合金从锥套大口处不间断浇入，一边浇注一边敲击，浇注面应高出锥孔 10 mm～15 mm（如图 4-50 所示）。要求一次浇注成功，不允许进行多次浇注，否则绳头报废，需重新浇注。

浇注巴氏合金时一要注意防火，二要一气呵成，三要待完全冷却后方可移动绳头。

当浇注的巴氏合金凝固并冷却后，取下锥体小端出口处的防漏布条（或棉纱），若从此处可看到有少量巴氏合金渗出时，说明灌注饱满。接着查看曳引钢丝绳与锥套是否成一直线，绳的捻向有没有呈不均匀状态或散股现象。一旦发现曳引钢丝绳在小锥体外松散或曳引绳歪斜，巴氏合金未渗透到锥体小端孔底，则浇注不合格，必须重新浇注。

不过现在大多数电梯采用自锁楔形块式绳头组合，用楔块作为固定绳端的装置，利用了楔形自锁的原理。相较于巴氏合金填充法，自锁楔形块式绳头组合具有安装维护方便、成本低的优点。

制作方法：将钢丝绳比充填绳套法多 300 mm 长度断绳，向下穿出绳头拉直、回弯，留出足以装入楔块的弧度后再从绳头套前端穿出。把楔块放入绳弧处，一只手向下拉紧钢绳，同时另一只手拉住绳端用力上提使钢丝绳和楔块卡在绳套内，再上紧绳夹环，数量不少于 3 个，间隔不小于钢丝绳直径的 5 倍，如图 4-51 所示。

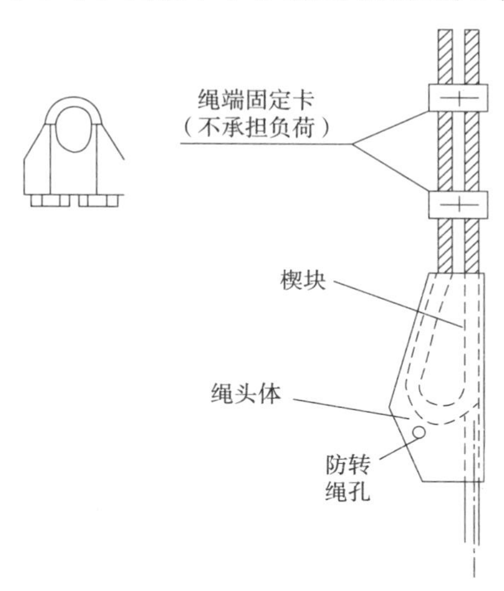

图 4-51　绳头组合

（二）悬挂曳引绳

将曳引绳自由悬吊 4～5 小时，消除其内应力，避免电梯运行时钢丝绳产生扭曲、造成局部过早磨损，保证曳引绳的正常使用寿命。

从机房往下挂绳。当曳引方式为 1∶1 时，把绳的一端从曳引轮一侧放至轿厢并固定在轿架的绳头板上，另一端经导向轮下放至对重装置并固定在对重架绳头板上；当曳引方式为 2∶1 时，曳引绳从曳引轮两侧分别下放至轿厢和对重装置，穿过轿顶轮和对重轮再返到机房，并固定在绳头板上。

曳引绳挂好以后，用手动葫芦吊起轿厢，拆除轿底托架，放下轿厢之前，必须装好限速器、安全钳，挂好限速器钢丝绳，连接好安全钳钳头拉杆与限速器。这样做的目的是万一这时发生轿厢因打滑下坠情况，限速器会起到使安全钳扎住导轨的作用，防止轿厢坠落。然后将轿厢慢慢放下，使对重上升，拆除对重下面的木台架。调整曳引绳锥套上面的弹簧螺母，使各根曳引钢丝绳受力均匀（误差小于 5%）。与此同时，还必须检查轿厢地坎与层门地坎之间的距离、门刀与层门门轮之间的距离、门刀与层门地坎之间的距离、导靴与导轨的吻合情况、安全钳与导轨面的距离、轿厢及对重的水平度等是否变化。若发现变化需要调整至符合要求，最后固定好绳头板，保证各绳头连接可靠，拧紧、锁紧螺母。

（三）补偿装置的安装

如果电梯提升高度超过 30 m 或运行速度为 1.5 m/s 及以上时，还应装设补偿装置。

（1）采用钢丝绳作补偿装置（如图 4-52 所示）时，其安装方法是先截取规定长度的钢丝绳，做好绳头装置，并用绳头螺钉与轿底和对重底下的绳头板相互连接。在底坑中应设有补偿绳张紧装置。

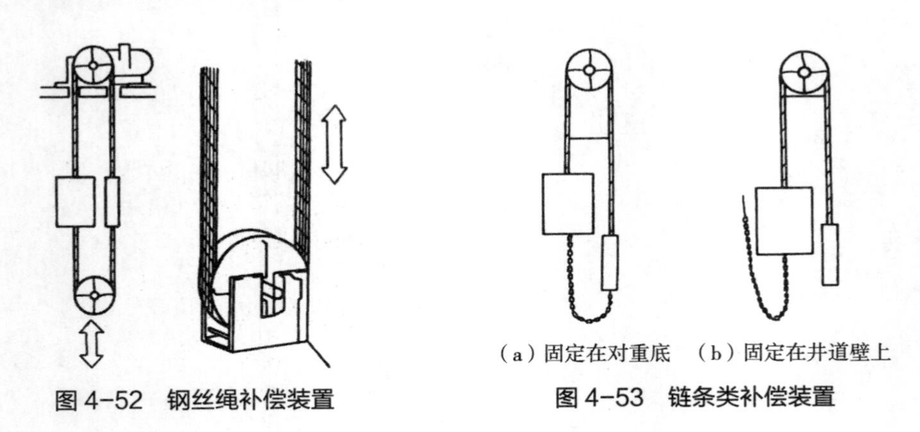

图 4-52 钢丝绳补偿装置　　图 4-53 链条类补偿装置

（2）链条作补偿装置用于额定速度小于 1.75 m/s 的电梯，如图 4-53 所示。其中图 4-53（a）所示为将补偿链两端分别固定在轿厢和对重底部。图 4-53（b）所示为将补偿链一端固定在轿厢底部，另一端固定在提升高度一半的井道壁上。补偿链适宜的长度应为在电梯冲顶或撞底时，不致拉断或与底坑相碰，补偿链的最低点离开底坑地面应大于 100 mm。采用补偿链作补偿装置时，可采用双环加螺钉固定的方法，其悬挂方式如图 4-54 所示。补偿链（缆）安装时特别注意应在没有扭转时进行悬挂。为了减少补偿链的工作噪声，可在链环上适当涂润滑脂。

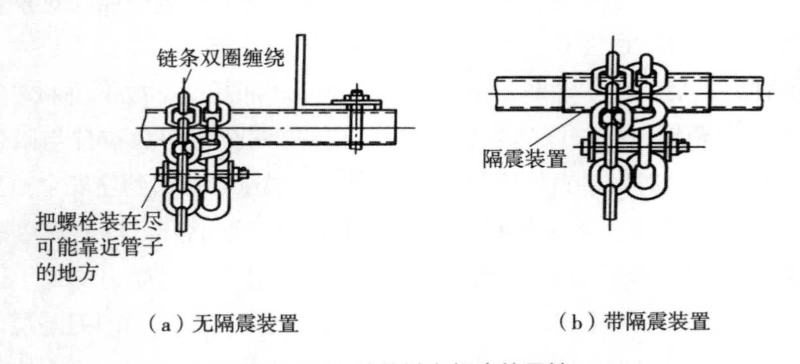

图 4-54 补偿链在轿底的悬挂

（3）补偿缆的安装。补偿缆内有低碳钢制成的环链，中间填塞物为金属颗粒以及聚乙烯与氯化物的混合物，补偿缆的截面如图 4-55 所示。链套采用具有防火、防氧化的聚乙烯护层。补偿缆具有质量密度大、运行噪声小的优点，适用于中、高速电梯。

采用补偿缆作补偿装置时，其悬挂方式如图 4-56 所示。采用 U 形螺栓及 S 形悬钩的方法固定补偿缆端部。

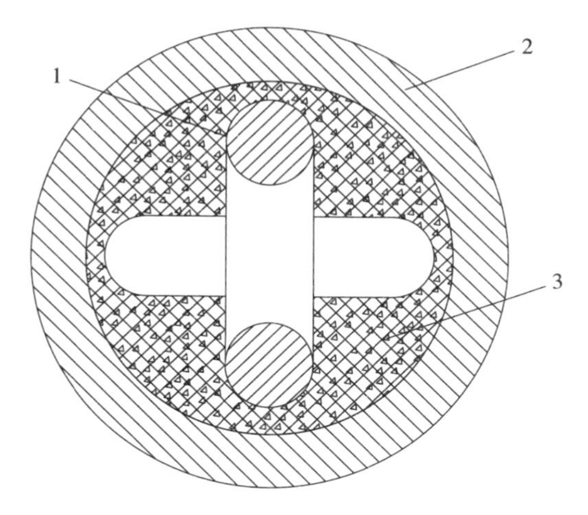

图 4-55　补偿缆的截面

1. 链条；2. 链套；3. 金属颗粒和聚乙烯与氯化物的混合物

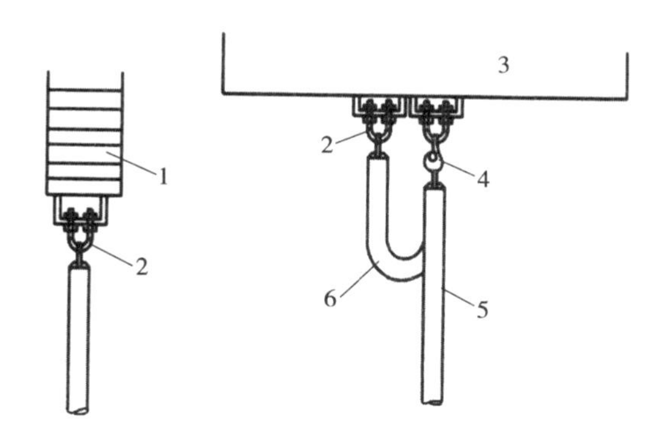

图 4-56　补偿缆的悬挂

1. 对重；2.U 形螺栓；3. 轿厢底；4.S 形悬钩；5. 补偿绳；6. 安全回环

八、层门的安装

层门部分的机械部分主要由层门地坎、层门导轨、层门门扇、层门门锁等部件构成。其安装要求如下。

（一）层门地坎安装

层门地坎固定前，先按轿厢净开门宽度在每根地坎上做相应的标记，用于校正安装时左右偏差。然后从样板架上放两根与净开门宽度相同的放样线（铅垂线），作为地坎安装基准。

用螺钉将层门地坎与下门框连接并固定在一起，将地坎上的标记对准层门上 A 的铅垂线，定位后用 400 号以上水泥砂浆把地坎 B 稳固在井道内侧的牛腿上，如图 4-57 所示。如果土建时漏做牛腿，需要补加钢牛腿。

为了防止电梯厅外积水流入井道，地坎应高出厅外装饰后的地平面 2 mm～5 mm，并抹成 0.2%～1% 的斜坡；地坎上表面水平度不应超过 0.2%，在砂浆注好阴干 72 h 后，方可进行下道工序。

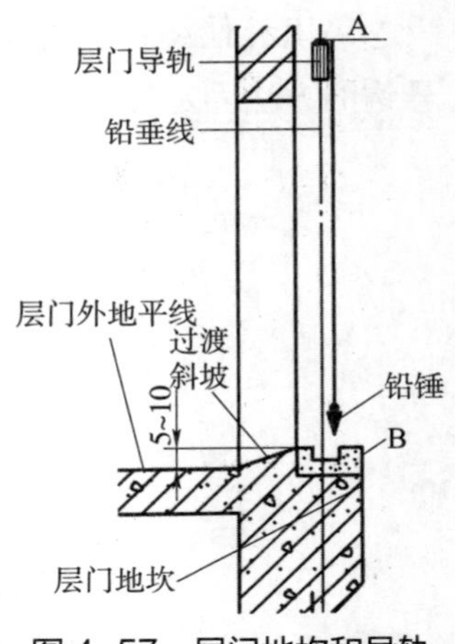

图 4-57　层门地坎和导轨

（二）层门导轨安装

层门导轨一般安装在层门两侧的立柱上，立柱与地坎、井道壁固定。层门导轨与层门地坎槽在两端和中间 3 处距离的偏差均不大于 1 mm。立柱与导轨调节达到要求后，应将门立柱外侧与井道间的空隙填实，防止受冲击后立柱产生偏差。立柱与导轨的安装示意图如图 4-58 所示。

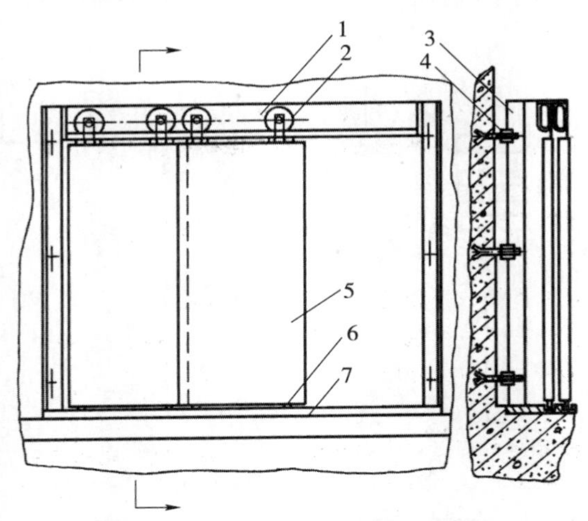

图 4-58　立柱与导轨安装示意图

1. 门导轨；2. 门滑轮；3. 立柱；4. 固定螺栓；5. 层门；6. 门靴；7. 地坎

（三）层门门扇安装

首先将门滑轮、门靴等附件与门扇牢固连接，然后将门扇挂在门导轨上。层门装好后应满足如下要求：

（1）门滚轮及其相对运动部件，在门扇运动时无卡阻现象；

（2）乘客电梯层门门扇之间、门扇与门柱、门扇与门楣、门扇下端与地坎之间的间隙（图 4-59 中的 c 值）一般为 1 mm～6 mm；

（3）门刀与地坎的间隙为 5 mm～10 mm；

（4）门扇挂架的偏心轮与导轨下端面间隙（见图4-60中的c值）不大于0.5 mm；

（5）对水平滑动的门，在其开启方向，用150 N的人力作用在最不利的点上时，层门门扇之间的间隙可以超过6 mm，但不得大于30 mm。

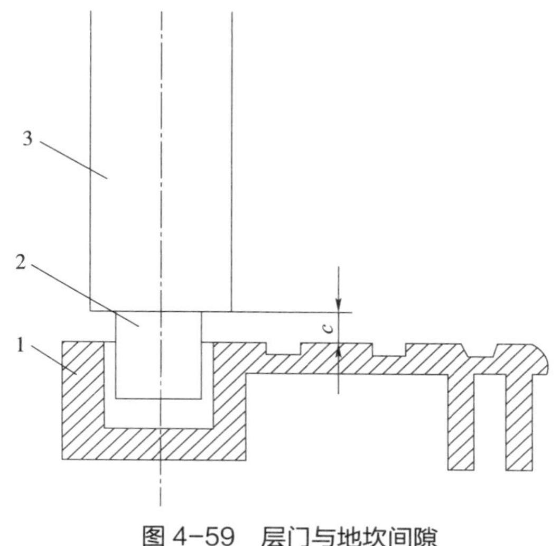

图4-59　层门与地坎间隙

1. 地坎；2. 滑块；3. 门扇；c. 门扇下端与地坎之间的间隙

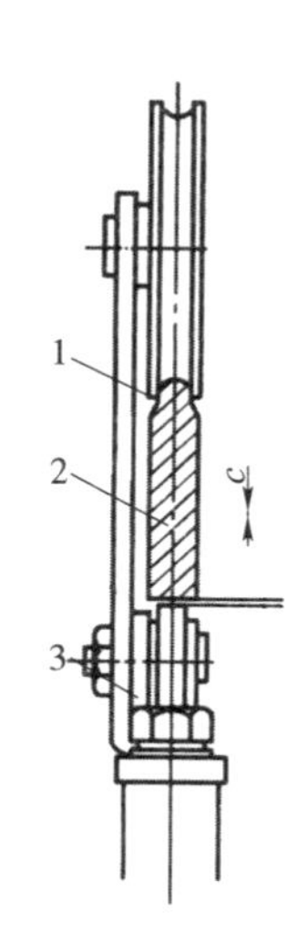

图4-60　偏心轮与导轨间隙

1. 门导轨；2. 偏心轮；3. 门扇；c. 门扇挂架的偏心轮与导轨下端面间隔

（四）层门门锁安装

根据门锁的类型及其原理，按照下列要求进行安装：

（1）层门锁钩、锁臂及动触点应动作灵活，在电气装置动作之前，锁紧元件的最小啮合长度为7 mm；

（2）门锁滚轮与轿厢地坎间隙应为5 mm～10 mm；

（3）门刀与门锁滚轮之间应有适当的间隙，轿厢运行过程中，门刀不能擦碰滚轮；

（4）开锁三角口安装好后，应用钥匙试开，应检查层门外开锁的有效性和可靠性。

门锁安装完后，就可以进行从动门电气装置的安装和强迫关门装置的安装。强迫关门装置一般分为重锤式和弹簧式两种，重锤式具有不论层门开启大小，强迫关门力保持一致的优点，因而较为常用。

强迫关门装置的强迫关门力大小应适当。因为力太小会使门关闭不到位，门锁钩不能可靠啮合；力太大会造成层门关闭时撞击。另外重锤式强迫关门装置的重锤应有套管，且下端应可靠封闭，以免钢丝绳断裂时，重锤滑出套管坠落。重锤在套管中应处于中间位置，以防卡阻影响强迫关门力。

九、轿门及开关门机构的安装

（一）轿门的安装

轿门门板的安装同层门安装要求一致，一般情况轿门上还装有机械安全触板装置或电子接近保护装置。在自动关门过程中，一旦触及人或其他物件时，门机会再次自动打开轿门。

（二）开关门机构的安装

常用的开关门机构分手动开关门机构和自动开关门机构两种。现在的一般货梯和客梯都采用自动开关门机构（如图 4-61 所示），手动开关门机构只用于杂物电梯。

图 4-61　轿门及开关的机构

现在的电梯多采用变频变压调速拖动驱动、PLC 或微机控制、同步齿型带传动。其结构简单，运行效果好，安装和调试方便。这种门机的传动机构及控制箱在出厂时都已组合成一体，安装时只需将自动门机安装支架按规定位置固定好。门机支架固定于轿厢架立柱上，并装上调节支架水平用的拉杆。装好支架并调整水平，将门机固定于支架相应的位置上，并将联动机构与轿门连接好。电动机通过齿轮和同步带驱动轿厢门，轿门通过门刀带动层门，实现轿门和层门同步开和关。安装后的开关门机构：

（1）机架的不水平度应不大于 3/1 000；

（2）开门限位开关和关门限位开关应工作可靠；

（3）开关门速度适中，动作灵活可靠，运行平稳，没有异常声响，接近两端点时应无明显撞击。

第四节　电梯电气部分的安装

一、机房电气部分的安装

（一）控制柜

控制柜跟随曳引机，一般位于井道上端的机房。确定控制柜位置时，应便于操作和维修，便于进出电线管、槽的敷设。为了便于操作和维修，控制柜周围应有比较大的空地。

控制柜为钣金框架结构，螺栓拼装组成，常用的两种控制柜的外形如图 4-62 所示。控制柜由制造厂组装调试后送至安装工地，在现场先做整体定位安装，然后按图纸规定的位置施工布线。如无规定，应按机房面积及型式作合理安排，且必须符合维修方便、巡视安全的原则。控制柜的安装位置符合以下条件：

（1）应与门、窗保持足够的距离，门、窗与控制柜正面距离不小于 1 000 mm；

（2）控制柜的维修侧与墙的距离不小于 600 mm；

（3）控制柜与机房内机械设备的安装距离不宜小于 500 mm；

（4）控制柜安装后的垂直度应不大于 3/1 000，应有与机房地面固定的措施。

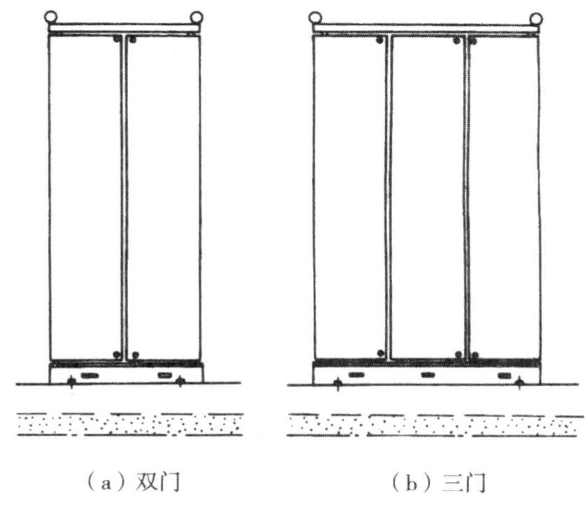

（a）双门　　（b）三门

图 4-62　控制柜

（二）机房布线

（1）电缆线可通过暗线槽，从各个方向把线引入控制柜；也可以通过明线槽，从控制柜后面或前面的引线口把线引入控制柜，如图 4-63 所示。

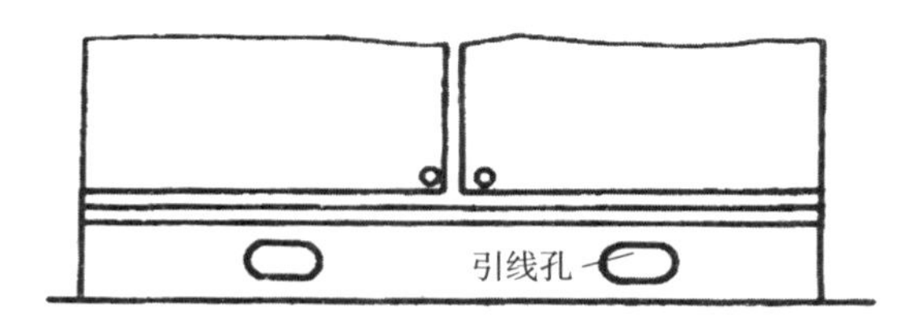

图 4-63　电缆线的引入孔位置

（2）电梯动力与控制电路应分离敷设，从进机房电源起中性线（零线）和接地线应始终分开。除 36 V 以下安全电压，其他的电气设备金属罩壳均应设有易于识别的接地端，且应有良好的接地。接地线应各自直接接至地线柱上，不得互相串接后再接地，接地线的颜色为黄绿双色绝缘电线。

（3）线管、线槽的敷设应平直、整齐、牢固。线管内导线总面积不大于管内净面积的 40%；线槽内导线总面积不大于槽净面积的 60%；软管固定间距不大于 1 m，端头固定间距不大于 0.1 m。

（三）电源开关

对供电的一般要求：采用三相五线制（或三相四线制），三相交流 380 V、50 Hz，电压波动应在 ±7% 的范围内。

电梯的供电电源应由专用开关单独控制供电。每台电梯分设动力开关和单相照明电源开关。控制轿厢电路的电源开关和控制机房、井道、底坑电路的电源开关应分别设置，各自具有独立保护。

电梯厂供给的主开关（动力开关）应安装于机房进门即能随手操作的位置，但要注意避免雨水和长时间日照。开关以手柄中心高度为准，一般为 1.3 m～1.5 m。安装时要求牢固，横平竖直。如机房内有数台电梯时，主开关应设有便于识别的标记。主开关电源进入机房后，由用户单位的安装技工将动力线分配至每台电梯的动力开关上。

单相照明电源开关与主开关分开控制。整个机房内可设置一个总的单相照明电源开关，同时每台电梯应设置一个分路控制开关，以便于线路维修，一般安装于动力开关旁。与主开关安装要求一样：牢固、横平竖直。

二、井道电气装置的安装

井道内的主要电气装置有电线管、接线盒、箱、电线槽、各种限位开关、底坑电梯停止开关、井道内固定照明等。

（一）换速开关、限位开关的安装

根据电梯的运行速度可设一只或多只换速开关（又称减速开关）。减速和限位开关安装时，应先将开关安装在支架上，然后将支架用压导板固定于轿厢导轨的相应位置上。额定速度为 1 m/s 电梯的换速、限位、极限开关的安装示意图如图 4-64 所示。

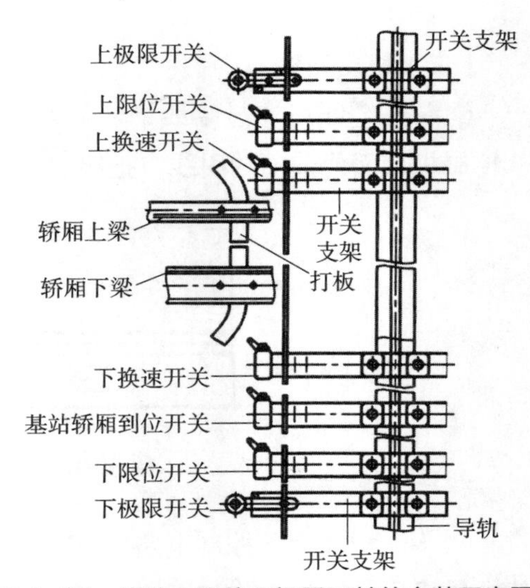

图 4-64　换速、限位和极限开关的安装示意图

（二）极限开关及联动机构的安装

用机械方法直接切断电机回路电源的极限开关（现已基本不采用），常见的有附墙式（与主开关联动）和着地式

（直接安装于机房地坪上），如图 4-65 所示。

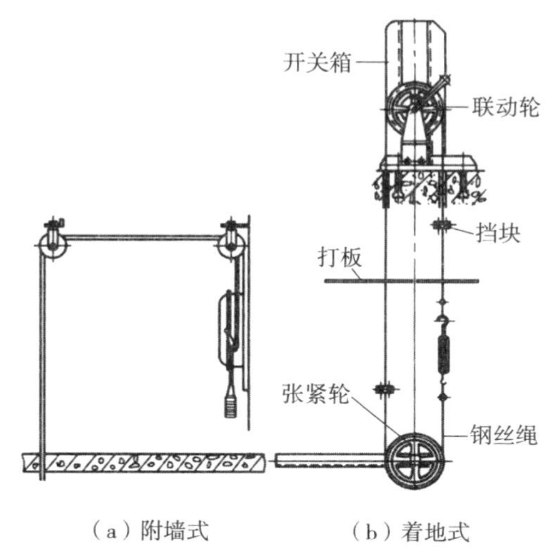

（a）附墙式　　（b）着地式

图 4-65　极限开关的安装形式

1. 安装附墙式极限开关应满足的要求

（1）按主开关的要求，将极限开关装于机房进门口附近。

（2）把装有碰轮的支架，安装于限位开关支架以上或以下 150 mm 处的轿厢导轨上。极限开关碰轮有上、下之分，不能装错。

（3）在机房内的相应位置，安装好导向轮。导向轮不得超过两个，其对应轮槽应成一直线，且转动灵活。

（4）穿钢丝绳时，先固定下极限位置，将钢丝绳收紧后再固定在上极限支架上。注意下极限支架处应留适当长度的绳头，便于试车时调节极限开关动作高度。所调动作高度应保证轿厢或对重接触缓冲器之前极限开关起作用。

（5）将钢丝绳在极限开关联动链轮上绕 2～3 圈，不能叠绕，吊上重锤，锤底离机房地坪约为 500 mm。

2. 安装着地式极限开关应满足的要求

（1）在轿厢侧的井道底坑和机房地坪相同位置处，安装好极限开关的张紧轮及联动轮、开关箱，两轮槽的位置偏差均不大于 5 mm。

（2）在轿厢相应位置上固定两块打板，打板上钢丝绳孔与两轮槽的位置偏差不大于 5 mm。

（3）穿钢丝绳，并用开式索具螺旋机和花篮螺栓收紧，直至顺向拉动钢丝绳能使极限开关动作。

（4）根据极限开关动作方向，在两端站电梯越程 100 mm 左右的打板位置处，分别设置挡块，使轿厢超越行程后，轿厢上的打板能撞击钢丝绳上的挡块，使钢丝绳产生运动打脱极限开关，导致开关动作。

（三）基站轿厢到位开关的安装

到位开关的作用是使轿厢未到基站前，基站的层门钥匙开关不起任何作用，只有轿厢到位后钥匙开关才能启闭自动门机，带动轿门和层门。装有自动门机的电梯需要设此开关。基站轿厢到位开关支架安装于轿厢导轨上，位置比限位开关略高一点即可（如图 4-64 所示）。

（四）底坑电梯停止开关及井道照明设备的安装

底坑电梯停止开关是为保证进入底坑的电梯检修人员的安全而设置的。该开关应设非自动复位装置且有红色标记。安装位置应是检修人员进入底坑后能方便摸到的地方。

封闭式井道内应设置亮度适当的永久性照明装置。井道中除距最高处与最低处 0.5 m 内各装一只灯外，中间灯距应不超过 7 m，供检修电梯及应急时使用。

三、轿厢电气装置的安装

（一）轿内操纵箱的安装

轿内操纵箱是控制电梯选层、关门、开门、启动、停层、急停等动作的控制装置。操纵箱安装工艺较简单，只要在轿厢相应位置装入箱体，将全部电线接好后盖上面板即可。盖好面板后应检查按钮是否灵活有效。

（二）轿顶操纵箱的安装

轿顶操纵箱上的电梯急停开关和电梯检修开关要安装在轿顶防护栏杆的前方，且应处于打开厅门和在轿厢上梁后部任何一处都能操作的位置。

（三）信号箱、轿内层楼指示器的安装

信号箱是用来显示各层站呼梯情况的，常与操纵箱共用一块面板，安装时可与操纵箱一起完成。轿内层楼指示器有的安装于轿门上方，有的与操纵箱共用面板，应按具体安装位置确定安装方法。

（四）减速、平层感应装置（井道传感器）的安装

井道传感器装置的结构型式是根据控制方式而定的，它由装于轿厢上的带托架的开关组件和装于井道内的反映井道位置的永久磁铁组件所组成。感应装置安装应牢固可靠，间隙、间距符合规定要求，感应器的支架应用水平仪校平。永磁感应器安装完后应将封闭磁板取下，否则感应器不起作用。

（五）自动门机的安装

一般门电动机、传动机构及控制箱在出厂时已组合成一体，安装时只需将自动门机安装支架按图纸规定位置固定好即可。自动门机安装后应动作灵活，运行平稳，门扇运行至端点时无撞击声。

（六）照明设备、风扇的安装

照明有多种形式，具体按轿内装饰要求决定，简单的只在轿厢顶上装两盏荧光灯。风扇也有多种形式，现代电梯大多采用轴流式风机，由轿顶四边进风，风力均匀柔和。安装时应按具体选用风扇的情况确定安装方法。照明设备、风扇的安装应牢固、可靠。

（七）轿底电气装置的安装

轿底电气装置主要是轿底照明灯，应使灯的开关设于容易摸到的位置。另外，有超载装置的活络轿底内有几只微动开关，一般出厂时已安装好，在安装工地只需根据载重量调整其位置即可。轿底使用压力传感器的，应按原设计位置固定好，传感器的输出线应连接牢固。

四、层站电气装置的安装

层站电气装置主要有层门层楼指示器、按钮盒等。

层门层楼指示器的安装位置：离地高度为 2 350 mm 左右，面板应位于门框中心，如图 4-66 所示。安装后水平偏差不大于 3/1 000。

按钮盒由铁盒、灯座、按钮和面板组成。它的安装位置为离地 1 300 mm～1 500 mm（如图 4-66）。墙面与按钮盒的间隙应在 1.0 mm 以内。按钮箱的安装可参照层门层楼指示器的安装方法。

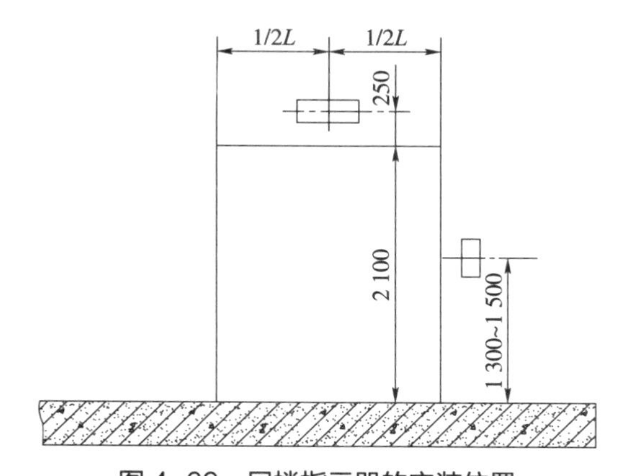

图 4-66　层楼指示器的安装位置

L. 面板宽度

五、电梯供电和控制线路的安装

（一）管路、线槽敷设

电梯供电和控制线路是通过电线管或电线槽及电缆线，输送到控制柜、曳引机、井道和轿厢的。电梯井道内严禁使用可燃性材料制成的电线管或电线槽。

电梯机房和井道内的电线管、电线槽、接线盒与可移动的轿厢、对重、钢丝绳、软电缆等的距离，在机房内不应小于 50 mm，井道内不应小于 100 mm。

电线管设有暗管和明管两种。暗管排后用混凝土埋设，排列可不考虑整齐，但不要重叠。当 900 弯头超过 3 只时应设接线盒，以便于穿电线。对于明管，应排列整齐美观，要求横平竖直。同时应设固定支架，水平管支撑点间距为 1.5 m，竖直管支撑间距为 2 m。

在敷设电线管前应检查电线管外表，要求无破裂凹瘪和锈蚀，内部应畅通，不符合要求的一律不准使用。

安装电线槽前应仔细检查，要求平整、无扭曲，内外均无锈蚀和毛刺。安装中要横平竖直，其水平和垂直偏差均不大于 2/1 000，全长最大偏差应不大于 20 mm，线槽与线槽的接口应平直，槽盖盖好后应平整无翘角。数槽并列安装时，槽盖应便于开启。

软管用来连接有一定移动量的活络接线，目前使用的有金属软管和塑料软管两种。安装的软管应无机械损伤和松散现象。安装时应尽量平直，弯曲半径应大于管子外径的 4 倍。固定点应均匀，间距不大于 1 000 mm。其自由端头长度不大于 100 mm。在与箱、盒、设备连接处宜采用专用接头。安装在轿厢上的软管应防止振动。

电梯中使用的接线盒可分为总盒，中间接线盒，轿顶、轿底接线盒和层楼分线盒等。各接线盒安装后应平整、牢固和不变形。

（二）导线选用和敷设

电梯电气装置中的配线，应使用额定电压不低于 500 V 的铜芯导线。除电缆外，导线不得直接敷设在建筑物和轿厢上，应使用电线管和电线槽保护。

电梯的动力线和控制线宜分别敷设，用于控制的电子线路应按产品要求单独敷设，注意采用抗干扰措施。各种不同用途的线路尽量采用不同颜色的导线。出入电线管或电线槽的导线，应使用专用护口，如无专用护口时，应加有保护措施。导线的两端应有明确的接线编号或标记。安装人员应将此编号或标记记录在册，以备查用，如图 4-67 所示。

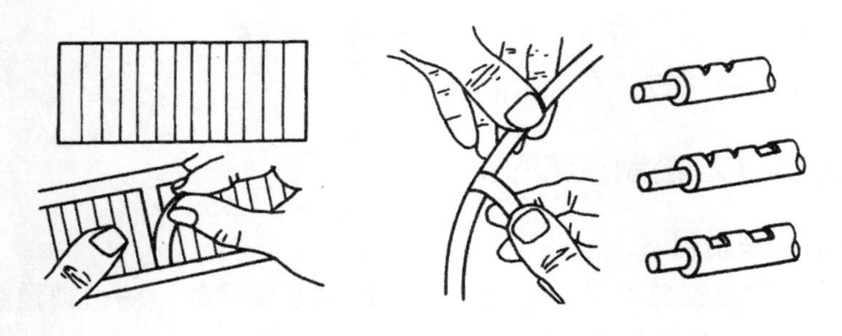

图 4-67　电线上的标记

为避免导线扭曲，放线时应使用放线架，如图 4-68 所示。导线在截取长度时应留有适当余量。穿线时应用铁丝或细钢丝作导引，边送边接，以送为主，如图 4-69 所示。电线管和电线槽内应留有足够的备用线。

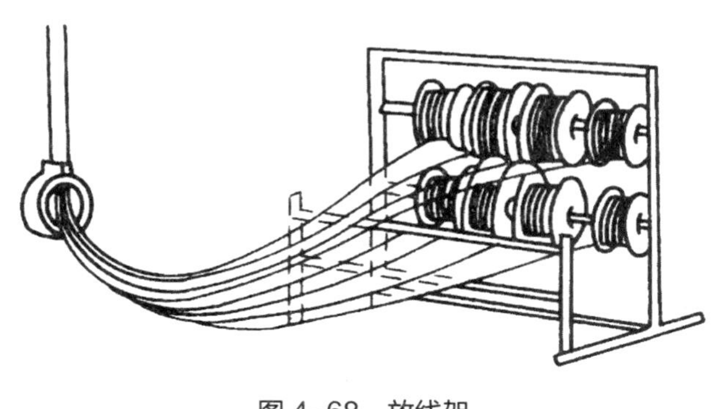

图 4-68　放线架

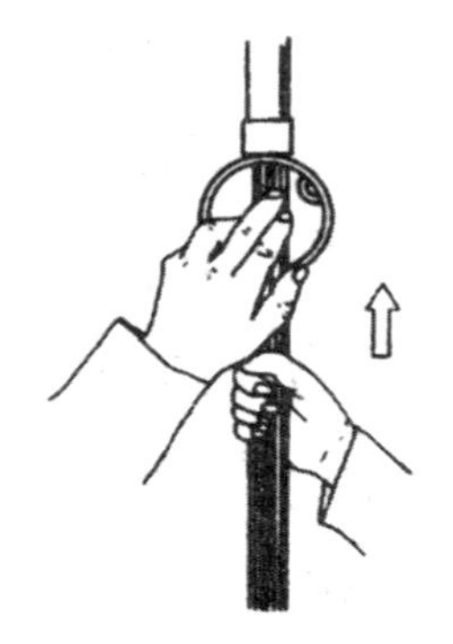

图 4-69　穿电线

（三）悬挂电缆的安装

悬挂电缆分为圆形电缆和扁形电缆，现多采用扁形电缆。在安装电缆时，切勿从卷盘的侧边或从电缆卷中将电缆拉出，必须让其自由滚动展开。

为了使圆形电缆展直并在其全长上均可呈现其正常位置，圆形电缆被安装在轿厢侧旁以前必须要悬吊数个小时，如图 4-70 所示，且与井道底坑地面接触的电缆下端必须形成一个环状而被提高离开底坑地面。扁形电缆的固定可采用专用扁电缆夹。这种电缆夹是一种楔形夹，如图 4-71 所示。

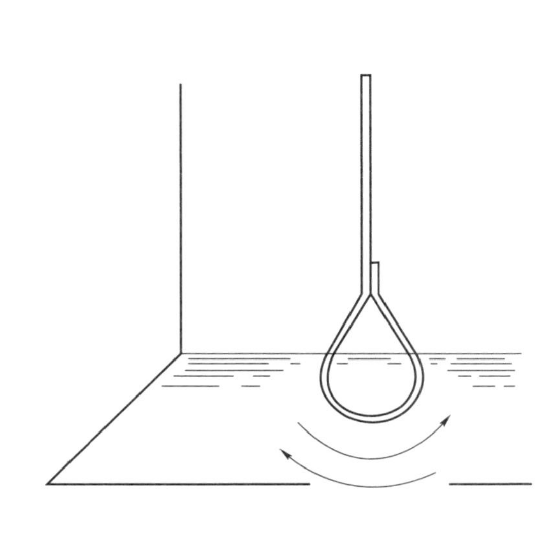

图 4-70　电缆形状的复原

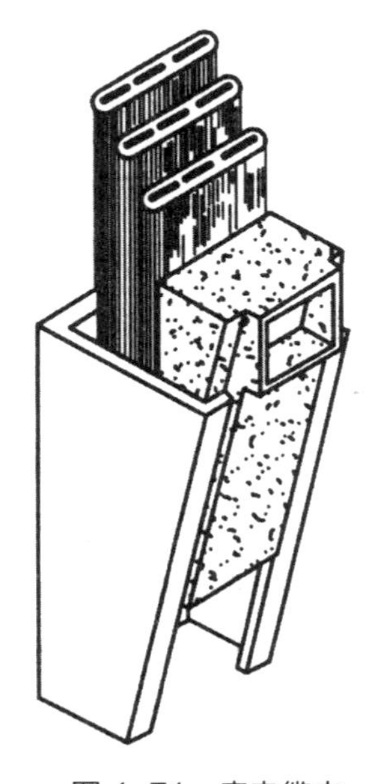

图 4-71　扁电缆夹

电缆的安装有如下几个要求。

（1）安装后的电缆不应有打结和波浪扭曲现象。轿厢外侧的悬垂电缆在其整个长度内均平行于井道侧壁。

（2）从悬挂点至控制器框架的轿厢终端盒，电缆被敷设在线槽内或者用夹子予以固定。

（3）当轿厢提升高度≤50 m时，在 $H_Q/2+1$ m（H_Q 为整个井道的高度）处固定电缆夹，电缆的悬挂配置如图 4-72（a）所示；当轿厢提升高度为 50 m～150 m 时，电缆的悬挂配置如图 4-72（b）所示。

（4）当有数条电缆时，要保持活动的间距，并沿高度错开 30 mm，如图 4-73 所示。

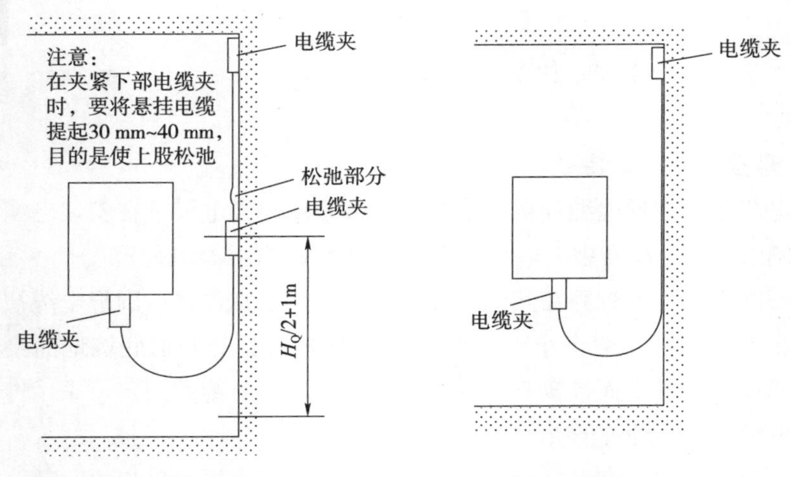

（a）轿厢提升高度≤50 m时　（b）轿厢提升高度50 m~150 m时

图 4-72　电缆悬挂方式

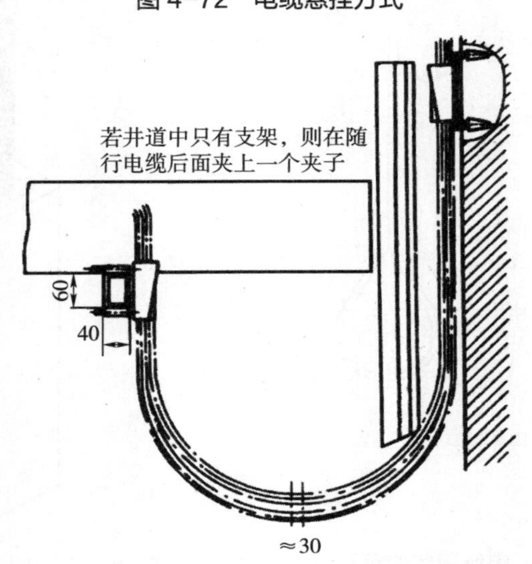

图 4-73　电缆之间的活动间隙

（四）管线及线路安装

电梯安装时如采用电线槽作导线的保护装置，安装较为方便，只需在有相互联系的电气装置之间，敷设一段与其容量相符的电线槽即可。在井道内也只需敷设一根从上到下的总线槽，各分路从总线槽引出。而采用电线管作保护装置时，安装就较为复杂。

（五）电梯电气装置的绝缘和接地要求

电梯电气装置的导体之间和导体对地之间的绝缘电阻必须大于 1 000 Ω/V，而对于动力电路和安全装置电路应大于 0.5 MΩ，其他如控制、照明、信号等电路应大于 0.25 MΩ。做此项测量时，全部电子元件均应分隔开，以免不必要的损坏。

电梯电气设备的金属外壳均应良好接地，其接地电阻值不应大于 4 Ω。接地线应用黄 / 绿绝缘铜芯线，其截面积不应小于相线的 1/3，但最小截面积对裸铜线不应小于 4 mm^2，对绝缘线不应小于 1.5 mm^2。接地线应可靠安全，且显而易见，电线应采用国际惯用的黄 / 绿颜色线。所有接地系统连通后均应引至机房，接到电网引入的接地线上，切不可用零线当接地线。零线和接地线应始终分开。

轿厢应有良好接地，如采用电缆芯线作接地线时，不得少于两根，且截面积应大于 1.5 mm^2。电线管之间弯头、束结（外接头）和分线盒之间均应跨接接地线，并应在未穿入电线前用 ϕ5 mm 的钢筋作接地跨接线，用电焊焊牢。

第五节　电梯的调试

电梯调试是安装过程的一个重要环节，调试工作分为机械调整和电气调整两大部分。电梯调试是对电梯产品和安装质量的全面检查，通过调试可以修正和弥补产品设计和安装过程中存在的缺陷，使电梯系统能安全、可靠地工作，达到国家有关标准规定和产品设计要求。

电梯调试中常用仪表有数字万用表、绝缘电阻表、示波器、转速表等。数字万用表精度为 0.5 级以上，输入阻抗＞ 2 kΩ/V。数字绝缘电阻表的测量输入阻抗应大于 500 kΩ，严禁在电子控制板插入机器中时使用摇表，防止高压击毁微机控制板。数字光电非接触式转速表量程一般为 0 r/min～50 000 r/min。

一、试运行前的准备工作

电梯的全部机、电零部件经安装调整和预试验后，拆去井道内的脚手架，给电梯的电气控制系统接上电源，控制电梯上、下做试运行。试运行是全面检查电梯制造和安装质量好坏的一项工作。为确保试运行工作的顺利进行，防止电梯在试运行中出现事故，在试运行前须认真做好以下一些准备工作。

（1）清扫机房、井道、各层站周围的垃圾和杂物，保持环境卫生。

（2）对安装好的机、电零部件进行彻底检查和清理，使所有的电气和机械装置保持清洁。清洗曳引轮和曳引绳的油污。

（3）牵动轿顶上安全钳的绳头拉手，检查安全钳的动作是否灵活可靠，导轨的正工作面与安全嘴底面、导轨两侧的工作面与两楔块间的间隙是否符合要求。

（4）检查限速器运转是否平稳，确保限速器安装位置正确、底座牢固，限速器绳与安全钳联动的拉手的连接牢固可靠，张紧装置张力足够。

（5）检查导向轮、轿顶轮、对重轮、限速器和张紧装置等一切具有转动摩擦部位的润滑情况，确保处于良好的润滑工作状态。检查下列润滑处是否清洁，并添足润滑剂：

①置于室内的曳引机环境温度保持在 -5 ℃～400 ℃。根据电梯说明书要求减速箱按季节添足润滑剂。

②擦洗导轨上的油污。对于滑动导靴，如果导靴上未设自动润滑装置，导轨为人工润滑时，应在导轨上涂适量的钙基润滑脂（GB/T 491—2008）。对于弹性滑动导靴，如果导靴上设有自动润滑装置时，在润滑装置内应添足够的 HJ-40 机械油。

③采用油压缓冲器时，应按随机技术文件的规定添足油料，油位高度应符合油位指示牌标出的要求。

（6）通电前的检查与测试。

①检查接点组的闭合和断开是否正常可靠，焊点是否牢靠，电器部件内外配接线的压紧螺钉有无松动，电器元件动作和复位时是否自如。

②接地连通性测量，每台电梯的各部分接地设施应连成一体，并可靠接地，且连通电阻为零。

③对电气控制系统进行绝缘电阻测试（必须在专业技术人员指导下进行测试，以免损毁电梯电器元件），各导体之间及导体与地之间的绝缘电阻，其值必须大于 1 000 Ω/V，且动力电路和电气安全装置电路之间的绝缘电阻大于 0.5 MΩ；其他电路（控制、照明、信号等）之间的绝缘电阻大于 0.25 MΩ。

（7）通电检查与测试。

①在挂曳引绳和拆除脚手架之前，检查电气控制系统中各电器部件的内外配接线是否正确无误、动作程序是否正常。

②曳引绳从曳引轮上摘下后，开始对电气控制系统进行全面检查。检查时应有两名熟悉电气控制系统的技工参加，其中一名位于轿厢内，另一名位于机房内。位于轿厢内的技工按机房内技工发出的命令，模拟司机或乘用人员的操作程序逐一进行操作，机房内的技工根据轿厢内技工的每一项操作，检查和观察控制柜内各电器

元件的运作程序，分析是否符合电气控制说明书或电路原理图的要求，曳引电动机的运转情况是否良好，运转方向是否正确。

③测试各电气安全保护开关功能是否正确。

二、试运行和调整

电梯的试运行工作应有 3 名技工参加。其中机房、轿内、轿顶各有一人，由具有丰富经验的安装人员在轿厢顶指挥和协调整个试运行工作。

首先挂好曳引钢丝绳，将吊起的轿厢放下，用盘车手轮使轿厢向下移动，撤除对重下的支撑木，拆除剩余脚手架，清理干净井道、底坑后，再盘车上、下行。以一人在轿顶指挥，并观察所有部位的情况，特别是相对运行位置、间隙，边慢行边调整，直到所有的电气与机械装置完全符合要求。

当一切准备妥当后，可以进行慢速运行试验，用检修速度一层一层下行，以确认轿厢上各部件与井壁、轿厢与对重之间的间距（最小距离为 50 mm），限速器钢丝绳应张紧，在运行中不得与轿厢或对重相碰触。检查导轨的清洁与润滑情况、导轨连接处与接口的情况，逐层矫正层门、轿门地坎间隙，检查轿门上开门机传动、限位装置；使门刀能够灵活带动层门开、合，层门锁钩动作灵活，在证实锁紧的电气安全装置动作之前，锁紧元件的最小啮合长度应不小于 7 mm。检查并调整层楼感应器、平层感应器与隔磁板的间隙。通过轿内操纵箱上的指令按钮或轿顶检修箱上的慢上或慢下按钮，分别控制电梯上、下往复运行，检查与测试各急停开关、极限开关、限位开关、强迫减速开关和换速平层传感装置功能正确无误，动作灵活可靠。最后使轿厢位于最上层、最下层，观察轿厢上方空程、底坑随行电缆情况，在底坑检查安全钳、导靴与导轨间隙，补偿绳与电缆不得与设备相碰撞，轿底与缓冲器顶面间距应符合要求，在轿顶应调整曳引绳张力。

经反复调试后，使曳引绳张力符合要求；使开关门速度符合要求；使抱闸间隙与弹簧压力合适；使限速器与安全钳动作一致、安全有效；使平层位置合适，开锁区不超过地坎 200 mm。

快速试运行前，先慢速将轿厢停于中间层，轿厢内不载人，在机房控制柜给一个内指令，使轿厢先单层、后多层，上、下往复数次。确实无异常后，试车人员再进入轿厢，进行实际操作。

在做快速试运行时，先使电梯由慢速检修运行状态，转换为额定快速运行状态。接着对电梯的信号、控制、驱动系统进行测试、调整，使其全部正常工作。对电梯的启动、加速、换速、制动、平层，以及强迫换速开关、限位开关、极限开关等位置进行精确调整，其动作应安全、准确、可靠。内、外呼梯按钮均正常工作。对于有 / 无司机控制的电梯，有司机和无司机两种工作状态都需分别进行试运行。

在机房应对曳引装置、电动机、抱闸等进行进一步检查。

观察各层指示情况，反复调整电梯关门、启动、加速、换速平层停靠、开门等过程中的可靠性和舒适感，反复调整各层站的平层准确度，调整自动开关门时的速度、降低噪声水平。提高电梯在运行过程中的安全、可靠、舒适等综合技术指标。

第六节　电梯的验收与交付使用

电梯的全部安装工作完成，并经安装人员自行检查合格，再报请单位专职检验员复检合格和试运行考核一切正常后，即可约请政府技检部门进行正式的检查检验，经检查检验合格并发给允运证后，即可认为电梯安装工作已全部完成。

电梯经政府技检部门检查检验合格取得允运证后，可与电梯业主方协商办理交接事宜。双方代表应在交接验收证书上签字确认。

电梯安装验收的依据有：

（1）GB 7588—2003《电梯制造与安装安全规范》中的“附录 D　交付使用前的检验”。

（2）GB/T 10060—2023《电梯安装验收规范》。

一、交付使用前的检验及试验

GB 7588—2003《电梯制造与安装安全规范》中的附录 D 内容如下：

附　录　D

（标准的附录）

交付使用前的检验

电梯交付使用前的检验应包括下列项目的检查及试验。

D1　检查

检查应包括下列内容：

a）按提交的文件（见附录 C）与安装完毕的电梯进行对照；

b）检查一切情况下均满足本标准的要求；

c）根据制造标准，直观检查本标准无特殊要求的部件；

d）对于要进行型式试验的安全部件，将其型式试验证书上的详细内容与电梯参数进行对照。

D2　试验和验证

试验应包括下列内容：

a）门锁装置（见 7.7）；

b）电气安全装置（见附录 A）；

c）悬挂装置及其附件，应校验它们的技术参数是否符合记录或档案的技术参数［见 16.2a）］；

d）制动系统（见 12.4）；

载有 125% 额定载重量的轿厢以额定速度下行，并切断电动机和制动器供电的情况下，进行试验。

e）电流或功率的测量及速度的测量（见 12.6）；

f）电气接线；

1）不同电路绝缘电阻的测量（见 13.1.3）。作此项测试时，所有电子元件的连接均应断开；

2）机房接地端与易于意外带电的不同电梯部件间的电气连通性的检查。

g）极限开关（见 10.5）；

h）曳引检查（见 9.3）；

1）在相应于电梯最严重制动情况下，停车数次，进行曳引检查。每次试验，轿厢应完全停止，试验应这样进行。

——行程上部范围内，上行，轿厢空载；

——行程下部范围内，下行，轿厢载有 125% 额定载重量；

2）应检查，当对重压在缓冲器上时，空载轿厢不能向上提升；

3）应检查平衡系数是否如安装者所说，这种检查可通过电流检测并结合：

——速度测量，用于交流电动机；

——电压测量，用于直流电动机。

对 8.2.2 所列特殊情况，轿厢面积超出表 1 规定的载货电梯，除按上述 1）、2）、3）要求进行曳引检查外，还须用 125% 轿厢实际载重量达到了轿厢面积按表 1 规定所对应的额定载重量进行静态曳引检查。

对 8.2.2 所列非商用汽车电梯，则须用 150% 额定载重量进行静态曳引检查。

i）限速器；

1）应沿着轿厢（见 9.9.1、9.9.2）或对重（或平衡重）（见 9.9.3）下行方向检查限速器的动作速度；

2）9.9.11.1 和 9.9.11.2 所规定的停车控制操作检查，应沿两个方向进行。

j）轿厢安全钳（见 9.8）；

安全钳动作时所能吸收的能量已经过了型式试验（见 F3）的验证，交付使用前试验的目的是检查正确的安装、正确地调整和检查整个组装件，包括轿厢、安全钳、导轨及其和建筑物的连接件的坚固性。

试验是在轿厢正在下行期间，轿厢装有均匀分布的规定的载重量，电梯驱动主机运转直至钢丝绳打滑或松弛，并在下列条件下进行：

1）瞬时式安全钳，轿厢装有额定载重量，而且安全钳的动作在检修速度下进行；

2）渐进式安全钳，轿厢装有 125% 额定载重量，而且安全钳的动作可在额定速度或检修速度下进行。

对 8.2.2 所列特殊情况，轿厢面积超出表 1 规定的载货电梯，对瞬时式安全钳，应以轿厢实际载重量达到了轿厢面积按表 1 规定所对应的额定载重量进行安全钳的动作试验；对渐进式安全钳，取 125% 额定载重量与轿厢实际载重量达到了轿厢面积按表 1 规定所对应的额定载重量两者中的较大值，进行安全钳的动作试验。

对 8.2.2 所列非商用汽车电梯，则须用 150% 额定载重量代替 125% 额定载重量进行安全钳的上述试验。

如果渐进式安全钳的试验在检修速度进行，制造厂家应提供曲线图，说明该规格渐进式安全钳和附联的悬挂系统一起进行动态试验的型式试验性能。

试验以后，应用直观检查确认未出现对电梯正常使用不利影响的损坏。必要时，可更换摩擦元件。

注：为了便于试验结束后轿厢卸载及松开安全钳，试验宜尽量在对着层门的位置进行。

k）对重（或平衡重）安全钳（见 9.8）；

安全钳动作时所能吸收的能量已经过了型式试验（见 F3），交付使用前试验的目的是检查正确的安装、正确的调整和检查整个组装件，包括对重（或平衡重）、安全钳、导轨及其和建筑物连接件的坚固性。

试验是在对重（或平衡重）下行期间，电梯驱动主机运转直至钢丝绳打滑或松弛，并在下列条件下进行：

1）瞬时式安全钳，轿厢空载，安全钳的动作应由限速器或安全绳触发，并在检修速度下进行；

2）渐进式安全钳，轿厢空载，安全钳的动作可在额定速度或检修速度下进行。

如果试验在检修速度进行，制造厂家应提供曲线图，说明该规格渐进式安全钳在对重（或平衡重）作用下和附联的悬挂系统一起进行动态试验的型式试验性能。

试验以后，应用直观检查确认未出现对电梯正常使用不利影响的损坏，必要时可更换摩擦元件。

1） 缓冲器（见 10.3，10.4）；

1） 蓄能型缓冲器，试验应以如下方式进行：载有额定载重量的轿厢压在缓冲器（或各缓冲器）上，悬挂绳松弛。同时，应检查压缩情况是否符合记录在 C3 技术文件上的特性曲线并用 C5 进行鉴别。

2） 非线性缓冲器和耗能型缓冲器，试验应以如下方式进行：载有额定载重量的轿厢和对重以额定速度撞击缓冲器。在使用减行程缓冲器并验证了减速度的情况下（见 10.4.3.2），以减行程设计速度撞击缓冲器。

对 8.2.2 所列特殊情况，轿厢面积超出表 1 规定的载货电梯，上述试验的额定载重量应用轿厢实际载重量达到了轿厢面积按表 1 规定所对应的额定载重量替代。

试验以后，应用直观检查确认未出现对电梯正常使用不利影响的损坏。

m） 报警装置（见 14.2.3）；

功能试验。

n） 轿厢上行超速保护装置（见 9.10）。

试验应以如下方式进行：轿厢空载，以不低于额定速度上行，仅用轿厢上行超速保护装置制停轿厢。

二、电梯安装验收规范

GB/T 10060—2011《电梯安装验收规范》内容如下：

电梯安装验收规范

1 范围

本标准规定了电梯安装验收的条件、项目、要求和规则。

本标准适用于额定速度不大于 6.0 m/s 的电力驱动曳引式和额定速度不大于 0.63 m/s 的电力驱动强制式乘客电梯、载货电梯。对于额定速度大于 6.0 m/s 的电力驱动曳引式乘客电梯和载货电梯可参照本标准执行，不适用部分由制造商与客户协商确定。消防电梯和适合残障人员使用的电梯等特殊用途的电梯，应按照相应的产品标准调整验收内容。

本标准不适用于液压电梯、杂物电梯、仅载货电梯和家用电梯。

2 规范性引用文件

下列文件中的条款通过本标准的引用而成为本标准的条款。凡是注日期的引用文件，其随后所有的修改单（不包括勘误的内容）或修订版均不适用于本标准，然而，鼓励根据本标准达成协议的各方研究是否可使用这些文件的最新版本。凡是不注日期的引用文件，其最新版本适用于本标准。

GB 4208 外壳防护等级（IP 代码）（GB 4208—2008，IEC 60529：2001，IDT）

GB/T 5974.1 钢丝绳用普通套环

GB/T 5974.2 钢丝绳用重型套环

GB/T 5976 钢丝绳夹

GB/T 7024—2008 电梯、自动扶梯、自动人行道术语

GB 7588—2003 电梯制造与安装安全规范（EN 81-1：1998，MOD）

GB/T 10058—2009 电梯技术条件

GB/T 10059—2009 电梯试验方法

GB 14048.4 低压开关设备和控制设备。机电式接触器和电动机起动器（GB 14048.4—2003，IEC 60947-4-1：2000，IDT）

GB 16895.3 建筑物电气装置 第 5-54 部分：电气设备的选择和安装 接地配置、保护导体和保护联结导体（GB 16895.3—2004，IEC 60364-5-54：2002，IDT）

GB/T 22562 电梯 T 型导轨（GB/T 22562—2008，ISO 7465：2007，IDT）

GB 23821—2009 机械安全 防止上下肢触及危险区的安全距离（ISO 13857：2008，IDT）

JG/T 5072.3—1996 电梯对重用空心导轨

3 术语和定义

GB/T 7024—2008 和 GB 7588—2003 确立的以及下列术语和定义适用于本标准。

3.1

机器设备 machinery

传统的放置于机房内的设备，如：控制柜和拖动系统、驱动主机、主开关和紧急操作装置。

3.2

机器设备区间 machinery space

在井道内或井道外用于放置全部或部分机器设备的空间。

4 安装验收前提条件

4.1 电梯的工作条件应符合 GB/T 10058—2009 中 3.2 的要求。

4.2 提交验收的电梯应具备完整的资料和文件。

4.2.1 制造企业应提供的资料和文件：

a） 整机产品出厂合格证；

b） 整机型式试验合格证书复印件；

c） 安全部件（包括门锁装置、限速器、安全钳、缓冲器、轿厢上行超速保护装置和含有电子元件的安全电路）型式试验合格证书复印件，限速器与渐进式安全钳调试证书复印件；

d） 曳引机、控制柜、悬挂绳端接装置（即绳头组合）、导轨、层门耐火性能（如果需要）和玻璃门或玻璃轿壁（如果需要）等主要部件型式试验合格证书复印件；

e） 井道、机器设备区间（含机房）和滑轮间布置图；

f） 安装说明书；

g） 主要部件现场安装示意图；

h） 动力电路和安全回路电气原理图及电气接线图；

i） 使用维护说明书（含紧急救援操作说明）。

4.2.2 安装企业应提供的资料和文件：

a） 企业验收检验报告（含安装过程自检记录）；

b） 安装过程中事故记录与处理报告（如有）；

c） 由电梯购货方与制造企业双方同意的变更设计的证明文件（如有）。

4.3 安装完毕的电梯设备及其机器设备区间、滑轮间、井道、候梯厅应清理干净；机器设备区间和滑轮间的门窗应防风雨，其通道门的外侧应设有包括下列简短字句的须知：“电梯机器设备——危险 未经许可人员禁止入内”。对于活板门，应设有永久性的须知，提醒活板门的使用人员：“谨防坠落——重新关好活板门”。

通向机器设备区间和滑轮间的通道应畅通、安全，底坑应无杂物与积水，机器设备区间、滑轮间、井道与底坑均不应有与电梯无关的其他设备。

4.4 提交验收的电梯应能正常运行，各安全设施和安全保护功能正确有效。

4.5 电梯验收人员应熟悉所验收的电梯产品及本标准规定的检验内容、方法和要求。

4.6 验收用检验器具应符合 GB/T 10059—2009 中 3.3 的要求。

4.7 电梯供电电源的接地应符合 GB 16895.3 的要求。

5 验收检验项目及检验要求

5.1 机器设备区间和滑轮间

5.1.1 通道

通往机器设备区间及滑轮间的通道应符合 GB 7588—2003 中 6.2 的要求。

5.1.2 安全空间和维修空间

5.1.2.1 机房内电梯驱动主机旋转部件的上方应有不小于 0.3 m 的铅垂净空距离。

井道内无防护的电梯驱动主机旋转部件上方应有不小于 0.3 m 的铅垂净空距离。如果该距离小于 0. 3 m，应按照 GB 7588—2003 中 9.7.1 a）的要求提供防护。

5.1.2.2 滑轮间内天花板以下的净高度不应小于 1.5 m（装有控制柜的滑轮间除外），滑轮上方应有不小于 0.3 m 的铅垂净空距离。

5.1.2.3 在控制柜（屏）、紧急和试验操作屏前应有一块净空面积，该面积：

a）深度：从屏、柜的外表面测量时不小于 0.7 m；

b）宽度：为 0.5 m 或柜、屏的全宽，取两者中的大者。

5.1.2.4 为了对运动部件进行维修和检查，在必要的地点以及需要手动紧急操作的地方，应有一块不小于 0.5 m × 0.6 m 的水平净空面积。

5.1.2.5 工作区域的净高度不应小于 2. 0 m。

通道的净高度不应小于 1.8 m，这一净高度应从通道区域地面测量到屋顶横梁的下表面。

5.1.3 主开关、照明及其开关

5.1.3.1 主开关

5.1.3.1.1 每台电梯均应装设能切断除下列供电电路以外该电梯所有供电电路的主开关：

a）轿厢照明和通风（如有）；

b）轿顶电源插座；

c）机器设备区间和滑轮间内的照明；

d）机器设备区间和滑轮间内以及底坑内的电源插座；

e）电梯井道照明；

f）报警装置。

5.1.3.1.2 该主开关应设置在：

a）机房内，当有机房时；

b）控制柜内，当无机房但控制柜不是安装在井道内时；

c）紧急和试验操作屏上，当控制柜安装在井道内时。若紧急操作屏和试验操作屏是分立的，此开关应设置在紧急操作屏上。

如果从控制柜处不容易接近主开关，应在控制柜上设置一个满足 GB 7588—2003 中 13.4.2 要求的分断开关。

5.1.3.1.3 主开关的设置位置和结构型式应符合 GB 7588—2003 中 13.4.2 的要求。

5.1.3.2 照明及其开关

5.1.3.2.1 在每个机器设备区间和滑轮间内靠近每个入口处，都应装设控制该区间照明的电源开关。

5.1.3.2.2 在靠近主开关处，应装设能控制井道照明的开关。

5.1.3.2.3 工作区域、机器设备区间和安装有控制柜的滑轮间，应安装永久性电气照明，其地面上的照度不应小于 200 lx。未安装控制柜的滑轮间，在滑轮附近应有不小于 100 lx 的照度。

照明电源应与电梯驱动主机电源分开，可通过另外的电路或通过与 5.1.3.1 规定的主开关供电侧连接而获得照明电源。

注：井道内机器设备区间和工作区域的照明可以是井道照明的一部分。

5.1.4 断、错相防护和电动机电源切断检查

5.1.4.1 每台电梯应具备供电系统断相、错相保护功能。当电梯供电电路出现断相或错相时，电梯应停止运行并保持停止状态。如果电梯运行与相序无关，可以不设错相保护功能。

5.1.4.2 由交流或直流电源直接供电的驱动主机电动机，应使用两个独立的接触器切断其供电电源，接触器的触点应串联于电源电路中。

电梯停止时，如果其中一个接触器的主触点未打开，最迟到下一次运行方向改变时，应防止轿厢再运行。

5.1.4.3 交流或直流电动机用静态元件供电和控制时，应采用 GB 7588—2003 中 12.7.3 要求的方法切断电动机的供电电流。

5.1.5 电气布线及安装

5.1.5.1 电梯动力线路与控制线路宜分离敷设或采取屏蔽措施。除 36 V 及以下安全电压外的电气设备金属罩壳均应设有易于识别的接地端，且应有良好的接地。接地线应采用黄绿双色绝缘电线分别直接接至接地端上，不应互相串接后再接地。

电梯供电的中性导体（N，零线）和保护导体（PE，地线）应始终分开。

5.1.5.2 线管、线槽的敷设应平直、整齐、牢固。软管固定间距不应大于 1 m，端头固定间距不应大于 0.1 m。

线槽内导线总截面积不应大于槽内净截面积的 60%，线管内导线总截面积不应大于管内净截面积的 40%。

5.1.5.3　在机器设备区间和滑轮间内的电气设备，应采用防护罩壳以防止直接接触，所用罩壳的防护等级不应低于 GB 4208 所规定的 IP2X。

5.1.5.4　每个通电导体与地之间电气安装的绝缘电阻应符合表 1 的要求。

当电路中包含有电子装置时，测量时应将相导体与中性导体连接起来，所有电子元件的连接均应断开。

表 1　绝缘电阻要求值

标称电压 V	测试电压（直流） V	绝缘电阻 MΩ
安全电压	250	≥0.25
≤500	500	≥0.50
>500	1 000	≥1.00

5.1.5.5　在滑轮间内邻近入口处应装设 一个符合 GB 7588—2003 中 14.2.2 和 15.4.4 要求的停止装置。

5.1.6　接触器和接触器式继电器

5.1.6.1　驱动主机供电主接触器应为 GB 14048.4 中规定的下列类型，且这些接触器应允许启动操作次数的 10% 为点动运行：

a）AC-3，用于交流电动机的接触器；

b）DC-3，用于直流电源的接触器。

5.1.6.2　当使用接触器式继电器去操作主接触器时，这些接触器式继电器应为 GB 14048.5 中规定的下列类型：

a）AC-15，用于控制交流电磁铁；

b）DC-13，用于控制直流电磁铁。

5.1.7　设备安装

5.1.7.1　机房、滑轮间内钢丝绳与楼板孔洞每边间隙均宜为 20 mm～40 mm，通向井道的孔洞四周应筑有高于楼板或完工后地面至少 50 mm 的圈框。

5.1.7.2　埋入承重墙内的曳引机承重梁，其支撑长度宜超过墙厚中心 20 mm，且不应小于 75 mm。

5.1.7.3　在电梯驱动主机上靠近盘车手轮处以及限速器上，应有与轿厢运行方向对应的明显标志。如果盘车手轮是不可拆卸的，则驱动主机上的标志可标在盘车手轮上。

5.1.7.4 曳引轮、盘车手轮和限速器轮等旋转部件的外侧面应涂成黄色，手动释放制动器的操作部件应涂成红色。
5.1.7.5 限速器绳轮轮缘端面相对水平面的垂直度不宜大于 2/1 000，曳引轮和导向轮轮缘端面相对水平面的垂直度在空载或满载工况下均不宜大于 4/1 000。设计上要求倾斜安装者除外。
5.1.7.6 限速器出厂时的动作速度整定封记应完好。限速器安装位置应正确，底座牢固，运转平稳。
5.1.7.7 操纵轿厢安全钳的限速器，其动作速度应符合 GB 7588—2003 中 9.9.1 的要求。
5.1.7.8 当安装有操纵对重安全钳的限速器时，其设定的动作速度应大于同一台电梯上轿厢安全钳用限速器的动作速度，但不应超过其 10%。
5.1.7.9 轿厢上行超速保护装置速度监控元件的动作速度 v_s 与同一台电梯上轿厢安全钳用限速器动作速度 v_1 的关系应为：$v_s \leqslant 1.1v_1$。
5.1.8 驱动主机
5.1.8.1 强制式电梯额定速度不应大于 0.63 m/s。
5.1.8.2 可以使用皮带将单台或多台电动机连接到机－电式制动器所作用的零件上，每级传动皮带不应少于两条。
5.1.8.3 电梯应设有制动系统，该系统应具有一个机－电式（摩擦型）制动器，另外还可装设其他制动装置。在动力电源失电或控制电路电源失电时制动系统应能自动动作。

禁止使用带式制动器作为机－电式制动器。

5.1.8.4 所有参与向制动轮或盘施加制动力的机－电式制动器的机械部件应至少分两组装设。制动器电磁线圈的铁心是机械部件，而线圈则不是。
5.1.8.5 机－电式制动器应在持续通电情况下保持松开状态，被制动部件应直接采用刚性机械装置与曳引轮或卷筒、链轮连接。
5.1.8.6 切断机－电制动器的电流，至少应用两个独立的电气装置来实现。这些电气装置可以是同时用来切断电梯驱动主机电流的接触器。

当电梯停止时，如果其中一个接触器的主触点未打开，最迟到下一次运行方向改变时，应防止电梯再运行。

5.1.8.7 装有手动紧急操作装置的电梯驱动主机，应能用手松开机－电式制动器并需要以持续力保持其松开状态。
5.1.8.8 机－电式制动器应用有导向的压缩弹簧或重块向制动靴或衬片施加压力。

5.1.8.9　应装设对机－电式制动器的每组机械部件工作情况进行检测的装置。如果有一组制动器机械部件不起作用，则曳引机应当停止运行或不能启动。

5.1.9　旋转部件的防护

5.1.9.1　设置在机器设备区间和滑轮间内的绳轮或链轮，在绳（或链）进入轮槽的部位应有防止人的肢体被卷入的防护装置，同时还应有防止钢丝绳或链条因松弛而脱离绳槽或链轮的装置。当绳或链条沿水平方向，或在水平面之上、以相对水平面不大于 90° 的任意角度进入曳引轮、滑轮或链轮时，应有防止异物进入绳与绳槽或链与链轮之间的装置。

5.1.9.2　防护装置应符合 GB 7588—2003 中 9.7.2 的要求。

5.1.9.3　除盘车手轮、制动轮和其他类似的光滑圆形部件，以及带有防护装置的曳引轮外，对人员可能接近并可能产生危险的旋转部件，特别是下列部件，应提供有效的防护：

a）传动轴上的键和螺钉；

b）钢带、链条、皮带；

c）齿轮、链轮；

d）电动机的外伸轴；

e）甩球式限速器。

5.1.10　电动机和其他电气设备的保护

5.1.10.1　直接与主电源连接的电动机应进行短路保护。

5.1.10.2　如果一个装有温度监控装置的电气设备的温度超过了其设计温度，电梯不应再继续运行，此时轿厢应停在层站。电梯应在该电气设备充分冷却后才能自动恢复正常运行。

5.1.10.3　直接与主电源连接的电动机应采用手动复位的自动断路器（5.1.10.4 所述情况例外）进行过载保护，该断路器应能切断电动机的所有供电。

5.1.10.4　当对电动机过载的检测是基于电动机绕组的温升时，则只有在符合 5.1.10.2 时才能切断电动机的供电。

5.1.11　电动机运转时间限制器

5.1.11.1　曳引驱动式电梯应设有电动机运转时间限制器，当出现下述两种情况时，应在 5.1.11.2 规定的时间内切断驱动主机的供电并保持其非供电状态：

a）当启动电梯时，曳引机不转；

b）向下运行的轿厢或对重由于障碍物而停止，导致曳引绳在曳引轮上打滑。

5.1.11.2　电动机运转时间限制器起作用的时间 T 应：

a）电梯全程运行时间不小于 35 s 时，$T \leqslant 45$ s；

b） 电梯全程运行时间小于 35 s 但不小于 10 s 时，$T \leqslant$ 全程运行时间加 10 s；

c） 电梯全程运行时间小于 10 s 时，$T \leqslant 20$ s。

5.1.11.3 电动机运转时间限制器动作后，恢复电梯正常运行只能通过手动复位。恢复断开的电源后，曳引机无需保持在停止位置。

5.1.11.4 电动机运转时间限制器不应影响到轿厢检修运行和紧急电动运行。

5.1.12 紧急操作

5.1.12.1 如果向上移动装载有额定载重量的轿厢所需的手动操作力不大于 400 N，电梯驱动主机应装设有手动紧急操作装置。如果轿厢的移动可带动此装置，则它应是一个光滑的、无辐条的轮子。

5.1.12.1.1 若手动紧急操作装置是可拆卸的，应放置在机器设备区间内容易接近的地方。如果不能容易地识别该装置所匹配的电梯驱动主机，则应在该装置上做出适当标记。

5.1.12.1.2 若手动紧急操作装置可从电梯驱动主机上拆卸或脱出，一个电气安全装置最迟应在该装置装上电梯驱动主机时动作。

5.1.12.1.3 在紧急操作处应易于借助悬挂绳或限速器绳上的标记或其他方式，检查轿厢是否在开锁区域。

5.1.12.2 如果 5.1.12.1 所述的盘车力大于 400 N，则应设置一个符合 GB 7588—2003 中 14.2.1.4 规定的紧急电动运行操作装置。

该装置应设置在：

a） 机房内，有机房时；

b） 机器设备室内，无机房但有机器设备室时：

c） 紧急和试验操作屏上，机器设备设置在井道内时。

5.1.12.3 在电梯正常供电电源出现故障（含停电）时，如果轿厢停在层门开锁区域之外，应有措施移动轿厢到开锁区域之内。

5.2 井道

5.2.1 井道壁

5.2.1.1 井道的封闭应符合 GB 7588—2003 中 5.2.1 的规定。

5.2.1.2 井道检修门、安全门和检修活板门应符合 GB 7588—2003 中 5.2.2 的规定。

5.2.1.3 设置在人员可正常接近处的玻璃围壁，在 GB 7588—2003 中 5.2.1.2 要求的高度范围内应采用夹层玻璃制作。

5.2.1.4 层门地坎下的井道壁（含层门护脚板）应符合 GB 7588—2003 中 5.4.3 的要求。

5.2.2 检修门、井道安全门和检修活板门

5.2.2.1 除非在相邻轿厢上设置了符合5.4.6要求的轿厢安全门，当相邻两层门地坎间的距离大于11 m时，其间应设置井道安全门。

5.2.2.2 如果电梯井道上设有检修门、井道安全门和检修活板门，其尺寸应满足：

a）检修门的高度不应小于1.40 m，宽度不应小于0.60 m；

b）井道安全门的高度不应小于1.80 m，宽度不应小于0.35 m；

c）检修活板门的高度不应大于0.50 m，宽度不应大于0.50 m。

5.2.2.3 检修门、井道安全门和检修活板门均不应向井道内开启。

5.2.2.4 检修门、井道安全门和检修活板门均应装设用钥匙开启的锁。当其被开启后，不用钥匙亦能将其关闭和锁住。检修门与井道安全门即使在锁住情况下，也应能不用钥匙从井道内部将门打开。

5.2.2.5 只有检修门、井道安全门和检修活板门均处于关闭位置时，证实其关闭的电气安全装置才能允许电梯运行。

电梯正常运行中轿厢、对重（或平衡重）的最低部分，包括导靴、护脚板等与底坑底之间的垂直净空距离不小于2.0 m时，通往底坑的通道门可不设置电气安全装置。

5.2.2.6 检修门、井道安全门和检修活板门均应是无孔的。

5.2.3 安全空间和安全间距

5.2.3.1 轿厢及其关联运动部件与对重（或平衡重）及其关联运动部件之间的距离不应小于50 mm。

5.2.3.2 电梯井道内表面与轿厢地坎、轿厢门框架或滑动门的最近门口边缘的水平距离应符合GB 7588—2003中11.2.1的要求。

当该间距大于上述规定值时，应采取以下措施之一：

a）轿厢上安装只能在层门的开锁区域内打开，且其机械、电气锁紧性能符合层门门锁装置要求的轿门门锁装置；

b）采用表面连续、光滑并无孔的部件加封层门地坎下部的井道壁，使间隙满足上述要求。该加装部件的宽度不应小于轿门入口的净宽度两边各加25 mm，其刚度应符合GB 7588—2003中5.4.3 b）的规定。

5.2.3.3 当对重完全压缩缓冲器时，曳引驱动式电梯的顶部间隙应符合GB 7588—2003中5.7.1的要求。

当对重完全压缩缓冲器时，强制驱动式电梯的顶部间隙应符合GB 7588—2003中5.7.2的要求。

注：对于非线性蓄能型缓冲器，“完全压缩的缓冲器”是指缓冲器被压缩掉其可压缩高度的90%。在其可压缩高度内，没有刚性元件间的直接接触。

5.2.3.4 当轿厢完全压缩缓冲器时，底坑内的安全空间和安全距离应符合GB 7588—2003中5.7.3.3的要求。

5.2.4 井道照明

井道照明应符合GB 7588—2003中5.9的要求。

5.2.5 导轨

5.2.5.1 轿厢、对重（或平衡重）各自应至少由两根刚性的钢质导轨导向。对于未装设安全钳的对重（或平衡重）导轨，可以使用板材成型的空心导轨。

所使用的导轨宜符合GB/T 22562或JG/T 5072.3—1996的要求。

5.2.5.2 每根导轨宜至少设置两个导轨支架，支架间距不宜大于2.5 m，当不能满足此要求时，应有措施保证导轨安装满足GB 7588—2003中10.1.2规定的许用应力和变形要求。

对于安装于井道上、下端部的非标准长度导轨，其导轨支架数量应满足设计要求。

5.2.5.3 固定导轨支架的预埋件，直接埋入墙的深度不宜小于120 mm。

采用建筑锚栓安装的导轨支架，只能用于具有足够强度的混凝土井道构件上，建筑锚栓的安装应垂直于墙面。

采用焊接方式连接的导轨支架，其焊接应牢固，焊缝无明显缺陷。

5.2.5.4 当轿厢压在完全压缩的缓冲器上时，对重导轨长度应能提供不小于$0.1+0.035v^2$（m）的进一步制导行程。

当对重压在完全压缩的缓冲器上时，轿厢导轨长度应能提供不小于$0.1+0.035v^2$（m）的进一步的制导行程。

注：v——电梯额定速度，单位为米每秒（m/s）。

5.2.5.5 每列导轨工作面（包括侧面与顶面）相对安装基准线每5 m长度内的偏差均不应大于下列数值：

a） 轿厢导轨和装设有安全钳的对重导轨为0.6 mm；

b） 不设安全甜的T型对重导轨为1.0 mm。

对于铅垂导轨的电梯，电梯安装完成后检验导轨时，可对每5 m长度相对铅垂线分段连续检测（至少测3次），取测量值间的相对最大偏差，其值不应大于上述规定值的2倍。

5.2.5.6 轿厢导轨和设有安全钳的对重导轨，工作面接头处不应有连续缝隙，局部缝隙不应大于0.5 mm；工作面接头处台阶用直线度为0.01/300的平直尺或其他工具测量，不应大于0.05 mm。

不设安全钳的对重导轨工作面接头处缝隙不应大于 1.0 mm，工作面接头处台阶不应大于 0.15 mm。

5.2.5.7 两列导轨顶面间距离的允许偏差为：

a）轿厢导轨为：$^{+2}_{0}$ mm；

b）对重导轨为：$^{+3}_{0}$ mm。

5.2.5.8 导轨应用压板固定在导轨支架上，不应采用焊接或螺栓方式与支架连接。

5.2.5.9 设有安全钳的对重导轨和轿厢导轨，除悬挂安装者外，其下端的导轨座应支撑在坚固的地面上。

5.2.6 对重和平衡重

5.2.6.1 如对重（或平衡重）由填充重块组成，应采取下列措施防止它们移位：

a）应把填充重块固定在一个框架内；或

b）如果填充重块是金属块且电梯额定速度不大于 1.0 m/s，则至少要用两根拉杆将金属块固定住。

5.2.6.2 对重或平衡重上装有绳轮（或链轮）时，应有防护装置防止：

a）钢丝绳或链条因松弛而脱离绳槽或链轮；

b）异物进入绳与绳槽或链与链轮之间。

5.2.7 随行电缆

随行电缆的安装应满足：

a）电缆两端应可靠固定；

b）轿厢压缩缓冲器后，电缆不应与底坑地面和轿厢底边框接触；

c）电缆不应有打结、波浪和扭曲现象；

d）避免电缆与限速器钢丝绳、限位开关、极限开关、井道信号采集系统及对重装置等发生干涉；

e）避免电缆在运行中与电线槽、管发生卡阻；

f）电缆处于井道底部时应始终能避开缓冲器。

5.2.8 限速器系统

5.2.8.1 除设计要求限速器绳相对导轨倾斜安装者外，操纵安全钳侧的限速器钢丝绳至导轨侧面及顶面距离的偏差，在整个井道高度范围内均不宜超过 10 mm。

5.2.8.2 限速器钢丝绳应张紧，在运行中不应与轿厢或对重等部件相碰触。

5.2.8.3 限速器安装在井道内时，应能从井道外接近它。否则，应符合 GB 7588—2003 中 9.9.8.3 的要求。

5.2.8.4 限速器绳断裂或过分伸长时，应通过一个电气安全装置使电动机停止运转。

5.2.8.5 限速器及其张紧轮应有防止钢丝绳因松弛而脱离绳槽的装置。

当绳沿水平方向或在水平面之上以与水平面不大于 90° 的任意角度进入限速器或其张紧轮时，应有防止异物进入绳与绳槽之间的装置。

所使用的防护装置应符合 5.1.9.2 的规定。

5.2.9 缓冲器

5.2.9.1 在轿厢和对重行程底部的极限位置应设置缓冲器。

强制驱动式电梯还应在轿顶上设置能在行程上部极限位置起作用的缓冲器。

5.2.9.2 当电梯速度大于 1.0 m/s 时，应采用耗能型缓冲器。

5.2.9.3 线性蓄能型缓冲器的总行程不应小于 0.135 v^2（m），且最小值为 65 mm。

耗能型缓冲器的行程不应小于对应 115% 额定速度的重力制停距离，即 0.067 4 v^2（m）。

5.2.9.4 对于额定速度大于 2.5 m/s 的电梯，当按 GB 7588—2003 中 12.8 的要求对轿厢在其行程末端的减速进行监控时，可以使用行程小于 5.2.9.3 要求的缓冲器。计算其缓冲器所需行程时，可采用轿厢（或对重）与缓冲器刚接触时的速度取代 5.2.9.3 中规定的 115% 额定速度，且应满足：

a）当额定速度不大于 4.0 m/s 时，按 5.2.9.3 计算值的 50%，且至少为 0.42 m；

b）当额定速度大于 4.0 m/s 时，按 5.2.9.3 计算值的 1/3，且至少为 0.54 m。

5.2.9.5 如果在轿厢或对重行程的底部使用一个以上缓冲器，在轿厢处于上、下端站平层位置时，各缓冲器顶面与对重或轿厢之缓冲器撞板之间距离的偏差不应大于 2.0 mm。

5.2.9.6 耗能型缓冲器的柱塞（或活塞杆）相对水平面的垂直度不应大于 5/1 000。设计上要求倾斜安装者除外。

液压缓冲器充液量应符合设计要求。

5.2.9.7 耗能型缓冲器应设有一个电气安全装置，在缓冲器动作后未恢复到正常位置之前，使电梯不能启动。

5.2.10 底坑

5.2.10.1 底坑内应设置符合 GB 7588—2003 中 5.7.3.4 要求的停止装置、电源插座和井道照明开关。

停止装置应设置于在井道外打开进入底坑的通道门准备进入底坑之处和在底坑底面上都能够容易接近的位置，必要时可以设置两个停止装置。

5.2.10.2 当对重压在完全压缩的缓冲器上时，除对重运动部分最低部件距底坑地面的铅垂净空距离大于或等于 2.5 m 的情况外，底坑内对重（或平衡重）运行区域的防护隔障应符合 GB 7588—2003 中 5.6.1 的要求。

若防护隔障是网孔式的，其距对重（或平衡重）运动部件的最小水平距离与其网孔形状、大小之间的关系。应符合 GB 23821—2009 中 4.2.4.1 的规定。

5.2.10.3　在装有多台电梯的井道中，不同电梯的运动部件之间的隔障应符合 GB 7588—2003 中 5.6.2 的要求。

5.2.10.4　如果轿厢与对重（或平衡重）之下有人员能够到达的空间，井道底坑的地面至少应按 5 000 N/m^2 的载荷设计，且：

a）对重（或平衡重）上应装设安全钳；或

b）将对重缓冲器安装于（或平衡重运行区域下面是）一直延伸到坚固地面的坚固桩墩上。

5.2.10.5　设置在底坑内的绳轮或链轮，应有防护装置以防止：

a）人身伤害；

b）钢丝绳或链条因松地而脱离绳槽或链轮；

c）异物进入绳与绳槽或链与链轮之间。

5.2.10.6　如果底坑深度大于 2.5 m 且建筑物的布置允许，应设置进出底坑的门，该门应符合 5.2.1.2 对检修门或井道安全门的要求。

当只能通过底层层门进入底坑时，应在底坑内设置一个从层门处容易接近的进入底坑用永久性装置，此装置不应凸入电梯运行的空间。

5.3　机器设备设置在井道内的要求

5.3.1　工作区域在轿厢内或轿顶上

5.3.1.1　在轿厢内或轿顶上进行机器维修和检查工作的场合，如果因维修和检查导致的轿厢失控或意外移动可能给维修或检查人员带来危险，应遵守下列要求：

a）应有一个机械装置，防止轿厢的任何危险移动；

b）除该机械装置处于非工作（即完全缩回）位置外，应借助于一个电气安全装置来防止轿厢的所有移动；

c）当该装置处于工作位置时，维修检查人员应能进行维修作业并能安全地离开工作区域。

5.3.1.2　紧急和试验操作装置应按 5.6.4 的要求设置在能够从井道外对其进行操作的地方。

5.3.1.3　如果检查窗 / 门设置在轿厢壁上，它们应：

a）有足够的尺寸通过这个门 / 窗进行必需的作业；

b）为避免坠入井道，其尺寸应尽可能的小；

c）不应向轿厢外开启；

d）装有一把用钥匙开启的锁，且不用钥匙就能关闭并锁住；

e） 应提供一个电气安全装置来检查其锁紧位置；

f） 是无孔的，并满足与轿壁相同的机械强度要求。

5.3.1.4 检查门 / 窗开启的情况下需要从内部移动轿厢的场合，应满足：

a） 在检查门 / 窗的附近有一个可用的检修控制装置；

b） 轿内的检修控制装置应使 5.3.1.3 e）所要求的电气安全装置失效；

c） 仅被批准的人员可以接近轿厢内检修控制装置，且其布置应保证不可能站在轿顶上用它来移动轿厢，例如，把它放置在检查门 / 窗的后面；

d） 如果开口的较小一个尺寸超过 0.20 m，轿厢壁上开口的外边缘与在该开口面前的井道内安装的设备之间的距离，应小于 0.30 m。

5.3.2 工作区域在底坑内

5.3.2.1 在底坑内进行机器设备的维修或检查时，如果此工作需要移动轿厢，或可能导致轿厢的失控或意外移动时，应满足下列要求：

a） 应提供一个永久性安装的装置用以机械地制停最大为额定载荷的任何负载、以最大为额定速度的任何速度运动的轿厢，使工作区域的地面与轿厢最低部件间的铅垂净空距离不小于 2.0 m，GB 7588—2003 中 5.7.3.3 b）1）和 2）所述及的部分除外。除安全钳外，其他机械装置的制停减速度不应超过缓冲器作用时的值。

b） 该机械装置应能保持轿厢停止。

c） 该机械装置可由手动或自动进行操作。

d） 如果需要从底坑中移动轿厢，底坑中应有一个检修控制装置。

e） 用钥匙打开任何通往底坑的门时，应有一个电气安全装置来防止电梯的进一步运动，但下面 g）要求的移动是可能的。

f） 当该机械装置离开其非工作（即完全缩回）位置时，应有一个电气安全装置防止轿厢的所有运行。

g） 当由一个电气安全装置检查到该机械装置处于工作位置时，应仅能从检修控制装置来控制轿厢的电动移动。

h） 应有一个设于井道外的电气复位装置，只有通过操作此装置才能使电梯恢复到正常工作状态。该电气复位装置应设置于只有经批准的人员才能接近的地方，如设置在上锁的箱柜内。

5.3.2.2 当轿厢处于 5.3.2.1 a）所述的位置时，维修及检查人员应能安全地离开该工作区域。

5.3.2.3 用于紧急和试验操作所必需的装置，应按 5.6.4 的规定设置在能够从井道外对其进行操作的地方。

5.3.3　工作区域在平台上

5.3.3.1　当从一个平台上进行机器设备的维修和检查工作时，该平台应：

a）是永久性安装的平台，且

b）如果它位于轿厢、对重（或平衡重）运行的通道中，应是可缩回的。

5.3.3.2　当需要从一个位于轿厢、对重（或平衡重）运行通道中的平台上进行维修或检查工作时：

a）应通过一个符合 5.3.1.1 a）和 b）的机械装置使轿厢不能移动。或

b）对于需要移动轿厢的地方，应用可移动的阻止装置将轿厢的运行通道限定。该阻止装置应以这样的方式使轿厢停止：

1）如果轿厢从上而下向平台运行，应至少停在上方距平台 2 m 处；

2）如果轿厢从下而上向平台运行，应停在平台下方符合 GB 7588—2003 中 5.7.1.1 b）、c）和 d）的要求的地方。

5.3.3.3　该平台应：

a）能够在其任何位置支撑 2 个人的重量而无永久变形，每个人按在平台 0.2 m × 0.2 m 面积上作用 1 000 N 计算。如果此平台还用于装卸重的设备，则应据此相应地考虑平台的尺寸，平台还应有足够的机械强度来承受负荷和预计作用其上的力。

b）设置一个符合 5.4.5.3、5.4.5.4 的护栏。

c）装备有设施以确保：

1）平台地板与入口通道平面之间台阶高差不超过 0.50 m；

2）在平台与通道门的门槛之间不能有可通过直径 0.15 m 球体的间隙；

3）完全打开的层门板与平台边缘之间的水平间隙不能超过 0.15 m，除非采取了附加的预防措施来防止坠入井道。

5.3.3.4　除 5.3.3.3 外，任何可缩回的平台还应：

a）设有一个确认平台处于完全缩回位置的电气安全装置；

b）设有一个可使平台进入或退出工作位置的装置，该装置的操作可从底坑中或通过安装在井道外且只有经过批准的人员才可以接近的装置进行。

如果进入平台的通道不经过层门，则当平台不在工作位置时，应不能打开通道门，或者是采取适当措施和手段防止人员坠入井道。

5.3.3.5　在 5.3.3.2 b）的情况下，当使平台进入工作位置（即伸出）时，可移动的阻止装置应被自动启动。阻止装置应包括：

a）符合 5.2.9 要求的缓冲器；

b）一个只有阻止装置处于完全缩回位置才允许轿厢运行的电气安全装置；

c） 一个电气安全装置，仅当阻止装置处于完全伸出位置时，它才允许轿厢在平台伸出后移动。

5.3.3.6 对于需要从平台上移动轿厢的地方，应有一个在平台上可以使用的符合5.9.2要求的检修控制装置。

当可移动的阻止装置处于完全伸出位置时，轿厢的电动运行只能从检修控制装置进行。

5.3.3.7 用于紧急和试验操作所必需的装置，应按5.6.4的要求设置在能够从井道外对其进行操作的地方。

5.3.4 工作区域在井道外

当机器设置于井道内，但要从井道外对其进行维修和检查时，在井道外的作业位置应有满足5.1.2.3～5.1.2.5要求的工作区域。

接近机器设备只能通过符合5.3.5.2的门或检修活板门。

5.3.5 门和检修活板门

5.3.5.1 通过井道围封上的门应可接近井道内的工作区域，这些门应是层门或是满足以下要求的门。它们应：

a） 宽度不小于0.6 m，高度不小于1.8 m；

b） 不应向井道内开启；

c） 装有一个用钥匙开启的锁，不用钥匙也能将门关闭并锁住；

d） 即使被锁住时，也应能不需要钥匙从井道内部将其打开；

e） 有一个确认门的锁闭位置的电气安全装置；

f） 是无孔的，应具有与层门相同的机械强度，并遵守相关建筑物的防火规范。

5.3.5.2 从井道外部的工作区域接近井道内的机器设备时，应：

a） 通过门 / 检修活板门应有足够的尺寸来完成所需做工作；

b） 开口尽可能的小，以避免坠入井道；

c） 不应向井道内开启；

d） 装有一个用钥匙开启的锁，不用钥匙也能将门关闭并锁住；

e） 有一个确认其锁闭位置的电气安全装置；

f） 是无孔的，应具有与层门相同的机械强度，并遵守相关建筑物的防火规范。

5.4 轿厢

5.4.1 轿厢总体

5.4.1.1 轿厢入口及轿厢内部的净高度不应低于2.0 m。

5.4.1.2 乘客电梯轿厢的有效面积应符合GB 7588—2003中8.2.1的规定。

载货电梯轿厢的有效面积应符合 GB 7588—2003 中 8.2.2 的规定。

5.4.1.3　乘客电梯轿厢内标称的乘客人数与额定载重量及轿厢有效面积的关系应符合 GB 7588—2003 中 8.2.3 的规定。

5.4.1.4　轿厢上装设有反绳轮（或链轮）时，应有防护装置防止；

a）钢丝绳或链条因松弛而脱离绳槽或链轮；

b）异物进入绳与绳槽或链与链轮之间；

c）人身伤害，当绳轮或链轮设置在轿顶时。

5.4.1.5　正常运行时，轿厢地板的水平度不应超过 3/1 000。

5.4.1.6　除 5.3.1 所述情况和具有对接操作功能的电梯外，轿厢内不应设置停止装置。

5.4.2　轿门护脚板

装设在轿厢地坎下部的轿门护脚板应符合 GB 7588—2003 中 8.4 的要求。

5.4.3　轿门

5.4.3.1　轿门的封闭应符合 GB 7588—2003 中 8.6.1、8.6.2 的要求。

5.4.3.2　轿门关闭后（除垂直滑动门外），门扇之间及门扇与立柱、门楣和地坎之间的间隙，乘客电梯不应大于 6 mm，载货电梯不应大于 8 mm。如果有凹进部分，上述间隙应从凹底处测量。

5.4.3.3　动力驱动的水平自动滑动门，在关门行程开始的 1/3 之后，阻止关门的力不应大于 150 N。

阻止折叠门开启的力应符合 GB 7588—2003 中 8.7.2.1.1.4 的要求。

5.4.3.4　动力驱动的自动轿门关闭过程中，防止乘客遭受撞击的保护装置应符合 GB 7588—2003 中 8.7.2.1.1.3 的要求。

5.4.3.5　装有动力驱动自动门的轿厢，在轿厢内操纵盘上应设有能使处于关闭中的门开启的开门按钮。

5.4.3.6　每个轿门均应设有证实其闭合位置的电气安全装置。

5.4.3.6.1　如果滑动门是由数个直接机械连接的门扇组成，允许把证实轿门闭合位置的电气安全装置安装在一个门扇上（对重叠式门为快门扇）。

如果门的驱动元件与门扇之间是直接机械连接的，则证实轿门闭合位置的电气安全装置安装在门的驱动元件上。

对于重叠式伸缩门，如果通过钩住在关闭位置的其他门扇而锁紧单个门扇就能防止其他门扇打开，则允许只锁紧这一个门扇。

5.4.3.6.2　对于由数个间接机械连接门扇组成的滑动轿门，允许把验证轿门闭合位置的装置安装在一个门扇上，条件是：

a） 该门扇不是主动门扇；且

b） 主动门扇与门的驱动元件间是直接机械连接的。

5.4.3.7 电梯由于任何原因停在靠近层站之处时，在轿厢停止并切断开门机（如有）电源的情况下，应有可能：

a） 从层站处用手开启或部分开启轿门；

b） 如层门与轿门联动，从轿厢内用手开启或部分开启轿门以及与其相联接的层门。

5.4.3.8 在 5.4.3.7 中规定的轿门开启，至少应能够在开锁区域内进行。开门所需的力不应大于 300 N。对于装有轿门门锁装置的电梯，应只有轿厢位于开锁区域内时才能从轿厢内打开轿门。

5.4.3.9 额定速度大于 1.0 m/s 的电梯，在其运行时开启轿门的力应大于 50 N。

5.4.4 轿厢玻璃

5.4.4.1 带有玻璃的轿壁应符合 GB 7588—2003 中 8.3.2.2～8.3.2.4 的要求。

5.4.4.2 对轿壁用曲面玻璃，当其展开成平面后的尺寸超出 GB 7588—2003 附录 J 表 J1 规定的免试尺寸时，应提供固定方式与实际轿壁相同、试验尺寸能覆盖实际轿壁尺寸的轿壁玻璃摆锤冲击型式试验合格报告或证书。

5.4.4.3 轿顶所用的玻璃应是夹层玻璃。

5.4.4.4 带有玻璃的轿门应符合 GB 7588—2003 中 8.6.7.2～8.6.7.5 的要求。

5.4.4.5 装有玻璃的门扇处于完全关闭状态时，玻璃的可见宽度（曲面玻璃板为展开成平面后的可见宽度）或门扇的可见高度尺寸超过 GB 7588—2003 附录 J 表 J2 规定的免试尺寸时，应提供安装方式与实际轿门相同、试验尺寸能覆盖实际轿门尺寸的轿门玻璃摆锤冲击型式试验合格报告或证书。

5.4.5 轿顶

5.4.5.1 轿顶上应设置符合 GB 7588—2003 中 8.15 要求的停止装置和检修运行操作装置。

5.4.5.2 轿顶应有一块不小于 0.12 m^2 的站人净面积，其短边不应小于 0.25 m。

5.4.5.3 轿顶护栏的设置应符合 GB 7588—2003 中 8.13.3～8.13.4 的要求。

因特殊情况，轿顶护栏外侧距轿顶边缘的距离大于 0.15 m 时，应有措施防止人员在轿顶护栏外侧站立。

5.4.5.4 轿顶护栏踢脚板的下边沿距其安装处轿顶上表面的间距不应大于 10 mm，护栏中间水平栏杆与扶手及踢脚板之间的铅垂净空距离均不应大于 0.50 m。

5.4.6 轿厢安全窗和轿厢安全门

5.4.6.1 如果轿顶设有轿厢安全窗，其尺寸不应小于 0.35 m × 0.50 m。

5.4.6.2 在有相邻轿厢的情况下，如果轿厢之间的水平距离不大于 0.75 m，可使用轿厢安全门。轿厢安全门的高度不应小于 1.80 m，宽度不应小于 0.35 m。

5.4.6.3 轿厢安全窗或轿厢安全门应设有手动锁紧装置，其锁紧应通过一个电气安全装置来验证。

如果锁紧失效，该装置应使电梯停止。只有在重新锁紧后，电梯才能恢复到服务状态。

5.4.6.4 轿厢安全窗和轿厢安全门应能不用钥匙从轿厢外开启，并应能用三角形钥匙从轿厢内开启。

轿厢安全窗不应向轿内开启。处于开启位置的轿厢安全窗，不应超出电梯轿厢的外边缘。

5.4.6.5 轿厢安全门不应向轿厢外开启。

轿厢安全门不应设置在对重（或平衡重）运行的路径上，或设置在妨碍乘客从一个轿厢通往另一个轿厢的固定障碍物（分隔轿厢的横梁除外）的前面。

5.4.7 紧急照明

在轿厢内应设置紧急照明，正常照明电源一旦失效，紧急照明应自动点亮。

紧急照明应由自动再充电的紧急电源供电。在正常照明电源中断的情况下，它至少能供 1 W 灯具用电 1 h。

5.4.8 安全钳

5.4.8.1 轿厢应装设能在其下行时动作的安全钳。

电梯额定速度小于或等于 0.63 m/s 时，轿厢可采用瞬时式安全钳。

电梯额定速度大于 0.63 m/s 时，轿厢应采用渐进式安全钳。

若轿厢装设有数套安全钳，则它们应全部是渐进式的。

5.4.8.2 若电梯额定速度大于 1.0 m/s，对重（或平衡重）安全钳也应是渐进式的。

5.4.8.3 轿厢、对重（或平衡重）的安全钳，应分别由各自的限速器来操纵。

5.4.8.4 若电梯额定速度不超过 1.0 m/s，可借助于悬挂机构的失效或借助一根安全绳来触发对重（或平衡重）安全钳动作。

5.4.8.5 不应使用电气、波压或气动装置来操纵安全钳。

5.4.8.6 只有将轿厢或对重（或平衡重）提起，才能使轿厢或对重（或平衡重）上的安全钳释放并自动复位。

5.4.8.7 渐进式安全钳可调节部位最终调整后的状态应加封记。

5.4.9 轿厢上行超速保护装置

5.4.9.1 曳引驱动式电梯应装设轿厢上行超速保护装置，该装置应作用于：

a）轿厢；或

b） 对重；或

c） 钢丝绳系统（悬挂绳或补偿绳）；或

d） 曳引轮或最靠近曳引轮的曳引轮轴上。

5.4.9.2 该装置应能在没有那些在电梯正常运行时控制速度、减速度或停车的部件参与下，达到 GB 7588—2003 中 9.10.1 的要求，除非这些部件存在内部的冗余度。

该装置在动作时，可以由与轿厢连接的机械装置协助完成，无论此机械装置是否有其他用途。

5.4.9.3 该装置动作时，应使一个电气安全装置动作。

5.4.9.4 该装置动作后的释放应需要称职人员的介入，释放时不应需要接近轿厢或对重，释放后该装置应处于正常工作状态。

5.4.9.5 如果速度监控装置触发制动装置动作或制动装置产生制动力需要外部能量（比如电能，机械能）作用，当该能量缺失时应能导致电梯停止并使其保持停止状态。该停止可以是由上行超速保护装置发出信号，由电梯控制系统使电梯停止运行。

带导向的压缩弹簧的蓄能不属于外部能量。

5.4.9.6 轿厢上行超速保护装置的速度监控部件应符合 GB 7588—2003 中 9.10.10 的要求。

5.4.10 通风及照明

5.4.10.1 无孔门轿厢应在其上部及下部设置通风孔。

5.4.10.2 位于轿厢上部及下部的通风孔，其有效面积均不应小于轿厢有效面积的 1%。

轿门四周的间隙在计算通风孔面积时可以考虑进去，但不应大于所要求有效面积的 50%。

5.4.10.3 用直径为 10 mm 的坚硬直棒应不可能从轿厢内经通风孔穿过轿壁。

5.4.10.4 轿厢内应设置永久性的电气照明装置，轿内操纵盘上和轿厢地板上的照度不宜小于 50 lx。

5.4.10.5 如果照明是白炽灯类型，至少应用两只并联的灯泡。

5.5 悬挂和补偿装置

5.5.1 悬挂装置

5.5.1.1 电梯轿厢至少应由两根独立的绳或钢质链条悬挂。

当采用两根独立的悬挂绳或链时，应符合 GB 7588—2003 中 9.5.3 的要求。

5.5.1.2 悬挂用钢丝绳的公称直径不应小于 8 mm。

5.5.1.3 悬挂绳表面应清洁，不应粘有尘渣等污物。

5.5.1.4 绳轮或卷筒的节圆直径不应小于钢丝绳公称直径的 40 倍。

5.5.1.5 悬挂绳末端固定时，应采用自锁紧楔形绳套、至少带有 3 个合适绳夹的套环、手工捻接绳环、环圈（或套筒）压紧式绳环、金属或树脂填充的绳套等端接装置。

5.5.1.6 当使用自锁紧楔形绳套式端接装置时，如果钢丝绳尾段较长，可使用适当方式对其固定。

5.5.1.7 当采用套环配合钢丝绳夹式端接装置时，所用钢丝绳夹和套环应分别符合 GB/T 5976 和 GB/T 5974 的规定，其固定方式应满足以下要求：

a）绳夹座扣在绳的工作段上，U 形螺栓扣在绳的尾段上；

b）钢丝绳公称直轻不大于 18 mm 时，至少使用 3 个绳夹；

c）绳夹间距为钢丝绳直径的 6 至 7 倍；

d）离套环最近的绳夹应尽量靠近套环，但要保证在不损坏绳外层钢丝的情况下能正确地拧紧绳夹。

5.5.1.8 悬挂绳端接装置应安全可靠，其锁紧螺母均应安装有锁紧销。

5.5.1.9 至少应在悬挂钢丝绳或链条的一端设置一个自动调节装置，用来平衡各绳或链间的张力，使任何一根绳或链的张力与所有绳或链之张力平均值的偏差均不大于 5%。

如果用弹簧来平衡张力，则弹簧应在压缩状态下工作。

5.5.2 补偿绳

电梯使用补偿绳进行平衡补偿时，应符合 GB 7588—2003 中 9.6 的规定。

5.6 层门和层站

5.6.1 层站指示和操作装置

5.6.1.1 层站指示装置及操作装置的安装位置应符合设计规定，指示信号应清晰明确，操作装置动作应准确无误。

5.6.1.2 对于集选控制和群控电梯，层站指示应符合 GB 7588—2003 中 14.2.4.3 的要求。

5.6.2 层站处运行间隙和安装尺寸

5.6.2.1 层门地坎应具有足够的强度，地坎上表面宜高出装修后的地平面 2 mm～5 mm。在开门宽度方向上，地坎表面相对水平面的倾斜不应大于 2/1 000。

5.6.2.2 轿厢地坎与层门地坎间的水平距离不应大于 35 mm。在有效开门宽度范围内，该水平距离的偏差为 $^{+3}_{0}$ mm。

5.6.2.3 与层门联动的轿门部件与层门地坎之间、层门门锁装置与轿厢地坎之间的间隙应为 5 mm～10 mm。

5.6.2.4 层门关闭后，门扇之间及门扇与立柱、门楣和地坎之间的间隙，对乘客电梯不应大于 6 mm；对载货电梯不应大于 8 mm。如果有凹进部分，上述间隙从凹底处测量。

5.6.2.5 在水平滑动门和折叠门的每个主动门扇的开启方向，以 150 N 的力施加在门扇的一个最不利点上时，门扇与门扇、门扇与立柱之间的间隙允许大于 5.6.2.4 规定的值，但不应大于下列值：

a） 对旁开门，30 mm；

b） 对中分门，总和为 45 mm。

5.6.3 层门防护

5.6.3.1 动力驱动的水平自动滑动门，在关门行程开始的 1/3 之后，阻止关门的力不应大于 150 N。

阻止折叠门开启的力应符合 GB 7588—2003 中 7.5.2.1.1.5 的要求。

5.6.3.2 动力驱动的自动层门在关闭过程中，防止乘客遭受撞击的保护应符合 GB 7588—2003 中 7.5.2.1.1.3 的要求。

5.6.3.3 层门锁紧装置动作应灵活，门锁锁紧后锁紧元件间的相对位置应符合设计要求。轿厢应在锁紧元件啮合深度不小于 7 mm 时才能启动。

5.6.3.4 门锁装置的锁紧保持方式应符合 GB 7588—2003 中 7.7.3.1.7 的要求。

5.6.3.5 层门的开锁区域应符合 GB 7588—2003 中 7.7.1 的要求。

5.6.3.6 层门外观应光滑平整，对于动力驱动的自动滑动门，其外表面应符合 GB 7588—2003 中 7.5.1 的要求。

5.6.3.7 每个层门都应设有证实其闭合位置的电气安全装置。对于与轿门联动的水平滑动层门，倘若证实层门锁紧状态的装置是依赖层门的有效关闭，则该装置同时可作为证实层门闭合的装置。

5.6.3.8 用于验证锁紧元件位置的装置应是肯定操作式。

5.6.3.9 如果滑动门由数个直接机械连接的门扇组成，允许：

a） 证实其闭合位置或证实层门锁紧状态的装置装在一个门扇上；

b） 对于重叠式伸缩门，如果通过钩住在关闭位置的其他门扇而锁紧单个门扇就能防止其他门扇打开，则允许只锁紧这一个门扇。

5.6.3.10 如果滑动门是由数个间接机械连接（如用钢丝绳、皮带或链条）的门扇组成，如果某一个门扇的锁紧能防止其他未装设手柄的门扇的打开，允许只锁紧这一个门扇，未被锁住的其他门扇应由一个电气安全装置来证实其闭合位置。

5.6.3.11 每个层门均应能从外面借助于三角钥匙开启。三角钥匙应只交给一个负责人员，钥匙应带有书面说明，详述应采取的预防措施，以防止开锁后因未能有效的重新锁上而可能引起的事故。

在一次紧急开锁以后，门锁装置在层门闭合后不应保持开锁位置。

5.6.3.12 在轿门驱动层门的情况下，当轿厢在开锁区域之外时，无论层门因何种原因而开启，应有一种装置（重块或弹簧）确保该层门自动关闭。

5.6.4 紧急和试验操作装置

5.6.4.1 在机器设备设置在井道内，工作区域需要设置在轿顶上（或轿厢内）、底坑内或平台上的情况下，应在一个或两个屏（紧急和试验操作屏）上装在必要的紧急和试验操作装置，以便在井道外进行所有紧急操作和所有必要的动态测试工作。只有称职人员才能接近该屏。

如果紧急和试验操作装置未保护在机器设备室内，则应用适当的罩子罩住。此罩：

a）不应向井道内开启；

b）应设有一个用钥匙开启的锁，不用钥匙也能将罩关闭并锁住。

5.6.4.2 该紧急和试验操作屏应设置：

a）符合 5.1.12 要求的紧急操作装置和一个符合 5.8 规定的对讲系统；

b）能进行动态测试的控制装置；

c）电梯驱动主机的直接观察或显示装置，它应能给出下列指示：

1）轿厢运动的方向；

2）到达开锁区；以及

3）电梯轿厢的速度（能有效控制轿厢移动速度者除外）。

5.6.4.3 紧急和试验操作屏上的装置应用一个永久性安装的电气照明装置照亮，在这些装置上的照度不应小于 50 lx。

应在屏上或靠近屏的地方设置一个开关用于控制该屏的照明，照明电源应符合 5.1.3.2.3 的要求。

5.6.4.4 紧急和试验操作屏只能安装在符合 5.1.2.3～5.1.2.5 规定的工作区域内。

5.6.5 层门玻璃

带有玻璃的层门应符合 5.4.4.4 和 5.4.4.5 的规定。

5.6.6 层门耐火

对建筑设计要求使用耐火层门的电梯，应审查其层门耐火型式试验报告或证书，其耐火时限应符合建筑设计要求的耐火等级，层门的结构形式、安装方式和部件配置应与型式试验报告或证书所描述的试验样品相符。

5.7 电气安全装置

5.7.1 电气开关的安装检查

各种安全保护开关应可靠固定，安装后不应因电梯正常运行的碰撞或因钢丝绳、钢带、皮带的正常摆动使开关产生位移、损坏和误动作。

5.7.2 电气安全装置的作用方式

当附录A列出的电气安全装置中的某一个动作时，应防止电梯驱动主机的启动或使其立即停止运转，同时应切断制动器的供电。

5.7.3 电气安全装置

电气安全装置应是：

a）一个或几个满足GB 7588—2003中14.1.2.2要求的安全触点，它们直接切断驱动主接触器或其接触器式继电器的供电。或者

b）满足GB 7588—2003中14.1.2.3要求的安全电路，包括下列一项或几项：

1）一个或几个满足GB 7588—2003中14.1.2.2要求的安全触点，它们不直接切断主接触器或其接触器式继电器的供电；

2）不满足GB 7588—2003中14.1.2.2要求的触点；

3）符合GB 7588—2003中附录H要求的元件。

5.7.4 安全触点

安全触点的动作应依靠断路装置的肯定分断，即使触点熔接在一起也应能分断。安全触点的设计应尽可能减小由于其组成元件失效而引起短路的危险。

安全触点的其他特性应符合GB 7588—2003中14.1.2.2.2～14.1.2.2.5的要求。

注：在有效行程内动触点与被施加驱动力的驱动机构部件之间无弹性元件（例如弹簧），且所有触点断开元件处于断开位置时，即为触点获得了肯定分断。

5.8 紧急报警装置

5.8.1 电梯管理机构，如楼宇监控值班室等，应能随时、有效地响应轿厢内或井道内的紧急召唤。

5.8.2 轿厢内应装设乘客易于识别和触及的紧急报警装置，在启动此装置之后，被困乘客应不必再做其他操作即可与紧急召唤响应处进行通话。

5.8.3 当电梯行程大于30 m或轿厢和紧急操作地点之间不能直接对话时，在轿厢与紧急操作地点之间也应设置符合紧急报警装置要求的对讲系统或类似装置。

5.8.4 如果在井道中工作的人员存在被困危险，而又无法通过轿厢或井道逃脱，应在存在该危险处设置紧急报警装置。

5.8.5 除与公用电话网连接的外，紧急报警装置的供电应来自轿厢的紧急照明电源或等效电源。

5.8.6 紧急报警装置应是能持续对讲的双向通话系统。

5.9 电梯运行控制

5.9.1 门开着情况下的平层和再平层控制

具有门开着情况下平层和再平层功能的电梯，其控制应符合 GB 7588—2003 中 14.2.1.2 的规定。

5.9.2 检修运行控制

5.9.2.1 在电梯轿顶上应装设一个易于接近的检修运行控制装置，该装置应由一个电气安全装置型开关（检修开关）转入操作状态。该开关应是双稳态的，并应设有防止意外操作的保护。

5.9.2.2 检修运行控制应满足下列要求：

a）进入检修运行后，应使下列操作失效：

1）正常运行控制，包括任何自动动力驱动门的操作；

2）紧急电动操作；

3）对接操作。

如果用于实现该功能的转换装置不是与检修开关的机械装置一体的安全触点，则应采取措施，当电路中出现 GB 7588—2003 中 14.1.1.1 列出的故障之一时，防止轿厢的一切意外运行。

只有再一次操作检修开关，才能使电梯恢复到正常服务状态。

b）轿厢的运行应依靠持续按压按钮，这些按钮应有防止意外操作的保护，并具有明显的运行方向指示；

c）控制装置应包括一个停止装置；

d）不能超出轿厢的正常运行范围；

e）电梯的运行仍然依靠所有的安全装置。

5.9.2.3 控制装置也可以包括有意外操作保护的专用开关，用于从轿顶上控制门机装置。

5.9.2.4 下列情况下可以设置一个副检修控制装置：

a）在 5.3.1.4 的情况下，设置在轿厢内；

b）在 5.3.2.1 的情况下，设置在底坑内；

c）在 5.3.3.6 的情况下，设置在平台上。

不允许设置两个以上的检修控制装置。

5.9.2.5 设置有两个检修控制装置的电梯，应有一个互锁系统保证：

a）如果一个检修控制装置被转换到“检修”，通过持续按压该检修控制装置上的运行按钮能运行电梯。

b）如果两个检修控制装置都被转换到“检修”：

1）操纵任一个检修控制装置都不可能移动轿厢；或

2）当同时持续按压两个检修控制装置上的同向运行按钮时，应能移动轿厢。

5.9.3 紧急电动运行控制

5.9.3.1 紧急电动运行时，电梯驱动主机应由正常的电源供电或由备用电源供电（如有）。

5.9.3.2 紧急电动运行控制还应同时满足下列条件：

a）转换到紧急电动运行状态后，应允许通过持续按压具有防止意外操作保护的紧急电动运行按钮来控制轿厢运行，并应清楚地标明运行方向。

b）紧急电动运行开关被转换到紧急电动运行状态后，应防止由该开关控制以外的轿厢的一切运行。一旦进入检修操作状态，则应取消紧急电动运行功能。

c）通过紧急电动运行开关本身或另一个电气开关应使下列电气装置失效：

1）装在轿厢上检查安全钳动作的电气安全装置；

2）限速器系统上的超速保护和检查限速器复位状态的电气安全装置；

3）检查轿厢上行超速保护装置动作的电气安全装置；

4）检查耗能型缓冲器复位状态的电气安全装置；

5）极限开关。

d）紧急电动运行开关及其操作按钮应设置在合适的位置上，以便在操作时能够直接或通过显示装置观察到驱动主机。

5.9.4 对接操作运行控制

具有对接操作功能的电梯，其控制应符合 GB 7588—2003 中 14.2.1.5 的规定。

6 验收试验项目与试验要求

6.1 速度

按照 GB/T 10059—2009 中 4.2.1 规定方法所测得的电梯运行速度应符合 GB 7588—2003 中 12.6 的要求。

6.2 平衡系数

按照 GB/T 10059—2009 中 4.2.1.2 规定方法所测得的电梯平衡系数应在 0.4～0.5 范围内。

6.3 启动加速度、制动减速度和A95加速度、A95减速度

按照GB/T 10059—2009中4.2.2规定方法所测得乘客电梯的启动加速度、制动减速度和A95加速度、A95减速度应符合GB/T 10058—2009中3.3.2和3.3.3的要求。

6.4 振动

按照GB/T 10059—2009中4.2.6规定方法所测得的乘客电梯轿厢的振动应符合GB/T 10058—2009中3.3.5的要求。

6.5 开关门时间

按照GB/T 10059—2009中4.2.4规定方法所测得乘客电梯水平滑动式自动门的开门和关门时间，应符合GB/T 10058—2009中3.3.4的要求。

6.6 平层准确度和平层保持精度

按照GB/T 10059—2009中4.2.3规定方法所测得的各类电梯轿厢的平层准确度应符合GB/T 10058—2009中3.3.7的要求。

6.7 运行噪声

按照GB/T 10059—2009中4.2.5规定方法所测得的乘客电梯运行中轿厢内噪声、开关门过程噪声和机房噪声应符合GB/T 10058—2009中3.3.6的要求。

6.8 超载保护

按照GB/T 10059—2009中4.1.15规定方法进行超载试验，试验结果应符合GB 7588—2003中14.2.5的要求。

6.9 制动系统

按照GB/T 10059—2009中4.1.11规定方法进行制动试验，试验结果应符合GB 7588—2003中12.4.2.1的要求。

6.10 曳引条件

按照GB/T 10059—2009中4.1.13规定方法进行曳引试验，试验结果应符合GB 7588—2003附录D中D.2 h）的要求。

6.11 限速器与安全钳

按照GB/T 10059—2009中4.1.2规定方法进行限速器与安全钳的联动试验，限速器的试验结果应符合GB 7588—2003中9.9的要求，安全钳的试验结果应符合GB 7588—2003附录D中D.2 j）、k）的要求。

6.12 轿厢上行超速保护装置

按照GB/T 10059—2009中4.1.6规定方法进行轿厢上行超速保护装置试验，应能使轿厢制停或至少使其速度降低至对重缓冲器的设计范围。

6.13　缓冲器

按照 GB/T 10059—2009 中 4.1.3 规定方法进行缓冲器试验，试验结果应符合 GB 7588—2003 附录 D 中 D.2 l）的要求。

6.14　层门与轿门联锁

按照 GB/T 10059—2009 中 4.1.5 规定方法进行层门与轿门联锁试验，试验结果应符合 GB/T 10059—2009 中 4.1.5 的要求。

6.15　极限开关

按照 GB/T 10059—2009 中 4.1.4 规定方法进行极限开关的动作试验，试验结果应符合 GB 7588—2003 中 10.5 的要求。

6.16　运行

电梯轿厢分别在空载和额定载荷工况下，按产品设计规定的每小时启动次数和负载持续率各运行 1 000 次（每天不少于 8 h），电梯应运行平稳、制动可靠、连续运行无故障。

7　验收规则

7.1　验收检验和试验项目

电梯安装验收检验和试验按表 2 规定项目进行。

表 2　电梯安装验收检验和试验项目分类表

序号	项类	检验或试验项目	备注
1	机器设备区间和滑轮间	5.1.1　通道	
2		5.1.2　安全空间和维修空间	☆
3		5.1.3　主开关、照明及其开关	☆
4		5.1.4　断、错相防护和电动机电源切断检查	☆
5		5.1.5　电气布线及安装	
6		5.1.6　接触器和接触器式继电器	
7		5.1.7　设备安装	
8		5.1.8　驱动主机	
9		5.1.9　旋转部件的防护	
10		5.1.10　电动机和其他电气设备的保护	
11		5.1.11　电动机运转时间限制器	☆
12		5.1.12　紧急操作	☆

续表

序号	项类	检验或试验项目	备注
13	井道	5.2.1 井道壁	
14		5.2.2 检修门、井道安全门和检修活板门	
15		5.2.3 安全空间和安全间距	☆
16		5.2.4 井道照明	
17		5.2.5 导轨	
18		5.2.6 对重和平衡重	
19		5.2.7 随行电缆	
20		5.2.8 限速器系统	☆
21		5.2.9 缓冲器	☆
22		5.2.10 底坑	
23	机器设备在井道时的工作区域	5.3.1 工作区域在轿厢内或轿顶上	☆
24		5.3.2 工作区域在底坑内	☆
25		5.3.3 工作区域在平台上	☆
26		5.3.4 工作区域在井道外	
27		5.3.5 门和检修活板门	
28	轿厢	5.4.1 轿厢总体	
29		5.4.2 轿门护脚板	☆
30		5.4.3 轿门	☆
31		5.4.4 轿厢玻璃	
32		5.4.5 轿顶	
33		5.4.6 轿厢安全窗和轿厢安全门	☆
34		5.4.7 紧急照明	
35		5.4.8 安全钳	☆
36		5.4.9 轿厢上行超速保护装置	☆
37		5.4.10 通风及照明	
38	悬挂和补偿装置	5.5.1 悬挂装置	
39		5.5.2 补偿绳	
40	层门和层站	5.6.1 层站指示和操作装置	
41		5.6.2 层站处运行间隙和安装尺寸	
42		5.6.3 层门防护	☆
43		5.6.4 紧急和试验操作装置	☆
44		5.6.5 层门玻璃	
45		5.6.6 层门耐火	

续表

序号	项类	检验或试验项目	备注
46	电气安全装置	5.7.1　电气开关的安装检查	☆
47		5.7.2　电气安全装置的作用方式	☆
48		5.7.3　电气安全装置	☆
49		5.7.4　安全触点	☆
50	紧急报警装置	5.8.1　电梯管理机构的应急响应	☆
51		5.8.2　轿厢内报警装置	☆
52		5.8.3　紧急操作处对讲装置	☆
53		5.8.4　井道内报警装置	☆
54		5.8.5　报警装置电源	☆
55		5.8.6　报警装置通话要求	☆
56	电磁运行控制	5.9.1　门开着情况下的平层和再平层控制	☆
57		5.9.2　检修运行控制	☆
58		5.9.3　紧急电动运行控制	☆
59		5.9.4　对接操作运行控制	
60	验收试验项目与试验要求	6.1　速度	
61		6.2　平衡系数	
62		6.3　启动加速度、制动减速度和 A95 加速度、A95 减速度	
63		6.4　振动	
64		6.5　开关门时间	
65		6.6　平层准确度和平层保持精度	
66		6.7　运行噪声	
67		6.8　超载保护	
68		6.9　制动系统	☆
69		6.10　曳引条件	☆
70		6. 11　限速器与安全钳	☆
71		6.12　轿厢上行超速保护装置	☆
72		6.13　缓冲器	☆
73		6.14　层门与轿门联锁	☆
74		6.15　极限开关	☆
75		6.16　运行	

注：表中备注栏内标有“☆”的为重要项目，其余为一般项目。

7.2 判定规则

电梯安装完毕按照表2规定的适用项目进行验收检验和试验时，所有项目全部合格者，判定为合格。

如重要项目全部合格，一般项目中不合格项不超过8项，则允许调整修复。在申请验收单位确认修复完毕后，验收部门应对原不合格项及相关项目给予补检。

凡重要项目中任一项不合格，或一般项目中不合格超过8项，则判定为不合格。判为不合格的电梯需全面修复，修复后再次报请验收。

如因现场实际情况限制而无法进行调整修复时，经验收部门、电梯制造商和电梯业主（用户）协商确认后，在重要项目均合格的前提下，一般项目不合格项不超过3项时，准予验收，但有关方应制订出保证电梯安全使用的有效控制措施。

任务实施

1. 全班进行分组，每组5人～6人，选出一名组长。

2. 以小组为单位，对工作情景进行讨论和分析，完成下列工作任务：

（1）电梯安装前的准备工作有哪些？电梯安装需要用到哪些工具？安装人员如何防护？

（2）电梯样板架如何制作？悬挂铅垂线有什么要求？

（3）导轨的安装与调试有什么要求？补偿装置的种类与安装有什么要求？层门的安装与调试有什么要求？

（4）控制柜的安装规范是什么？上、下终端保护装置应如何布置？电梯随行电缆应固定在井道的什么位置？

（5）简述电梯的机械部分与电气部分有哪些设备。

（6）简述试运行的操作规范。

（7）层门门扇与门扇，门扇与门套，门扇下端与地坎的间隙是多少？电梯如何进行超载运行试验？

任务评价

1. 教师巡回检查各组的学习情况，记录各个小组在学习过程中存在的问题，并进行点评。

2. 教师根据各个小组的学习情况和讨论情况，对各个小组进行综合评分。

小组合作评价表

组别	评价内容分值					
	分工明确（20分）	小组内学生的参与程度（20分）	认真倾听、互助互学（20分）	合作交流中能解决问题（20分）	自主、合作、探究的氛围（20分）	总分（100分）
A组						
B组						
C组						
D组						

评价老师签名：______________

任务五 电梯保养和维护

知识目标

◎ 掌握如何正确使用电梯。
◎ 了解电梯维护人员的基本要求。
◎ 掌握电梯的日常维护保养。
◎ 掌握电梯各部件的日常维护与保养。
◎ 掌握电梯中修及项目流程。
◎ 掌握电梯大修及项目流程。

技能目标

◎ 熟悉如何规范使用电梯。
◎ 熟悉电梯及其各部件的日常维护保养。
◎ 熟悉对电梯进行维修。

工作情景

电梯在安装调试完毕，通过特种设备监督检验，交付使用后，各零部件会随着电梯的运行而产生变化，这些变化会使电梯处于非正常工作状态，为此需要对电梯的各部件进行定期维修保养，并根据各零部件的磨损情况或使用寿命情况等进行更换，使其始终保持良好的工作状态。使用不当、安装不到位、高龄电梯等，都是导致电梯发生故障的主要原因。因此，就需要电梯维修人员及时、高效地处理突发故障，同时还需要维保人员对电梯进行定期的日常保养，让电梯运行在最佳状态，使每位乘客都能安全、舒适地到达目的层，并尽可能地延长电梯的使用寿命。

任务分析

了解如何正确使用电梯，掌握电梯的日常维护保养，掌握电梯的基本维修是这一章所要学习的内容，同时也是对电梯维保人员的基本要求。

知识准备

第一节 电梯的正确使用

电梯从正式投入运行时，就必须对每台电梯的运行等情况立卡存档，建立管理制度，配备电梯安全管理员和具有一定技能且具有专业上岗证的电梯维修人员。

电梯在投入正常使用前，必须做好动力电源和照明电源的供电工作。通常应按以下方面的要求正确使用电梯。

（1）在人员密集场所，应该配备专职电梯驾驶员，在服务时间内，不要随意离开工作岗位，非要离开时，则应将层门关闭后才可离开。

（2）每次开动电梯之前，必须将层门和轿厢门关闭，严禁在层门或轿厢门敞开的情况下，按下应急按钮来开动电梯。

（3）当电梯在层门和轿厢门关闭后，在上下运行按钮接通情况下尚未能启动时，应防止驱动电动机单向运转或制动器失效而损坏电动机。

（4）当发现电梯在层门或轿厢门没有关闭，但仍可以启动运行时，应立即停止使用，并通知维修人员进行修理。

（5）轿厢在运行过程中，如果发现有异常的响声、振动、冲击等现象时，应立即停止使用。

（6）轿厢在正常负荷下，如有超越端站工作位置而继续运行，直至极限开关打开后才能停止时，电梯应立即停用，并进行维修。

（7）轿厢顶上，除属于电梯的固定设备以外，不得有其他物件存放或有人进入轿厢顶部。

（8）电梯在行驶过程中，如发现其运行速度明显加快或减慢，应立即就近层楼停靠，停止使用，检查原因。

（9）轿厢行驶的升降方向应与按下的分层按钮的层楼相对应，如果发现电梯的运行方向与预定的方向相反时，应及时停止使用，查找原因。

（10）电梯在正常运行条件下，如果发生安全钳误动作现象，应及时停止使用，找出产生误动作的原因并进行修理。

（11）当发现电气元器件的绝缘因过热而发出焦热的臭味时，应立即停止使用并进行维修。

（12）电梯门关闭后，如无任何召唤或指令信号，轿厢就开始运行，应立即停机禁止继续使用，找维修人员进行修理。

（13）电梯在日常或运行过程中，发现机房有大量的漏油情况时，应立即对电梯进行检修。

（14）当发现电梯任何金属部位有麻手感觉时，应立即停止使用并进行检修。

（15）电梯无论在停车或行驶过程中，如发现有失去控制的现象，应及时停止运行，进行检修。

（16）电梯在工作运行状态时，严禁对电梯进行保洁、润滑或检修等。

（17）电梯轿厢与层门口应保持清洁卫生，特别要注意地坎槽中不能掉入杂物，以免影响门的正常开合。

（18）严禁乘梯人员在轿厢内互相拥挤、蹦跳，以免导致安全钳误动作而引发事故。

（19）机房内换气窗及通风装置应保持良好，使室内空气流动通畅，其室温在任何位置都应在 -5 ℃～40 ℃以内。

（20）机房内应保持干燥，天花板与墙壁不应有雨水浸入或渗漏。

（21）操作电梯按钮时，尽量用手按动（如图 5-1），而不要用钥匙、硬质棒料等尖锐的物体去按电梯按钮，以免导致触板损坏，甚至导致电梯的功能紊乱等。

图 5-1　按电梯按钮

第二节　对电梯维护人员的基本要求

对维修的定义有狭义和广义两种。狭义的维修是指维护和修理。广义的维修是指电梯交付使用后的所有维护、修理和改装服务。

电梯安装调试完毕，经电梯主管部门（特种设备检查检验部门）验收合格后，可正式投入运行。为保证电梯正常运行，降低故障率，应坚持电梯经常性的维修保养，及早发现事故的隐患，将事故消灭在萌芽状态之中。

经常性维修保养应突出重点，重点装置包括机房内的曳引机、控制柜、井道内的层门锁闭装置、开关门机构及轿厢门等。电梯良好环境条件包括机房环境温度保持在 -5 ℃～40 ℃，且通风良好、无油污气体排入、基本无灰尘、无潮气、电源电压波动较小等，对没有良好的机房环境条件的使用单位，应千方百计创造条件，加强日常维护保养，缩短维修周期。

电梯维护是一项技术性较高的工作，所以对维护人员有一定的要求。维修一般常用电梯（$v \leqslant 1$ m/s），人员应掌握电工、钳工的基本操作技能以及各种照明装置的安装和维修知识；了解常用低压电器的结构、原理，会排除低压电器的常见故障；掌握交、直流电动机的运行原理，并会正确地排除运行中的故障；了解变压器的结构和懂得变压器的工作原理，掌握三相变压器的联结方法和运行中的维护；掌握接地装置的安装、质量检验和维修；掌握电气控制线路和电力拖动的各种基本环节，善于分析、排除故障。

一般中高级电梯是指 $v \geqslant 1.6$ m/s 的交流调速电梯、直流电梯、微机控制电梯，维修这类电梯的人员除了具有上面 6 点基本要求外，还要懂得基本逻辑元件的作用和原理；懂得晶体管脉冲电路和数字集成电路的原理和应用；掌握晶闸管的原理和简易测试方法、晶闸管主回路和触发电路的原理、晶闸管整流的调试和维修；懂得微型计算机的基本原理及其应用。

电梯维护中维护人员须掌握的安全知识包括：在维护保养时，维护人员必须戴好安全帽，禁止在工作时恶作剧、开玩笑和打闹；禁止在井道内吸烟和使用明火；当在转动的机械部件附近工作时，禁止戴手套；禁止使用汽油喷灯；在工作场地距地面高度超过 1.2 m，有坠落危险时，必须系好安全带，并扣绑好；当钻、凿、磨、切割、浇注巴氏合金和焊接时，或当用化学品或溶剂时，都必须戴好护目镜；必须在机房或适当地方张贴紧急事故的急救站地址，医院、救护车队、消防队和公安部门的电话号码。此外在维护保养电气时，维护人员要注意以下几点：

（1）当在黑暗场所进行电路工作时，应用有绝缘外壳的手电筒；

（2）当在电路上进行工作时，必须穿着绝缘胶鞋或站立在干燥木板上；

（3）注意避免金属物与控制板的通电部分、运转机器的部件或连接件相接触，以防触电；

（4）当在通电电路或仪器旁工作时，禁止使用钢直尺、钢制比例尺、金属卷尺等金属物件；

（5）当测试电路上的任何电压值时，总是先把电压表调整到表的最高一挡上；

（6）在有电容器的线路上工作之前，必须用一根绝缘的跨接线将电容器的电能释放掉；

（7）使用的跨接线必须便于位移，规定用鲜明颜色和足够长度的线。当装置恢复工作时，必须把跨接线拆除。

维护人员须掌握以下的维修与保养须知。

（1）维修保养人员到达维修场所后，应通知电梯主管部门，并在电梯上和电梯入口处挂贴必要的“电梯检修”警告牌。

（2）对电梯进行任何调整工作之前，应确保外人离开电梯、保证轿厢内无人，并关闭轿厢门。

（3）当在转动的任何部件上进行清洁、注油或加润滑脂工作时，必须令电梯停驶并锁闭。只有当轿厢停驶时，才可检查钢丝绳。

（4）按照一般原则，应从顶层端进入轿厢顶部；如果一个人攀登轿厢顶部，应在电梯操作处设法挂贴“有人在轿厢顶部工作”或“正在检查工作”标牌。

（5）当在轿厢顶部工作并使轿厢移动时，要牢牢握住轿厢结构上的绳头板或轿厢结构上的其他部件。不可握住曳引钢丝绳。在2∶1钢丝绳悬挂的电梯上，握住钢丝绳将会造成严重的伤害事故。

（6）严禁在对重运行范围内进行维护检修工作（不论在底坑或轿顶有无防护栅栏），当必须在该处工作时，应有专人负责看管轿厢停止运行开关。

（7）维修完毕后，做好记录，并向电梯主管部门汇报维修情况。如果电梯恢复行驶，应把全部的“维修、暂修”标牌和锁拆除。

第三节　电梯的日常检查与保养

为了避免电梯发生事故，必须对电梯进行经常、定期的维护（如图5-2），维护的质量直接关系到电梯运行使用的品质和人身的安全，维护要由专门的电梯维护人员进行。维护人员不仅要掌握电气、机械等基本知识和操作技能，还要对工作有强烈的责任心，这样才能够使得电梯安全可靠地为乘客服务。

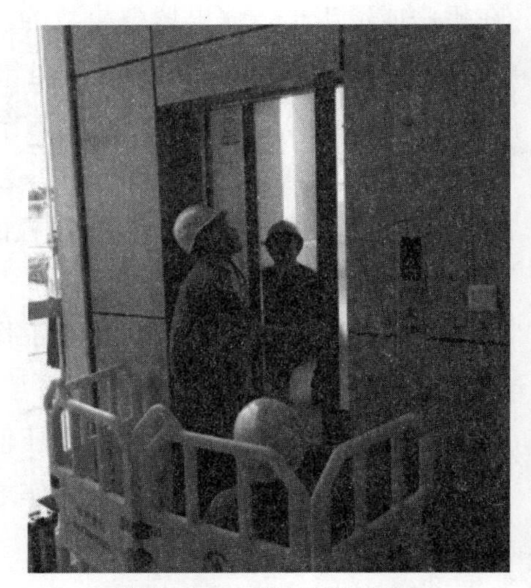

图5-2　电梯的日常检查

电梯的日常检查与保养应建立巡检、日检、周检、月检、季检、年检制度，日常维修保养应以保养为主、维修为辅的方针制定其内容。电梯维修管理人员，应根据本单位电梯运行忙闲情况来制订维修检查周期，但是巡检和日检是绝对不能省掉的。下面是针对使用非常频繁的电梯而制订的检查与保养的内容和要求。

一、巡检

在电梯运行前后及交接班时，电梯维修工采用询问、手摸、耳听、目视等方法，检查电梯运行情况，来判断电梯工作状态。巡检内容主要包括：

（1）制动器系统是否正常工作；

（2）曳引机工作温度是否正常、有无异声；

（3）控制柜上指示仪表是否正常；

（4）电气线路及电器元件工作是否正常，有无脱线或电器件损坏问题。

整个电梯在运行时，如有不正常的现象出现，能处理要及时处理，并将巡检情况填入电梯维修工作日志内，将情况记入交接班记录本内，重大问题应及时上报主管部门领导，要求立即解决。

二、日检

由电梯维护人员，检查易损易松动的零件，检查安全装置运行情况，检查电气柜、层、轿门、开门机构等。发现问题，能修理应及时停机修理，并将维修情况记入电梯维修日志中。日检内容主要包括：

（1）检查门机构部分工作情况，轿层门联锁装置是否工作正常等；

（2）检查曳引绳有无断股滑动问题；

（3）用手锤敲击机械装置各部分的连接零件，有无松动、伤裂等问题；

（4）检查曳引机工作情况，减速箱内蜗轮蜗杆啮合情况，制动器工作情况，整个曳引机温度、噪声情况，及油质、油量是否合乎要求的问题；

（5）检查各种轮工作情况；

（6）检查各种安全装置是否工作正常，有无隐患。

日检不能代替巡检，发现重大问题，应及时向上级主管领导汇报，并设法处理。

三、周检

由电梯维修工进行，每周半天停梯检查（双梯）。单梯根据具体情况确定停梯检修时间，目的是解决巡检、日检无法解决的问题，保证电梯正常运行。周检内容除了包括巡检、日检内容外，还包括：

（1）检查缓冲器有无问题，限速器绳、极限开关绳连接情况及工作情况；

（2）检查各种安全装置，不符合要求的，要更换或修理调整；

（3）检查制动器的主弹簧、制动臂有无裂纹；

（4）检查制动瓦与轮间隙，如果不符合要求，则要调整；

（5）检查曳引绳在其槽内卧入情况，绳头组合装置是否牢固，补偿绳或链工作情况及安全情况；

（6）紧固电梯各紧固件；

（7）检修电气线路、接地装置，更换或修理电气元器件；

（8）轿厅门检修，调整电梯平层准确度和舒适感。

四、月检

由电梯维修工进行，目的是根据一个月电梯运行、维修情况，针对性地解决巡检、日检、周检无法处理的问题。月检内容主要包括对曳引机、安全装置、井道设施、自动门机构等全面检查，如有问题随即处理。

此外月检还处理周检中无法解决的，而又不影响电梯正常运行的问题，例如：周保养中应加油或换油，但因某机件不易拆卸，或是漏油一时不能解决，但并不影响电梯正常工作，这时可采取勤观察的办法，等到月检时再解决。

五、季检

由专业技术人员与电梯维修工共同检查，综合一个季度电梯运行、维修情况，解决月检中无法处理的问题。季检内容主要包括：

（1）检查或调整导靴间隙，发现靴衬磨损严重时要更换；

（2）检查曳引机的同心度；

（3）如果曳引机漏油，油量、油质不合格要解决；

（4）对曳引钢丝绳张力不均要及时调整解决；

（5）重新拧紧全部紧固件；

（6）检查电气装置工作情况、安全装置工作情况等。

六、年检

由专业技术人员、主管领导及电梯维修工共同检查。针对一年来电梯运行、维修情况，写出对本电梯综合评定意见，以确定电梯检修日期及内容。年检内容主要包括对电梯整体做详细检查，特别是对易损件要仔细检查，根据检查结果来判断电梯是否需要更换主要零部件，是否要进行大、中或专项修理或须停机进一步检查。

第四节　电梯维护保养

一、电梯的润滑

电梯的润滑是电梯维护保养工作中一项重要的工作。良好的润滑可以在两个互相摩擦的金属工作表面产生一层油膜，使金属间的干摩擦变为湿摩擦，减小金属工作面之间的摩擦力，减少金属工作面的磨损，能有效地延长设备寿命。润滑还能起到冷却、缓冲、减震、防锈等作用。

电梯的润滑点很多，不同类型的电梯其润滑点也不一样，电梯的主要机件、部位润滑及清洗换油周期不同，要严格按照电梯随机说明书的要求选用油脂型号，按规定的换油周期换油。

曳引与强制驱动电梯维护保养项目（内容）和要求见表 5-1～表 5-4。

表 5-1　半月维护保养项目（内容）和要求

序号	维护保养项目（内容）	维护保养基本要求
1	机房、滑轮间环境	清洁，门窗完好，照明正常
2	手动紧急操作装置	齐全，在指定位置
3	驱动主机	运行时无异常振动和异常声响
4	制动器各销轴部位	动作灵活
5	制动器间隙	打开时制动衬与制动轮不应发生摩擦，间隙值符合制造单位要求
6	制动器作为轿厢意外移动保护装置制停子系统时的自监测	制动力人工方式检测符合使用维护说明书要求；制动力自监测系统有记录
7	编码器	清洁，安装牢固
8	限速器各销轴部位	润滑，转动灵活；电气开关正常
9	层门和轿门旁路装置	工作正常
10	紧急电动运行	工作正常
11	轿顶	清洁，防护栏安全可靠
12	轿顶检修开关、停止装置	工作正常
13	导靴上油杯	吸油毛毡齐全，油量适宜，油杯无泄漏
14	对重 / 平衡重块及其压板	对重 / 平衡重块无松动，压板紧固
15	井道照明	齐全，正常

续表

序号	维护保养项目（内容）	维护保养基本要求
16	轿厢照明、风扇、应急照明	工作正常
17	轿厢检修开关、停止装置	工作正常
18	轿内报警装置、对讲系统	工作正常
19	轿内显示、指令按钮、IC 卡系统	齐全，有效
20	轿门防撞击保护装置（安全触板，光幕、光电等）	功能有效
21	轿门门锁电气触点	清洁，触点接触良好，接线可靠
22	轿门运行	开启和关闭工作正常
23	轿厢平层准确度	符合标准值
24	层站召唤、层楼显示	齐全，有效
25	层门地坎	清 洁
26	层门自动关门装置	正 常
27	层门门锁自动复位	用层门钥匙打开手动开锁装置释放后，层门门锁能自动复位
28	层门门锁电气触点	清洁，触点接触良好，接线可靠
29	层门锁紧元件啮合长度	不小于 7mm
30	底坑环境	清洁，无渗水、积水，照明正常
31	底坑停止装置	工作正常

注：如果某些电梯没有表中的项目（内容），如有的电梯不含有某种部件，项目（内容）可适当进行调整（下同）。

表 5-2　季度维护保养项目（内容）和要求

序号	维护保养项目（内容）	维护保养基本要求
1	减速机润滑油	油量适宜，除蜗杆伸出端外均无渗漏
2	制动衬	清洁，磨损量不超过制造单位要求
3	编码器	工作正常
4	选层器动静触点	清洁，无烧蚀
5	曳引轮槽、悬挂装置	清洁，钢丝绳无严重油腻，张力均匀，符合制造单位要求
6	限速器轮槽、限速器钢丝绳	清洁，无严重油腻
7	靴衬、滚轮	清洁，磨损量不超过制造单位要求

续表

序号	维护保养项目（内容）	维护保养基本要求
8	验证轿门关闭的电气安全装置	工作正常
9	层门、轿门系统中传动钢丝绳、链条、传动带	按照制造单位要求进行清洁、调整
10	层门门导靴	磨损量不超过制造单位要求
11	消防开关	工作正常，功能有效
12	耗能缓冲器	电气安全装置功能有效，油量适宜，柱塞无锈蚀
13	限速器张紧轮装置和电气安全装置	工作正常

注：维护保养项目（内容）和要求中对测试、试验有明确规定的，应当按照规定进行测试、试验，没有明确规定的，一般为检查、调整、清洁和润滑（下同）。

表 5-3 半年维护保养项目（内容）和要求

序号	维护保养项目（内容）	维护保养基本要求
1	电动机与减速机联轴器	连接无松动，弹性元件外观良好，无老化等现象
2	驱动轮、导向轮轴承部	无异常声响，无振动，润滑良好
3	曳引轮槽	磨损量不超过制造单位要求
4	制动器动作状态监测装置	工作正常，制动器动作可靠
5	控制柜内各接线端子	各接线紧固、整齐，线号齐全清晰
6	控制柜各仪表	显示正常
7	井道、对重、轿顶各反绳轮轴承部	无异常声响，无振动，润滑良好
8	悬挂装置、补偿绳	磨损量、断丝数不超过要求
9	绳头组合	螺母无松动
10	限速器钢丝绳	磨损量、断丝数不超过制造单位要求
11	层门、轿门门扇	门扇各相关间隙符合标准值
12	轿门开门限制装置	工作正常
13	对重缓冲距离	符合标准值
14	补偿链（绳）与轿厢、对重接合处	固定，无松动
15	上、下极限开关	工作正常

注：维护保养基本要求中，规定为“符合标准值”的，是指符合对应的国家标准、行业标准和制造单位要求（下同）。

表 5-4　年度维护保养项目（内容）和要求

序号	维护保养项目（内容）	维护保养基本要求
1	减速机润滑油	按照制适单位要求适时更换，保证油质符合要求
2	控制柜接触器、继电器触点	接触良好
3	制动器铁芯（杜塞）	进行清洁、润滑、检查，磨损量不超过制造单位要求
4	制动器制动能力	符合制造单位要求，保持有足够的制动力，必要时进行轿厢装载 125% 额定载重量的制动试验
5	导电回路绝缘性能测试	符合标准
6	限速器安全钳联动试验（对于使用年限不超过 15 年的限速器，每 2 年进行一次限速器动作速度校验：对于使用年限超过 15 年的限速器，每年进行一次限速器动作速度校验）	工作正常
7	上行超速保护装置动作试验	工作正常
8	轿厢意外移动保护装置动作试验	工作正常
9	轿顶、轿厢架、轿门及其附件安装螺栓	紧固
10	轿厢和对重 / 平衡重的导轨支架	固定，无松动
11	轿厢和对重 / 平衡重的导轨	清洁，压板牢固
12	随行电缆	无损伤
13	层门装置和地坎	无影响正常使用的变形，各安装螺栓紧固
14	轿厢称重装置	准确有效
15	安全钳钳座	固定，无松动
16	轿底各安装螺栓	紧固
17	缓冲器	固定，无松动

注：维护保养基本要求中，规定为“制造单位要求”的，按照制造单位的要求，其他没有明确“要求”的，应当为安全技术规范、标准或者制造单位等的要求（下同）。

自动扶梯与自动人行道维护保养项目（内容）和要求见表 5-5～表 5-8。

表 5-5　半月维护保养项目（内容）和要求

序号	维护保养项目（内容）	维护保养基本要求
1	电器部件	清洁，接线紧固
2	故障显示板	信号功能正常
3	设备运行状况	正常，没有异常声响和抖动
4	主驱动链	运转正常，电气安全保护装置动作有效

续表

序号	维护保养项目（内容）	维护保养基本要求
5	制动器机械装置	清洁，动作正常
6	制动器状态监测开关	工作正常
7	减速机润滑油	油量适宜，无渗油
8	电机通风口	清洁
9	检修控制装置	工作正常
10	自动润滑油罐油位	油位正常，润滑系统工作正常
11	梳齿板开关	工作正常
12	梳齿板照明	照明正常
13	梳齿板梳齿与踏板面齿槽、导向胶带	梳齿板完好无损，梳齿板梳齿与踏板面齿槽、导向胶带啮合正常
14	梯级或者踏板下陷开关	工作正常
15	梯级或者踏板缺失监测装置	工作正常
16	超速或非操纵逆转监测装置	工作正常
17	检修盖板和楼层板	防倾覆或者翻转措施和监控装置有效、可靠
18	梯级链张紧开关	位置正确，动作正常
19	防护挡板	有效，无破损
20	梯级滚轮和梯级导轨	工作正常
21	梯级、踏板与围裙板之间的间隙	任何一侧的水平间隙及两侧间隙之和符合标准值
22	运行方向显示	工作正常
23	扶手带入口处保护开关	动作灵活可靠，清除入口处垃圾
24	扶手带	表面无毛刺，无机械损伤，运行无摩擦
25	扶手带运行	速度正常
26	扶手护壁板	牢固可靠
27	上下出入口处的照明	工作正常
28	上下出入口和扶梯之间保护栏杆	牢固可靠
29	出入口安全警示标志	齐全，醒目
30	分离机房、各驱动和转向站	清洁，无杂物
31	自动运行功能	工作正常
32	紧急停止开关	工作正常
33	驱动主机的固定	牢固可靠

表 5-6　季度维护保养项目（内容）和要求

序号	维护保养项目（内容）	维护保养基本要求
1	扶手带的运行速度	相对于梯级、踏板或者胶带的速度允差为 0～+2%
2	梯级链张紧装置	工作正常
3	梯级轴衬	润滑有效
4	梯级链润滑	运行工况正常
5	防灌水保护装置	动作可靠（雨季到来之前必须完成）

表 5-7　半年维护保养项目（内容）和要求

序号	维护保养项目（内容）	维护保养基本要求
1	制动衬厚度	不小于制造单位要求
2	主驱动链	清理表面油污，润滑
3	主驱动链链条滑块	清洁，厚度符合制造单位要求
4	电动机与减速机联轴器	连接无松动，弹性元件外观良好，无老化等现象
5	空载向下运行制动距离	符合标准值
6	制动器机械装置	润滑，工作有效
7	附加制动器	清洁和润滑，功能可靠
8	减速机润滑油	按照制造单位的要求进行检查、更换
9	调整梳齿板梳齿与踏板面齿槽啮合深度和间隙	符合标准值
10	扶手带张紧度张紧弹簧负荷长度	符合制造单位要求
11	扶手带速度监控系统	工作正常
12	梯级踏板加热装置	功能正常，温度感应器接线牢固（冬季到来之前必须完成）

表 5-8　年度维护保养项目（内容）和要求

序号	维护保养项目（内容）	维护保养基本要求
1	主接触器	工作可靠
2	主机速度检测功能	功能可靠，清洁感应面、感应间隙符合制造单位要求
3	电缆	无破损，固定牢固
4	扶手带托轮、滑轮群、防静电轮	清洁，无损伤，托轮转动平滑
5	扶手带内侧凸缘处	无损伤，清洁扶手导轨滑动面

续表

序号	维护保养项目（内容）	维护保养基本要求
6	扶手带断带保护开关	功能正常
7	扶手带导向块和导向轮	清洁，工作正常
8	进入梳齿板处的梯级与导轮的轴向窜动量	符合制造单位要求
9	内外盖板连接	紧密牢固，连接处的凸台、缝隙符合制造单位要求
10	围裙板安全开关	测试有效
11	围裙板对接处	紧密平滑
12	电气安全装置	动作可靠
13	设备运行状况	正常，梯级运行平稳，无异常抖动，无异常声响

下面就交流异步电动机等电梯主要部分的日常维护分别予以介绍。

二、交流异步电动机

（1）经常保持清洁，不允许有水滴、油滴或杂物落入电动机内部。保持电动机轴承的良好润滑。

（2）经常检查电动机定子绕组的绝缘电阻。若发现绕组对机壳（即对地）或相与相绕组之间绝缘电阻低于 0.5 MΩ 时，应及时对电动机定子绕组做绝缘干燥处理。

（3）对于运行中的电动机，应经常用试电笔检查电动机及开关设备的金属外壳，发现带电时，应立即停机处理。

（4）对电动机运行中故障现象进行监视。应经常观察电动机外壳有无裂纹、螺钉是否有脱落或松动、电动机有无异响或振动等。

（5）监视运行中电动机的电源电压。三相异步电动机长期运行时，一般要求电源电压不低于额定电压的 5%，不高于额定电压的 10%；三相电压不对称的差值应不超过额定值的 5%，否则减载或调整电源。

（6）监视运行中电动机的电流。电动机的电流不得超过铭牌上规定的额定电流值，同时还应注意电动机三相电流是否平衡。当三相电流不平衡的差值超过 10% 时，应停机修理。

（7）监视运行中电动机的温升。当电动机温升超过允许值时，应查明原因，并予以处理。使电动机的温度不正常地升高的原因包括电动机的电压过低、电动机过载运行、电动机缺相运行、定子绕组短路等。若嗅到焦糊味或看到冒烟，必须立即停机处理。

三、直流电动机

直流电动机在日常需要维护保养的项目，除了有一些与交流异步电动机基本相同外，还应重点检查、维护保养其换向器和电刷装置。

一般每月至少对换向器火花等级进行一次检查。当电梯在额定负载下运行时，应主要检查换向器上的火花等级。火花等级为 3/2 时电刷下的火花程度为电刷边缘大部分或全部有轻微的火花。换向器及电刷的状态为换向器上有黑痕出现，但不发展，用汽油擦其表面即能除去，同时在电刷上有轻微灼痕。直流电机在运转中有时很难完全避免火花的发生，在某种情况下可允许存在，但其火花等级一般不准超过 3/2，否则将起破坏作用，必须及时纠正。

对电刷装置也要作定期检查，一般每月至少检查一次，主要检查电刷装置是否齐全，有无破损零件，电刷在刷握内有无卡涩或摆动现象、电刷或刷辫有无因过热而变色、各电刷对换向器表面压力是否均匀，以及电刷的磨损情况等。

四、电磁制动器

工作人员应经常到机房对电磁制动器进行认真检查，如发现问题及时解决。

（1）检查制动弹簧有无失效或疲劳损坏。如制动器上的杠杆系统及弹簧发现裂纹，则应及时更换。制动器应保持足够的制动力矩，当发现有打滑现象时，应调整制动弹簧。

（2）电梯运行（即松闸）时，两侧制动瓦应同时离开制动轮，其间隙应均匀，且最大不超过 0.7 mm，当间隙过大时，应调整。电梯停止运行（即抱闸）时，制动瓦应紧贴制动轮，其制动瓦的接触面不小于 80%。

（3）机电式制动器动作应灵活可靠，机件和刹车装置应无异常磨损，并定期给转动部位补充注油。当轿厢以 125% 的额定载荷和额定速度运行时，通过操作制动器能使电梯停止运行，而且轿厢的减速度应不超过安全钳动作或轿厢撞击缓冲器时所产生的减速度。

（4）固定制动瓦的铆钉头不允许接触到制动轮，当发现因制动带磨损，导致铆钉头外露时，应更换制动闸皮。

（5）制动电磁线圈的绝缘应良好、无异味，线圈的接头应牢固可靠。

（6）可拆卸的盘车手轮以及用于松开制动器的手柄，对于有机房电梯应放置在机房内，而且容易接近的地方，对于无机房电梯应妥当保管。在多台电梯共用一个机房的情况下，其盘车手轮、松开制动器的扳手柄可能与相配的电梯驱动主机搞混时，手轮和手柄上应保持有适当的标记，并应有使用说明和警示标志。

五、安全钳

经常检查传动连杆部分，确保其灵活无卡死现象。每月在转动部位注入油润滑。楔块的滑动部分，应动作灵活可靠，并涂以凡士林润滑防锈。

每月检查安全钳上的安全限位开关，要求当安全钳动作时，该开关必须动作。每季度用塞尺检查楔块与导轨工作面的间隙，间隙应为 2 mm～3 mm，且各间隙值要求相近。否则调整楔块连接螺母，改变间隙大小。

安全钳动作后，电梯不应在解除制动状态后马上投入运行。而应认真检查安全钳动作原因，只有全面检查并排除故障后，才能使电梯投入正常运行。

当安全钳动作后，若发现对轿厢两导轨夹持位置不一致或是咬痕深浅不同时，应调整连杆上的螺母，并调节拉臂上的螺母，使两边夹持导轨作用力一致。

六、减速器

绝大部分电梯仍采用有减速器的曳引机，而且大多采用蜗轮副减速装置。这种减速装置经长期起制动和正反转运行后蜗轮副的啮合间隙和蜗杆的轴向窜动量都可能超差。啮合间隙和蜗杆轴向窜动量增大后，会影响电梯的运行舒适感，特别对交流双速梯的影响更大。工作人员应经常性地对减速箱进行检查、保养，并注意以下几点。

（1）润滑油应清洁，其牌号应符合曳引机使用说明书的规定，油量应符合规定的油线位置，减速器应无漏油现象，一旦发现漏油，除根据具体情况进行处理外，还应及时向箱内补充同牌号的润滑油。当发现油已变质或有杂质时，应及时换新油。

（2）经常测量减速器的温度。轴承温度一般不准超过 70 ℃，箱内温度一般不准超过 85 ℃，否则应停机检查原因。

（3）蜗轮蜗杆的轴承应保持合理的轴向间隙，当电梯换向时，如发现蜗杆轴或蜗轮轴出现明显窜动，应采取措施，调整轴承的轴向游隙使其达到规定值。

（4）蜗轮和蜗杆两端的轴承或铜套应无异常磨损。当轴承发生不均匀的噪声、敲击声或温度过高时，应及时处理。当减速器中蜗轮蜗杆的齿磨损过大，在工作中出现很大换向冲击时，应进行大修。

七、曳引轮、导向轮、轿顶轮及对重轮

曳引轮、导向轮、轿顶轮及对重轮属电梯曳引系统中的传动轮和滑轮，在维护方面具有一定的共同特点。

（1）保持各轮的外部清洁，轮槽内不允许有油垢。

（2）经常检查曳引绳在曳引轮槽内有无打滑现象，轴承部位温升是否正常，运行中有无振动和异常响声。

（3）保持各轮的良好润滑，使转动部位灵活。每周检查导向轮、轿顶轮和对重轮的润滑装置是否完好，运转是否灵活，有无异响，轴承部位温升是否正常，并挤加钙基润滑脂。每年一次对润滑部位清洗换油，疏通油路，更换有缺陷的轴承。

（4）定期检查曳引轮绳槽磨损面的实际误差。当绳槽内钢丝绳与槽底的间隙减缩至 1 mm 时，说明曳引轮的磨损比较严重，应采用就地重车的办法进行修复，但重车后，切口下部（指凹形槽）轮缘的厚度不得小于曳引绳直径。

八、曳引绳锥套

曳引绳锥套即曳引钢丝绳与绳头组合，其保养方法如下：

（1）保持曳引钢丝绳的表面清洁，当发现表面粘有沙尘等异物时，应用煤油擦干净；

（2）在截短或更换曳引钢丝绳，需要重新对绳头锥套浇注巴氏合金时，应严格按工艺规程操作，切不可马虎从事；

（3）保证电梯在顶层端站平层时，对重与缓冲器之间留有足够间隙；

（4）应使全部曳引绳的张力保持均匀一致，其相互之间的差值不应超过 5%。当张力不均衡时，可通过绳头组合螺母来调整；

（5）曳引钢丝绳使用时间过久，绳芯中的润滑油会耗尽，将导致绳的表面干燥，甚至出现锈斑，此时要在绳的表面涂一层薄薄的润滑油；

（6）经常注意曳引钢丝绳直径的变化，检查有无断丝、爆股、锈蚀及磨损等。如已达到更换标准，应立即停止使用更换新曳引钢丝绳。

九、联轴器

（1）应经常检查柱销紧固螺母，不得松动。特别是当电梯紧急停车后，要对联轴器进行全面检查，频繁的启动、制动和紧急停车都会使螺母松动。

（2）电动机启动、制动发生冲击时，应检查销轴孔是否扩大、变形或键是否松动。

（3）定期检测并保持曳引电动机的转轴与蜗杆轴的同轴度，一般应在 0.1 mm 以内。运转中如果发生冲击或不正常的声响，表明弹性圈已磨损、变形或脱落。在正确使用情况下，弹性圈使用期为半年。

（4）经常用小锤敲击联轴器整体，凭声音或观察来判断机械零部件有无裂纹或磨损故障，零件的转角部位是检查重点。

（5）联轴器是高速转动部件，质量的不均匀性会造成转动振动，为此应在安装前作动平衡试验，一般轮缘处的不平衡量应小于 2 g。

十、轿厢和对重

保持轿厢内一般照明和紧急照明完好有效，运行时应没有异常声响。如果设有称重装置，该装置应有效，特别是轿厢最大面积超过 GB/T 7588（所有部分）— 2020 规定的电梯轿厢，更应确保作用可靠。另外护脚板应完整有效，安全窗的锁紧装置及电气联动开关作用应可靠。

对重块应紧固，运行时应没有窜动和声响。有反绳轮的对重，防跳绳保护装置应完好有效，轮槽没有异常磨损，定期为轮轴两端的转动部位补充润滑剂。

十一、轿门、层门和自动开门机

开关轿门和层门过程应平稳无噪声，损坏和磨损严重的滑块应及时更换，安全触板或光电光幕门保护装置的作用应可靠。

层门有以下的保养要求。

（1）经常检查层门联动装置的工作情况，对于钢丝绳式联动机构，发现钢丝绳松弛时，应予以张紧；对于摆杆式和折臂式联动机构，应使各转动关节处转动灵活，各固定处不应发生松动。当出现层门与轿门动作不一致时，应对其联动机构进行检查调整。

（2）应按标准要求和方法定期检查调整阻止关门的力是否在规定范围内。

（3）层门关闭后，门扇之间及门扇与立柱、门楣和地坎之间的间隙应符合要求。

（4）吊门导轨、悬挂滚轮应清洁，并有适当润滑。间隙应合适，螺栓紧固，确保开关门时不至于脱轨、卡住或在行程终端错位。

（5）各层门锁应紧固，锁轮与轿厢踏板的间隙、门刀与门锁轮的调整间隙应符合标准要求等。

（6）强迫关门装置应完好有效。

（7）损坏和磨损严重的滑块应及时更换。

自动开门机有以下的保养要求。

（1）要求开关门速度适中，没有异常的撞击声。当门在开关时的速度变化异常时，应立即做检查调整。

（2）传动机构工作可靠，传动带松紧适中。

（3）自动开门机各转动部分应保持良好的润滑。对于要求人工润滑的部位，应定期加油。

（4）要求门电机没有发热现象。经常检查自动开门机的直流电动机，如发现电刷磨损过量应予以更换；如发现炭粉和灰尘较多，要及时清理。还要经常检查电动机的绝缘电阻及轴承工作状况，发现问题及时处理。

十二、导轨和导靴

（1）当导轨工作面不清洁时，可用煤油擦净导轨和导靴。保持导轨润滑良好，对于没有自动润滑装置的电梯，应每周对导轨进行一次润滑。

（2）当导轨工作面有毛刺、划伤、凹坑、麻斑，以及因安全钳动作或紧急停止制动而造成导轨损伤时，应用锉刀、砂布、油石等对导轨工作面进行修磨。

（3）保证弹性滑动导靴对导轨的压紧力，当靴衬磨损而引起松弛时，应加以调整。

（4）滑动导靴靴衬的工作面磨损过大会影响电梯的运行平稳性。一般对侧工作面磨损量不应超过 1 mm（双侧）；对内端面磨损量不应超过 2 mm，超过时应更换。当滚动导靴的滚轮与导轨面间出现磨损不匀时，应予以车修；磨损过量使间隙增大或出现脱圈时，应予以更换。

（5）在检查中，若发现导靴与轿厢架或对重架紧固松动时，可将螺母拧紧，但最好的办法是垫上弹簧垫圈，防止螺母松动。

（6）年检中要详细检查导轨连接板和导轨压板处螺钉的紧固情况，并对全部压板螺钉进行一次重复拧紧。

十三、限速器

（1）限速器动作部分应灵活可靠，旋转部分的润滑应保持良好，每周加油一次，每年清洗换新油一次。

（2）定期清扫限速器轮及张紧轮槽及夹绳钳口的积灰，无异常磨损，处于良好技术状态。

（3）及时清除钢丝绳的油污，当钢丝绳伸长超过规定范围时应截短。

（4）确保电气防护开关动作正常，作用可靠。

（5）对于甩块式刚性夹持式限速器，若电梯运行过程中发现限速器有异常撞击声或敲击声时，应检查绳轮和连杆（连接板）与离心重块（抛块）的连接螺钉有无松动；检查心轴孔有无变形或磨损。

（6）在电梯运行过程中，一旦发生限速器、安全钳动作将轿厢夹持在导轨上时，应经过有关部门鉴定、分析找出故障原因，解决后才能检查或恢复限速器。

十四、补偿装置

（1）补偿链或补偿绳上有时会挂上落入井道中的塑料袋、编织丝条等，应定期检查除去。

（2）设于底坑的补偿绳张紧装置应转动灵活。对需要人工润滑的部位，应定期添加润滑油。

（3）定期检查补偿链、补偿绳两端头的连接是否稳固可靠，固定螺钉和绳卡要定期紧固。

（4）补偿链在轿厢运行中有时会产生异常响声。这种现象大多是因补偿链伸长后拖至底坑地面与其他金属件撞击造成的，也可能是清音绳折断引起的。因此，平时应定期进行检查补偿链和清音绳，提前消除这些隐患。

十五、缓冲器

（1）定期察看并紧固好缓冲器与底坑下面的固定螺钉，防止松动，底坑应无积水。

（2）对于油压缓冲器，应保证油在油缸中的高度，一般每季度应检查一次。当发现低于油位线时，应及时添加黏度相同的油。油压缓冲器柱塞外露部分应保持清洁，并涂抹防锈油脂。定期对油压缓冲器的油缸进行清洗，更换新油。

（3）对于弹簧缓冲器，应保持其表面不出现锈斑，随着使用年久，应视需要加涂防锈油漆。

（4）轿厢或对重撞击缓冲器应全面检查，如发现弹簧不能复位或歪斜，应予以更换。

十六、选层器与楼层指示器

（1）保持触头的清洁，视情况清除表面的积垢。

（2）经常检查动、静触头的接触可靠性及压紧力，并予以适当调整。当触头过度磨损时，应予以更换。

（3）经常检查各引出线的压紧螺钉有无松动现象，检查各连接螺钉是否紧固。

十七、控制柜及其有关电气装置

维护保养时应观察控制柜（屏）上的各种指示信号、仪表显示等是否正确，接触器、继电器动作是否灵活可靠，有无异常气味，有无明显噪声，变压器、电抗器、电阻器、整流器工作是否正常，有无过热现象。可编程序控制器PLC、微机、变频变压设备等周围温度是否过高，要求保证其周围环境干净通风。具体要求：

（1）定期紧固熔断器及其他电器元件的固定螺栓。

（2）定期检查并消除接触器、继电器接点上的锈斑、凹痕及严重的电弧烧蚀痕迹。

（3）保持主拖动电路的短路保护和过载保护可靠有效。

十八、终端限位保护装置

一旦发生终端超越安全保护装置动作，应立即查明原因，排除故障。并把经过、处理方法记入维修记录，经有关负责人同意后，方可再投入运行。在以后运行中，要严密监视有无再发生终端超越安全保护装置动作。若间隔不久，又发生这类现象，应立即停止使用电梯，直到问题真正解决。

另外对于终端限位保护装置，需润滑的部位应定期注入润滑油。当轿厢开关打板（碰板）发生扭曲变形，不能很好地碰及各终端限位安全保护开关时，应及时调整或更换。

对于采用机械电气式的极限开关装置，当发现动作不灵活时，应对它的钢丝绳、绳夹、碰轮、绳轮及弹簧等机械零部件进行检查。

第五节　电梯的中修和大修

电梯是属于危险性较大的特种设备之一，其运行状态的优劣将直接关系到广大乘客的生命安全；直接影响到整幢大楼的使用效率，甚至由于电梯的损坏停运，将导致整幢大楼营运瘫痪。因此，为了保证电梯的安全运行，防止事故发生，充分发挥设备的效率，延长使用寿命，我们必须对电梯进行定期的维护保养。电梯的日常维护保养一般可分为：每天保养、每周保养、每月每季保养及年度保养。而年度保养实质上就是电梯的中修，如图 5-5 所示。

图 5-5　年度保养现场

对一台新装的电梯在运行 1 年以上、2 年以内的均应进行中修；而在运行 3 年～5 年以上的，则应进行大修。但是中修或大修的运行期限规定不是绝对的，它还受到允许的每小时启动次数，交通繁忙情况，使用环境的条件（例如电梯周围是否有腐蚀性气体、温度、湿度）等诸因素的影响。

一、电梯中修的确定及项目内容

（一）电梯中修的确定条件

（1）除对个别零部件在不需拆卸的前提下对其清洗，加润滑油，拧紧电气接线端子的螺栓等外，均需进行拆卸检查。

（2）需拆检电梯传动部件和机械电气安全装置，需更换有异常声响或磨损的零件，以及拆修部分电气元件。

（3）新装电梯在使用 2 年以上的且使用十分频繁的。

凡符合上述（1）、（2）、（3）三条中任何一条者，即可算为中修项目。

（二）电梯的中修项目内容

1. 电梯的机械部件中修项目内容

（1）清洗曳引机蜗轮减速箱和调换减速箱内的齿轮油。

（2）调换曳引机蜗杆轴伸处的石棉盘根或耐油橡胶密封圈。

（3）调换曳引机蜗轮减速箱盖与箱体之间的密封垫圈或重新涂抹密封胶。

（4）调换电磁制动器闸瓦的石棉刹车带，调整闸瓦与制动轮的间隙小于或等于 0.7 mm，并使间隙均匀。

（5）调整和整修层轿门的联动部分，调整更换层轿门滑轮及更换门扇下端、滑块。

（6）调整电磁制动器的制动弹簧压缩力。

（7）调整或更换限速器上卡绳压块。

（8）检查和调整轿厢安全钳楔块与导轨之间的间隙为 2 mm～3 mm，并使间隙保持均匀一致。

（9）检查和调整限速器钢绳与安全钳连杆的连接情况，并检查和调整限速器钢绳的张紧及伸长状况。

（10）调整和调换轿厢、对重的导靴及靴衬。

（11）检查和调整曳引钢丝绳的松紧度，若轿厢在最高层的层楼平面位置，且对重底部与对重缓冲器顶面之间小于 100 mm 时，应截短曳引钢丝绳的伸长部分，使该间距在规定尺寸范围内。

（12）检查和调整门刀与层门机械钩子锁滚轮间的啮合状况，并调整锁钩的锁紧啮合状况（使锁钩啮合长度大于或等于 7 mm）。

（13）调整或更换导靴靴衬，修锉导轨上的刻痕，并重新校正导轨。

2. 电梯的电气部分中修项目内容

主控制及信号继电器屏上继电器、接触器触点的整修或更换，或更换整个继电器、接触器。

（1）检查和拧紧各接触器、继电器上的接线螺栓。

（2）检查和调整方向机械联锁的可靠性。

（3）检查和调整井道内各限位开关动作可靠性及其动作位置。

（4）检查和更换井道内各磁性开关（或选层器上各种触点）工作的可靠性。

（5）检查和更换轿厢操纵箱、各层厅外召唤按钮箱上的按钮元件、开关及电气元件。

（6）检查和更换信号指示灯的灯泡及灯座。

（7）测量和处理动力回路和信号照明回路的绝缘电阻。

（8）对乘客电梯、集选控制的有/无司机电梯，应检查门保护（安全触板、光电保护器或电子接近保护器）和超载、满载控制的动作可靠性。

（9）对直流电梯、闭环控制的交流调速电梯应检查和调整测速装置作用可靠性；整修或调换测速机的电刷和清除其整流子的炭精粉。

（10）对直流电梯的直流电动机和发电机的整流子和电刷进行清洗（用酒精）、整修或更换。

（11）检查和调整电梯的起制动舒适感和平层停车准确度。

在上述各项中有60%～70%需予以检查、更换和调整的，则即可属于电梯中修程度。

二、电梯大修的确定及项目内容

（一）电梯大修的确定

（1）电梯已中修2次以上的。

（2）电梯虽未中修，但正式投入使用已达3年～5年。

（3）电梯发生过重大事故，其主要部件（曳引机、轿厢、控制屏等）严重受损的。

凡符合上述（1）、（2）、（3）三条中的任何一条时，即可进行电梯大修。

（二）电梯大修项目内容

1. 电梯的机械部件大修项目内容

（1）蜗轮减速器的拆修

①调整和铲刮蜗轮蜗杆齿侧间隙，如磨损量过大，即需更换蜗轮副。

②调整或更换蜗杆轴伸出端的轴承及石棉盘根（或橡胶密封圈）。

③更换蜗杆轴的后门头平面轴承。

④整修或更换减速器滑动轴承。

⑤若蜗轮减速箱的箱体、箱盖铸件有严重变形或有裂痕等，则应予以更换或修补。

（2）电磁制动器（刹车）的拆修、清洗、更换刹车皮，调整间隙。

（3）若曳引电动机有异常摩擦声，起制动电流明显增大，轴向窜动增大，空载电流（如电梯处于半载－平衡载）明显增大，则应予以更换为同型号、同规格的电动机。

（4）限速器的拆修和动作速度的整定并加封记。

（5）限速器钢丝绳的清洗，截去伸长部分，并检查和润滑其张紧轮的转动部分。

（6）调换安全钳的楔块，并使其与导轨面的间隙均匀，保证间隙在 2 mm～3 mm；并用检修速度试验安全钳动作的可靠性。

（7）清洗导轨，更换严重变形的轿厢导轨或用增加导轨架方法调整其垂直度和平行度。

（8）轿厢的整形或更换部分严重变形的轿壁。

（9）拆修自动门机或更换同型号同尺寸的自动门整机或更换门电机。

（10）整修或更换轿内的装潢。

（11）调整层轿门的联动性，检查和调换层、轿门滑轮和调换严重变形的层、轿门门扇。

（12）更换或重新车削导向轮、轿顶轮、对重轮的绳槽，拆洗其轮轴，更换并润滑轴承。

（13）彻底检查并清洗油压缓冲器，更换缓冲器油。

（14）调整或更换轿门的安全触板、光电保护器或电子门保护器。

（15）对集选控制电梯需检查轿厢的满载、超载装置的动作可靠性。

（16）对轿厢及层、轿门进行喷漆。

（17）调整和更换轿厢、对重的导靴及其靴衬。

（18）截短伸长的曳引钢丝绳或更换断丝严重的曳引钢丝绳。

2. 电梯的电气部分的大修项目内容

（1）更换控制屏上继电器、接触器或控制屏重新接线。

（2）由于电梯控制功能的增加而重新调换控制屏。

（3）调整或更换个别层楼的门电锁接点（或开关）。

（4）调整井道各限位保护开关的动作位置，并更换个别开关元件。

（5）轿内和层外各层的操纵箱、按钮箱中的元件及布置线的整理等。

（6）更换电线管（槽）内的导线（包括动力线）。

（7）检查动力电路、照明及信号电路的绝缘电阻。

（8）检查或更换随行电缆的断股或外表老化的电缆线。

（9）检查或更换信号指示系统的功能及元件。

（10）对于直流电梯、交流调速电梯尚需检查和更换电机炭刷、整流子的清洗及车削等，以及其输出电压、电流等参数是否变化很大。

（11）对于有选层器（或井道磁开关）的电梯应检查或更换选层器（或井道内各磁性开关）的动、静触头（或磁性开关及永久圆磁铁的磁性等）。

（12）检查和调整更换有严重烧蚀的主电源开关及熔丝等。

（13）检查和调整电梯整机性能，使之达到原设计要求。

（14）检查和调整电梯的各项功能，使之达到原设计要求。

在上述各项各条中有60%～70%需予以检查、更换、调整的，则即可属于电梯大修理的程度。

三、电梯的小修、中修、大修的参考周期表

电梯的小修、中修、大修周期参考表5-5。

表5-5　电梯修理周期表

梯种	周　期			
	电梯使用繁忙程度	小修/月	中修/月	大修/月
货梯	繁忙（一天两班制）	6	18	36
	一般（一天一班制）	9	24	60
	空闲	12	36	72
客梯	繁忙（一天两班或三班制）	6	12	24
	一般（一天一班制）	9	18	36
	空闲	12	24	60

任务实施

1. 全班进行分组，每组5人～6人，选出一名组长。

2. 以小组为单位，对工作情景进行讨论和分析，完成下列工作任务：

（1）电梯维护人员的基本要求是什么？

（2）电梯的日常检查与保养包括哪些内容？各有什么具体的要求？

（3）导轨的日常检查与保养包括哪些内容？曳引钢丝绳的日常维护与保养包括哪些内容？

（4）电梯的中修和大修的项目内容各是什么？

（5）电梯的小修、中修、大修的周期如何确定？

任务评价

1. 教师巡回检查各组的学习情况，记录各个小组在学习过程中存在的问题，并进行点评。

2. 教师根据各个小组的学习情况和讨论情况，对各个小组进行综合评分。

小组合作评价表

组别	评价内容分值					
	分工明确（20分）	小组内学生的参与程度（20分）	认真倾听、互助互学（20分）	合作交流中能解决问题（20分）	自主、合作、探究的氛围（20分）	总分（100分）
A组						
B组						
C组						
D组						

评价老师签名：____________

任务六 电梯故障检修

知识目标

◎ 了解电梯使用可能出现的故障。

◎ 掌握电梯检修的基本原则。

◎ 掌握检修电梯故障的注意事项。

◎ 掌握检修电梯故障常用的方法。

◎ 掌握电梯常见故障及处理方法。

技能目标

◎ 熟悉用万用表检测法找出电梯的故障。

◎ 熟悉电梯运行事故的紧急处理方法。

◎ 熟悉对电梯进行维护性修理。

工作情景

随着电梯数量的增多，其使用安全性日益受到人们的重视。作为特种设备，电梯需要定期的维修与保养，才能保证其正常与安全地使用。电梯的常见故障主要表现在机械系统与电气系统等方面，本章节将对电梯常见故障的特点及原因进行分析，同时将讲解电梯常见故障的排除方法。

任务分析

了解电梯使用过程中可能出现的故障，掌握对电梯进行故障检修应注意的问题，掌握检修电梯故障常用的方法，掌握电梯常见的检修方法是一名电梯维保人员所要具备的基本职业技能。

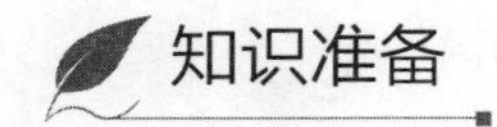

第一节　电梯故障概述

现代的电梯汇集了许多高、精、尖技术，有些单元系统的信号处理已实现了数字化，电路和结构已远非早期的电梯所能比拟。维修这类设备颇具一些难度。对于初学维修电梯的人员来说，可能不知从何入手。即使是经验丰富的维修人员，也需要更新知识，才能适应维修工作的需要。

所谓电梯故障，在国家标准（GB/T 10058—2009）中提到："由于电梯本身原因造成的停机或不符合标准规定的整机性能要求的非正常运行，均被认为是失效（故障）。"具体地来讲，由于电梯机械系统中的零部件和电气控制系统中的元器件不能正常工作、有异常的振动或噪声，导致严重地影响电梯的乘坐舒适感、失去设计中预定的一个或几个主要功能，甚至不能正常运行必须停机修理或造成设备事故以及人身事故等，以上这些情况统称为电梯的故障。发生电梯故障后，要及时开展救援工作（如图 6-1 所示）。

图 6-1　电梯事故救援现场

据大多数电梯制造厂家和部分电梯用户的不完全统计，造成电梯必须停机修理的故障中，机械系统中的故障约占全部故障的 30%，电气控制系统中的故障约占全部故障的 70%。造成电梯故障的原因是多方面的。据国内有些单位调查统计，在每 100 次故障中，由于制造质量、配套件质量、安装质量、维护保养质量等引起的故障比例是10：29：36：25。统计数字表明，其中配套元器件的质量、安装的质量、维修保养的质量是诱发故障的主要原因。当然，电梯安装质量的某些方面又与电梯制造厂的制造质量有关，而配套元器件的质量又与电梯制造厂的筛选工作有关。

对一台经安装调试合格后交付使用的电梯，要提高其使用效益，关键在于投入运行后的日常维护保养，以及一旦发生故障时，能够及时把故障排除，使电梯的停机修理时间减少到最低程度。

第二节 电梯检修的基本原则

当电梯发生故障进行检修时，要冷静地进行分析、检查。按照一定的原则和方法小心地排除故障。万万不可毫无目的地对电梯进行检修，以免扩大故障范围。

对电梯进行检修，除了应掌握电梯原理的一般知识，具备一定的逻辑分析和维修技能以外，还应遵循以下基本原则。

一、先静后动

先静后动通常是指人要先静后动、电梯要先静后动、电路要先静后动几个方面。

（1）人要先静后动。在开始检修电梯时，维修人员要先静下来，不要盲目动手，要对故障现象从原理上、电路上进行分析，然后再动手。

（2）电梯要先静后动。这里的静是指不通电的静止状态；动是指通电后的运行状态。不要对电梯贸然通电，要先做必要的安全检查以及单元系统的检查，然后再通电让电梯运行。这一原则是为了保证电梯的安全。

（3）电路要先静后动。这里的静是指直流工作点和静止工作状态等；动是指交流工作情况或动态。也就是说，对电路（或线路）的工作状况检查要先静后动。常见的各种电路（或线路），一般都要求有一个合适的静态工作点。否则，动态工作也不正常。静态正常后，动态一般也正常。

二、先外后内

先外后内通常是指要先外后内地确定电梯故障、要先外后内地进行修理以及要先外后内地评定质量。

（1）要先外后内地确定电梯故障。在动手检修电梯故障之前，一定要先仔细观察电梯外部表现，然后视具体情况再进行必要的内部辅助检查。

（2）要先外后内地进行修理。对电梯暴露在外部的部分，如各种控制开关、钢丝绳、导向轮等要先修理；其次是修轿厢或机房内暴露的部位，然后再拆卸封口的组件部件，尽量避免随意启封或拆卸。

（3）要先外后内地评定质量。一般来说，评定电梯质量可以先外部主观评定，后内部客观检验。这里的“外”，有主观感觉的意思，“内”有客观检测的意思。直接感受和评价电梯运行的质量，对满意的部分就不必再去追究其内部客观指标的小差异。对不满意的地方，再进一步追究内部客观指标上的微小差异或搭配关系。

三、先附件后主机

附件是指电梯以外的与主机非一体的有关部件，如电梯总电源进线开关、保险元件、控制柜等，先附件后主机，可以确切地肯定故障是否与附件有关。最简单和有效的检验方法是对比代换法。找一个好附件试一下要检修的电梯，或将怀疑的附件装到完好的电梯上，这样就可确定故障是否与附件有关了。

四、先电源后负载

电源是电梯最常见的故障之一，因此一般在遇到电梯不工作的故障时，应首先检查电源部分，例如曳引电动机所需的工作电源，单元系统的分支电源等。

五、先一般后特殊

分析电梯的某一故障时，要先考虑最常见的可能原因，然后再考虑稀奇少见的原因。

六、先简单后繁难

先解决容易解决的问题，后解决困难较大的问题。遇到一台毛病较多的电梯，不要一开始就陷在一个难题上，以致很长时间没有进展。

七、先主要后次要

故障对电梯功能的影响程度决定了故障的重要性。电梯的主要故障不一定是很困难的故障，次要故障不等于就是简单的故障。不管是主要还是次要故障，只要好修，就先修理。对难易程度相当的故障，则先修主要故障，后修次要故障。

八、要手动心明

这是电梯检修的前提，对电梯进行修理，必须首先做到心中有数，不可稀里糊涂地动手。

第三节　检修电梯故障应注意的问题

电梯故障的检修人员必须受过专门技术培训和安全操作培训，并经考试合格取得电梯修理工资格证书，方可独立操作。在电梯故障检修时，通常应注意以下问题。

一、检修前的准备

从大量的维修实例来看，国内外电梯型号繁多，虽然各种电梯基本单元系统（电路）的原理基本相同，但内部结构及各零部件的位置可能有所不同。因此，在实际检修电梯故障之前，应做好准备工作。

（一）准备测试仪器

万用表是必备的，并且还要配备兆欧表（500 V）、钳形电流表（300 A）、接地电阻测量仪、功率测量表、转速表、百分表、拉力计（10 N、200 N 各一个），有条件的还可配备秒表、声级计（A）、点温计、便携式限速器测试仪、加速度测试仪、对讲机（对讲距离可在 500 m 左右）等仪器。利用仪器检修，不仅可检查出难以判断的故障，还可以提高检修质量和检修速度。

（二）准备检修工具

在检修电梯故障之前必须置备常用的检修工具。如常用电工工具，各种型号的螺丝刀、小刀，各种规格的扳手（活动扳手、固定扳手以及内六角扳手、套筒扳手等），游标卡尺、吊线锤、塞尺、钢直尺、钢卷尺、导轨检验尺以及手电筒等。

（三）准备检修资料

检修电梯如果没有必备的资料，将直接影响检修速度，甚至无法修理，这一点对于新型电梯来说尤其重要。如果实在找不到原电梯的相关资料，也可用同生产厂家近似的资料参考。应准备以下方面的资料：

（1）电梯使用维护说明书，其内容应包含电梯润滑汇总图表以及电梯功能表；

（2）电梯动力电路和安全电路的电气线路示意图及符号说明；

（3）电梯机房、井道布置图；

（4）电梯电气敷线圈；

（5）电梯各部件安装示意图或结构图；

（6）电梯产品出厂合格证书，电梯安装调试说明书；

（7）限速器、安全钳、缓冲器等安全部件及门锁装置型式试验报告结论副本，其中限速器与渐进式安全钳还需要有调试证书副本；

（8）由电梯使用单位提出的经制造企业同意的变更设计的证明文件；

（9）电梯安装自检记录；

（10）电梯运行、维护保养、检查记录表；

（11）对于爆炸危险场所使用的电梯，还应有爆炸危险区域等级，电梯防爆等级报告书及电梯防爆性能测试报告。

（四）准备常用配件及器材

检修中常用的配件有钢丝绳、各种保护开关、熔断器、灯泡、指示灯、继电器、交流接触器、晶闸管、曳引电动机等。可视自己的条件而准备。

除了以上配件外，还要准备适量的导线、螺丝钉、螺帽、垫圈、酒精、汽油、煤油、柴油以及各种润滑油、机油等。备有可靠的配件，在检修中就可采用替换法，当怀疑某一元件或部件损坏时，换上一个好的做试验，可验证被怀疑件是否损坏并帮助检查是否还有第二个故障。

（五）掌握主要单元部件的正确工作状态

要尽量多地掌握所修电梯的主要单元部件的正确工作状态，以及不同工作状态时，关键点上的电压变化情况，这是检修任何电梯都必须掌握的。一位经验非常丰富的检修人员，在排除电梯故障时，往往只要用相关仪表测量有关点上的电压，或经过简单的调试，就能很快地判断出故障原因或部位。

（六）维修人员必须具备的条件

检修电梯，对维修人员通常有以下几个方面的技术要求：

（1）掌握交直流及交流调压调速、交流变频调速电梯运行的基本原理，并能正确地排除运行中的故障；

（2）掌握钳工和电工的基本操作技能及其安装维修的知识与技能；

（3）掌握电工与电子技术的基本原理并能应用于实践中；

（4）掌握电气控制线路和电力拖动的各基本环节，并能分析、排除故障；

（5）掌握微型计算机的基本知识，并能读懂其控制电路图。

（七）悬挂或摆放警示标牌

检修之前，应在各层门处悬挂或摆放“检修停用”或“正在维修”等警示标牌（如图 6-2 所示）。当维修人员在轿厢顶时，应在电梯操作处挂贴“人在轿厢顶工作或正在检修”的标牌。

图 6-2　摆放警示标牌

二、检修中的注意事项

在电梯检修过程中，应避免由于工作不细心或修理技术不佳等原因使电梯的故障扩大，要做到这一点，必须注意以下方面的问题。

（一）加强安全防护措施

（1）维修人员必须持证上岗，戴好安全帽及其他劳动用具，系好安全带，以防坠落危险。

（2）如果在黑暗场所进行故障检查，应使用有绝缘外壳的手电筒或使用带护罩的 36 V 以下的安全电压手提灯进行照明。

（3）井道内严禁吸烟和使用明火。

（二）熔断器的容量不能过大

发现熔断丝烧断后，在未找到原因和排除故障之前，不应换上新的熔断器，除非经检查确认没有短路现象，或是用电流表测试电流基本正常，方可换上新的熔断器试一下。在烧断熔断丝后，决不能换上铜丝或大电流熔断丝。因为这样熔断丝虽烧不断，但会烧坏其他部件或元件，从而使故障进一步扩大。

（三）维修人员与电梯司机要相互配合

维修人员进行故障检查时，应集中精力，与电梯司机相互配合，电梯司机应绝对服从维修人员的指令。

（四）严禁在对重装置运行范围内检查

严禁在对重装置运行的范围内进行维护检修操作，不论在底坑或轿厢顶有无防护栏，如果非要在工作状态下检修时，则应有专人看管轿厢停止运行开关。

（五）防止在测量电压过程中扩大故障

在检修或测量电压过程中，一定要小心地使表笔对准所要测量的点，不要使表笔碰到别的部位造成相邻导线间的短路，导致烧坏元器件或零部件。在检修电子控制电路时更应加倍小心，因为电子控制单元中的集成电路或元件间的距离很近，稍不注意就会造成相邻元件或引脚之间短路，导致烧坏集成电路或其他元器件。所以，在测量时表笔一定要拿稳，对准被测点，待表笔放稳后再去读万用表的读数。测量集成电路某引脚电压最好改为测量与该引脚相连的另一焊点的电压，应尽量不触及集成电路引脚。

（六）拆焊过的元器件或连线应正确复位

在检修过程中，如需将某个元器件焊开或拆开测量，测量后复位时或换新元器件时一定不要装错，特别是有极性的元器件不能装错，否则会自己给自己设置故障，而且这种故障很不容易发现。

拆卸机械单元系统时，也应记住各零件的安装位置，如果零件较多不容易记住，可画一张图，这样恢复安装时不致装错。

（七）不要带电拆装元器件或零部件

拆装元器件或零部件时，要先关掉或断开电源，不要带电拆装，以防发生事故。

（八）拆卸组件或单元系统应多注意

检修时，若遇到某些组件或机械单元组件系统有故障需拆卸修理时，应记下所拆件的位置和拆卸顺序，以保证还原后能恢复其原有的装配精度。

（九）进入轿厢顶的一般原则

当需要到轿厢顶上进行检修时，进入轿厢顶的一般原则是：应从顶层端进入轿厢顶。严禁维修人员站在井道外，探身到井道内和轿厢顶或轿厢地坎处，各站一只脚来进行较长时间的检查工作。

（十）检修电梯时运行速度要低

电梯的检修运行速度约为额定速度的1/3以下，且其连续运行时间不能太长，一般不能超过3 min，检修时必须是经过专门培训的维修人员方可操作。

（十一）对机械部件检修应停机

对电梯上转动的任何部件进行清理（或检修）、注油或加润滑脂等操作时，都必须在停机或闭锁情况下进行。

（十二）注意紧固螺丝钉的位置

检修电梯需拆卸零部件或元器件时，应注意各紧固螺丝钉的拆卸位置，以免拆错。如发现拆错，要及时装好。否则，晃晃荡荡的零部件或元器件很容易损坏。

（十三）查找假接、假焊件或电线应多注意

当怀疑零部件或元器件、电线等的接点是否假接、假焊时，只能轻轻摇拨，不能用力过猛，以免拗断元器件的引脚或使部件引线折断，或使印制电路板铜箔引线折断。

（十四）调换零部件或元器件要有充分理由

调换零部件或元器件时要有充分的理由，不要单凭主观判断乱拆。否则，往往由于没有正确的判断，把原来好的零部件或元器件拆坏。

（十五）更换零部件或元器件时的注意事项

在修理电梯更换零部件或元器件时，一般应注意以下几个事项。

（1）代换零部件或元器件。代换零部件或元器件时应注意以下事项。

①代换零部件或元器件必须是同型号、同规格的，一般不要任意提升规格，当然更不允许降低规格。特别是对电压、电流要求较高的零部件或元器件，应选取符合要求的零部件或元器件替换。

②更换电阻时，要使用与原电梯同一规格的，例如：有些电源降压电阻，功率一定要足够。

③更换晶体管或有极性的元件（例如电解电容等）时，要仔细辨认极性，以防因错接而损坏元器件。

④电路或线路发生短路或过载故障后，凡有过热损伤痕迹的零部件或元器件，即使能用也最好将其换新，以免留有隐患。

（2）拆卸零部件或元器件。拆下零部件时，原来安装的位置和引出线要有明显的标志，可采用挂牌、画图、文字标记等方法，以便恢复。拆开的线头要采取绝缘措施，以免造成短路而损坏有关零部件或元器件，甚至造成故障的扩大化。

（十六）按正确检测顺序进行检修

对同时存在多种故障的电梯，应首先检查电梯的供电系统，再逐步检修其他电路。待供电系统正常后，再根据故障现象，采取有针对性的修理措施。检修顺序一般为：先电源系统后其他电路。

三、检修后应注意的问题

（一）检修后切忌遗漏整理

在实际检修过程中，有时为了查找故障，须将某些零部件或元器件拆掉（或焊掉），或将有关接线拆掉（或焊掉），检修后必须及时恢复，而且不得接错，以免产生新的故障。

恢复拆过的电梯线路时，应按原布线接好（固定好），对于一些有散热要求的零部件或元器件组件等应放回原处，按原结构型式装配。线缆的位置尽量不要挪动，尤其是一些具有走向要求的线缆的固定及走线位置应注意恢复原样，螺丝钉、螺栓等紧固件应锁紧。

（二）电梯恢复后还应试运行

对于检修过的电梯，还应注意重新对其进行各项检验。在静止状态检验合格后，还要进行一次运行检验，以进一步确认故障因素是否真的被排除，并确认各种安全保护功能均正常后，才可正式投入运行。

（三）学会总结经验

每检修好一部电梯后，都应反思一次，把自己的修理结果与原来的分析推测进行比较。如果原分析检测是正确的，也要总结一下分析过程，以巩固正确的思维方法。如果原分析推测是错误的，就应找出错误原因。

总结的经验最好用书面记载下来，这样既可以在记载的过程中理清思路、得到提高，而且日后碰到类似故障时也可以参考和借鉴。

（四）向用户介绍正确使用与维护电梯的方法

对于由于用户使用与维护不当造成的电梯故障，维修人员在修理好后，还应向用户介绍一些正确使用与维护电梯的方法与技巧，以防同类故障再次发生。

第四节　检修电梯故障常用的方法

检修电梯故障的方法较多，但从使用效果来看，可以归纳为询问用户法、直观检查法、万用表检测法、模拟试探法、经验法及专用仪表检测法等几种方法。

一、询问用户法

在检修电梯故障之前，不要忙于通电，应向用户询问了解电梯的使用情况、故障现象以及故障产生和发展的过程，并将用户提供的情况做好记录，认真分析研究，由此可以减少误判、错判。询问的内容应包括以下几个方面。

（一）电梯已经使用的年限

了解电梯使用的年限可以帮助大致估计出故障的性质。例如：对于较新的电梯，比较多的情况是个别零部件安装或焊接不好、连接线松动造成接触不良；个别元器件可靠性太差；用户使用不当而造成的“假故障”等。

对于使用多年的旧电梯来说，则应较多地考虑损耗性故障，如集成电路老化、特性变坏，晶体管特性下降，电容器漏电、介质损耗、电容量变值以及电容器击穿，开关触点氧化或烧蚀造成接触不良，机械系统严重磨损等。

（二）产生故障的过程

通过询问，应了解故障是突然发生的还是逐步恶化的，是静止性的故障还是时有时无故障。详细了解以上这些情况，可以使维修人员进一步判断故障的性质，采用较为合理、安全的修理方法。

二、直观检查法

直观检查法就是不借助仪器和仪表，仅凭眼睛或其他感觉器官以及应用必要的工具，对电梯进行外表检查，从而发现损坏元件（如图 6-3）。

在观察电梯故障现象之前，某些外观上的问题要首先解决。如通电后某元件被烧得冒烟了，这时就已来不及观察其他故障现象。又如通电后烧断熔断器或跳闸，也会妨碍进一步的观察。经直观检查后，对出现的问题要首先予以处理，为进一步观察扫除障碍。

图 6-3　直观检查电梯故障

（一）用观察法

首先观察电梯各种开关、按键等是否处于正确位置或有无损坏；观察电气元件导线有无烧焦变色、变形，螺丝钉是否松动，导线连接是否不良或接头断路，电器外壳是否破损或变形；查看熔断器的熔断丝是否烧断，电子元件或印制电路板焊点是否松脱；元件连接线和印制电路是否锈蚀严重；机械系统是否有断裂、缺损、脱开等异常现象。这样可以较快地发现故障部位或有故障的元器件。

（二）用手触摸

用手触摸被怀疑有故障的零部件或元器件是否严重发热，如曳引电动机正常温度不应发热烫手，若发热烫手，说明电动机内部可能有故障。

（三）用鼻嗅味

即通过人的嗅觉器官来发现故障点发出的气味，通过气味的大小和方向来判断故障的性质、损坏程度和哪个元器件损坏。如闻到焦糊味，就可判断是导线有过电流烧坏绝缘层而产生的气味。

（四）用耳听诊

即用耳朵去听要检修的某个电器或故障部位。如听曳引电动机有无刮碰异常响声；轿厢或层门开闭时是否有异常声音；检修某个继电器时判断其是否损坏，通电后能否听到“咔嗒”响声，有“咔嗒”响声说明工作正常，否则说明有故障。

三、万用表检测法

检修电梯故障的方法较多，万用表检测法是最常用的一种（如图 6-4）。它包括电压测量法、电阻测量法、电流测量法。这是每一位维修人员都应熟练掌握的最基本和最常规的方法。

图 6-4　万用表检测电梯故障

（一）电压测量法

使用万用表测量电梯有关电路的电压，并与正常情况下的电压值进行比较，通常可以直接了解电路的工作状态，判断元器件的好坏，检查电路有无故障。

测量直流电压最好选用内阻较高的万用表（一般应使用灵敏度>20 kΩ/V 的万用表进行测量，否则会使测量误差增大，从而引起误判），这样测出的数值较为准确。

利用电压测量法来判断故障，一般应重点检测关键点上的电压，这样可以迅速压缩故障范围，尽快找出故障点。

电梯维修人员除应掌握电梯的基本原理外，还要熟记电梯的正常电压数据，尤其是关键点电压数据。

所谓关键点电压，是指对于判断电路故障是否正常具有决定性作用的那些点的电压。通过对这些点电压的测量，便可很快判断出故障部位。

（二）电阻测量法

电阻测量法是检修电梯故障基本的方法之一。此法是用万用表电阻挡测量电梯线路、集成电路、晶体管各脚和各单元电路的对地电阻值，以及各元件、线路的自身电阻值，然后与正常电路中各点的电阻值相比较，找出故障点或故障线索。它对检修开路或短路性故障和确定故障元件好坏最有效。

电阻测量法在电梯检修中的应用范围很广。电梯的大部分元器件（如继电器、交流接触器、集成电路、晶体管、电阻器、电容器、变压器、电动机等）均可用测量电阻的方法做定性检查，而且任何元器件故障的检修，最后也要依靠测量电阻来确定故障元器件。实际使用电阻测量法时，一般有两种方法，即在路电阻测量法和开路电阻测量法。

（1）在路电阻测量法。所谓在路电阻测量法，就是直接在电气线路或电路上测量线路或元件的电阻值。由于被测元件接在整个电路之中，所以用万用表测得的数值，受到其他并联支路的影响，所测得的值是各并联支路的总电阻，这在分析测试结果时应予以考虑。

用电阻测量法检测电梯的故障时，要求在平时的维修工作中收集、整理和积累尽可能多的资料（实测数据）；否则，到时没有正常值来作为检测的比较对象，就会影响维修工作的效率。特别是在电梯不通电检修时，如果不用电阻测量法来检测，就会使检修工作陷入困境。

（2）开路电阻测量法。所谓开路电阻测量法，就是将被测的元器件的一端或将整个元器件从线路或电路上拆下（或焊下）来，再进行电阻测量的一种方法。虽然此法比较麻烦，但是测量的结果准确、可靠。为减少测量误差，测量时应选择合适的测量挡位。

开路电阻测量方法是检测晶体管、电容器、电阻器、变压器线圈、电动机线圈等的损坏情况，以及判别电路的开路和短路的重要手段。将集成电路从电路板上取下检查时，通过测量相应引脚以及各引脚与接地脚之间的正、反向电阻值，也可以大致判断集成电路的好坏。

总之，使用在路或开路电阻测量时，应根据具体线路（电路）或元器件选择适当的连接方式进行测量，才能获得正确的结果；只有认真分析测量结果，才能做出正确的判断；必要时，要两种测量方法配合使用，才能更有效地利用电阻测量法判断故障位置。

（三）电流测量法

电流测量法是通过测量晶体管、集成电路的工作电流、各局部线路（电路）的总电流和电源的负载电流来检修电梯的一种方法。

利用电流法检修电梯故障时，要根据具体情况灵活使用。若能知道各局部电路的正常工作电流值，对判断故障是有帮助的。但是维修者一般不易得到这些数据，必要时只能用上述方法测量正常电梯来获得，也可根据有关的电压、功率来推算。

四、模拟试探法

模拟试探法是在对故障现象进行分析，推测出故障发生的大概部位，然后对怀疑的部位采用对比互换（与正常电梯）、分割、替代等手段进行试探性检查和修理的一种方法。

（一）对比互换法

对比互换法是通过测量同型号、同规格的正常电梯和有故障的电梯同部位或相同点（指相同元件）的电压和电阻，或者互相交换元器件，来确定故障部位或故障元器件的一种方法。这种方法是在缺少数据资料和对某些元器件不易验证出是否损坏的情况下经常采用的，也特别有效。

对正常电梯和有故障电梯进行同部位或相同点测量，一般是测量其在路电阻和电压。如果两台电梯的测量值相同，则说明故障不在该部位或该点；如果不相同（指相差太大时），一般情况下故障点发生在该部位或该点及与其有关的电路上。

同部件或同元件互换后，如果故障现象消除，则说明故障电梯的该部件或该元件有故障；如果故障现象仍然存在，则故障电梯的该部件或该元件可能是好的，需要继续互换查找故障元件。

采用对比互换法检查故障时，有时要拆卸某些部件、元件等，对此，需要小心从事，以免人为地损坏这些部件或元件。

（二）分割法

在查询故障的过程中，通过拔掉部分电路板，或者焊下（拆掉）某些导线和元器件，甚至拆下某些组件，将被怀疑的电路分割，逐步缩小故障范围，最后找出故障点的方法，称之为分割法。这种方法特别适用于电流变大、短路、电压变低、噪声、干扰、自激等故障的检查。

某一局部线路一旦出现短路性故障时，流过它的电流就会大大增加。若采用其他方法检查，时间一长可能会导致新的故障。而使用分割法，即将这一部分线路割开，观察总电流的变化，就可判断出故障的大概范围。根据总电流应等于未开路时的总电流减去被断开电路的电流的原理，若断开被怀疑的某一部分电路后，总电流会大大下降，则短路故障就可能出在这一部分电路中；否则就要再逐一断开其他电路，最后总能找到故障所在。

对电源电路来说，此法可看作是分割负载的一种检查方法。当遇到负载电流增大，烧熔断器故障时，用这种方法来检查也是很方便的。只要将各路负载逐一断开（分割开），一般就可很快找到短路性故障发生在哪一部分。用分割法还能有效地区分故障是出在电源部分还是出在其负载电路。如果断开电源负载电路后，电源电压恢复了正常，则故障出在负载电路；反之，若电压仍不正常，则故障就出在电源电路。

采用分割法检查故障时，动作要十分迅速，因为过大的电流很可能会引起新的损坏型故障。因此，当割开的电路不是故障所在的电路时，总电流仍然很大，应立即断电，重新对其他电路进行分割检查。一旦找到故障部位后，可以通过测量该电路电源线对地电阻，来进一步寻找故障元件。

（三）替代法

替代检查法是用规格相同（或相近）、性能良好的零部件、元器件，代替故障电梯上某个（些）有怀疑而又不便测量的零部件、元器件来检查故障的一种方法。

如果将某一零部件或元器件替代后，故障消除了，就证明原来的零部件或元器件确实有毛病；如果替换无效，则说明判断有误，对此零部件或元器件的怀疑即可排除。

在检修电梯的过程中，如能恰当地使用替代法，不仅能迅速判断原有的零部件或元器件是否完好，而且能提高检修速度。特别对于检测仪表缺乏的情况下，应多采用这种方法。具体替换哪些零部件或元器件，应根据电梯的故障情况，检修人员手头现有的配件和替换的难易程度而定。零部件或元器件备得越齐，检修的效率就越高。插件式的零部件或元器件和组件，更适宜用替代法检修。

需要注意的是：在替换元器件的过程中，连接要正确可靠，不要损坏周围部件，这样才能正确地判断故障，同时又避免造成人为故障。

（四）短路检查法

短路检查法是利用短路线（或接有电阻、电容的线夹）将线路的某一部分短路，从电压或电阻等的变化来判断故障的一种方法。此法用来判断开路性故障特别有效。

使用短路检查法时，应根据具体情况，将输入与输出两端，或者将某一个开关或电路元件短路（直流或交流）。至于具体使用何种线夹，应根据被短路点的电压差而定，但要防止电源间被短路。

需要注意的是：在使用短路法检查故障时，应根据故障现象来确定合适的短路点，然后再根据短路点的电压的大小，以及该点电压对电路工作状态的影响，来确定使用何种线夹。

五、经验法

经验法就是将自己检修电梯的经验和他人的检修经验收集整理成资料，作为检修电梯的依据。例如，当一台电梯的故障现象与资料上的某实例相同时，就可首先按积累的经验进行检修，如图 6-5 所示。

此检修方法对于经验还不是十分丰富的维修人员来说是相当重要的，也是有经验的专业检修人员在检修疑难故障时经常采用的方法之一。

图 6-5　经验法检修

因此，将自己检修电梯的型号、故障现象、分析和检查以及排除故障的具体情况等记录下来，并经常收集整理各种专业报纸杂志上有关电梯故障检修的实例，对于每一个电梯检修人员来说，都是非常必要的。

六、专用仪表检测法

专用仪表检测法就是利用一些专用的兆欧表、钳形电流表、转速表、拉力计、功率测量表等来检测电梯故障的一种方法。

七、检修方法总结

电梯检修是一项技术性很强的工作，要迅速有效地找到故障原因，就必须灵活地运用各种检修方法。上述各种检查方法中，每一种方法都可用来检查和判断多种故障；而同一种故障又可用多种方法来进行检查。故在检修电梯故障时，应灵活运用这些方法，才能使检修工作事半功倍。检修的速度完全取决于检修者掌握检查方法和技能的多少与熟练程度，以及灵活运用的能力。

第五节　电梯常见故障检修方法

一、电梯运行事故的紧急处理方法

电梯的常见故障检修方法包括运行事故的紧急处理方法、维护性修理方法。

电梯运行时如发生突发事故，必须针对不同突发事故的情况采取紧急处理措施。例如：

（1）电梯如果因某种原因失去控制或发生超速而无法控制时，驾驶员或乘客应保持镇静，切勿盲目打开轿厢，应该借助各种安全装置自动发生作用使轿厢停止；

（2）电梯在行驶中突然发生停车时，轿厢内人员应先用警铃、电话等设备通知维修人员，由维修人员在机房设法移动轿厢到附近层楼门口，再由专职人员用三角形钥匙打开层门，将轿厢内的人员安全救出；

（3）如果轿厢因超越行程或突然中途停驶，要由机房内的维修人员用人力驱动飞轮转动曳引机，使轿厢做短程升降时，必须先将电动机的电源开关断开，同时在转动曳引机时，应该使制动器处于张开状态。

二、电梯维护性修理方法

电梯维护性修理的目的，就是使电梯恢复其工作性能和各项技术指标，能长期处于正常运行状况。电梯在运行过程中，各部件相对运动，会产生摩擦、损耗或变形，还会导致振动，使某些机件抗疲劳强度降低。电气元器件的老化与性能降低，就会使整机的性能与工作能力降低，甚至还会导致不可设想的后果。

由此可见，电梯除了日常保养外，还必须对整机或部件进行周期性的维护性修理，对于那些易损件，应及时地进行修复与校正或更换（如图 6-6 所示），以保证电梯始终处于最佳的工作状态。

图 6-6　在电梯井道检修曳引钢丝绳

电梯的维护性修理，根据其内容不同、项目的大小，可以分为小修、中修、大修以及急修几个方面。

（一）电梯的小修

对电梯维护性修理的小修的目的，主要是消除电梯在使用过程中，由于机件磨损或操作保养不当而导致的局部缺陷，及时进行调整或更换，以确保电梯正常运行。

（二）电梯的中修

对电梯维护性修理的中修的目的，主要是解决机械零件或某些部件因相互磨损而使电梯的工作性能降低或各部分的摩擦而变形，或电气元器件老化使工作不稳定，导致电梯失去正常工作能力的现象。

中修通常是采用更换一些电气元器件或机械零件、某些安全保护部件，并通过调试与调整，来使电梯恢复正常工作状态。

（三）电梯的大修

对电梯维护性修理的大修的目的，主要是消除隐患，重换已磨损或即将达到疲劳极限的零件，恢复电梯的机、电控制性能，彻底恢复整机原有的工作能力，延长其使用寿命。

电梯的维护性大修也包括对所有安全部件，如安全钳、限速器、缓冲器等部件提交有关专业部门检测合格、经运行调试合格后，再送有关部门进行技术验收和安全验收，并将这些经技术验收和安全验收均合格的安全件安装在大修的电梯上或留作备用。

（四）电梯的急修

电梯发生临时故障无法继续运行时，所采取的措施称为急修。其目的是消除存在的故障，使电梯维持继续运行。但维修应以不留隐患为原则，还应做好维修记录。

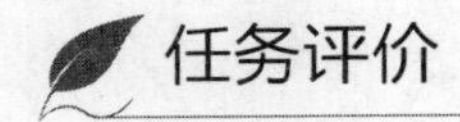

任务评价

1. 全班进行分组，每组 5 人～6 人，选出一名组长。

2. 以小组为单位，对工作情景进行讨论和分析，完成下列工作任务：

（1）电梯检修的基本原则是什么？

（2）电梯检修中应注意什么问题？

（3）电梯检修常用哪些方法？各适用什么场合？

任务评价

1. 教师巡回检查各组的学习情况，记录各个小组在学习过程中存在的问题，并进行点评。

2. 教师根据各个小组的学习情况和讨论情况，对各个小组进行综合评分。

小组合作评价表

组别	评价内容分值					
	分工明确（20 分）	小组内学生的参与程度（20 分）	认真倾听、互助互学（20 分）	合作交流中能解决问题（20 分）	自主、合作、探究的氛围（20 分）	总分（100 分）
A 组						
B 组						
C 组						
D 组						

评价老师签名：______________

任务七 电梯常见故障的分析和排除

知识目标

◎ 了解电梯的常见故障。

◎ 掌握电梯故障产生的原因。

◎ 掌握电梯常见故障的排除原则及方法。

技能目标

◎ 熟悉电梯常见故障的产生原因及排除。

工作情景

随着电梯数量的不断增加，电梯维护保养以及故障处理成为了电梯维修人员工作中的重要任务。电梯涉及的技术包含机械与电气控制两个方面，在日常工作中，需要对故障与安全隐患进行技术排除，提升电梯的运行稳定性。本章节通过对电梯维修保养意义的分析，结合电梯的常见故障现象以及原因分析，最后给出了电梯故障的排除方法。

任务分析

了解电梯的常见故障，掌握电梯故障产生的原因，并且将故障排除，恢复电梯的正常使用，为电梯保驾护航是这一章节所要学习的内容，同时也为电梯维修人员以后的工作打下坚实的基础。

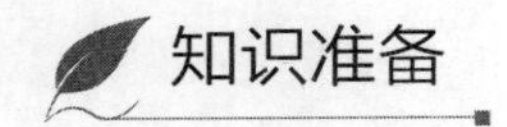

第一节　电梯的常见故障

一、机械系统常见故障

机械系统的故障在电梯的全部故障中所占的比例虽然较少，但是一旦发生故障，可能会造成更长的停机待修时间，甚至会造成更为严重的设备和人身事故。因此应进一步减少机械系统的故障。机械系统出现故障后造成电梯的异常现象主要有：

（1）电梯运行过程中突然停止、关人；
（2）电梯轿厢蹲底和冲顶；
（3）曳引机轴承端渗油；
（4）曳引机机组运转异常；
（5）制动装置发热；
（6）轿厢运行中晃动；
（7）轿厢称重装置松动或失灵；
（8）电梯层轿门闭合时有撞击声；
（9）电梯轿厢运行中，在某层开门区域突然停车；
（10）电梯层/轿门开启与关闭滑行异常；
（11）电梯轿厢运行中有碰击声；
（12）电梯轿厢运行中有异常的振动声；
（13）电梯轿厢下行时突然掣停；
（14）电梯轿厢上行平层后再启动下行时有突然的下沉感觉；
（15）电梯层/轿门不能开启和关闭；
（16）电梯层轿门开关门过程中有擦碰声；
（17）电梯无法启动运行（电气在正常状态，但关门后，电梯无法启动）；
（18）电梯层/轿门开启或关闭过程中常有层/轿门滑出地坎槽；
（19）电梯在基站关门时，门未能完全关闭，即停止关门；
（20）电梯轿厢运行过程中，未到达层站位置即提前停车，平层误差很大；
（21）电梯轿厢满载运行过程中，舒适感差，运行不正常；
（22）电梯轿厢运行过程中，曳引机振动或电动机发出异常杂音或机组振动，舒适感差；

（23）曳引机发热 / 冒烟致使闷车；

（24）电梯轿厢运行时进入平层区域后不能正确平层；

（25）电梯轿厢运行速度低于额定速度，时间一长，电气跳闸或熔丝烧断；

（26）电梯轿厢运行过程中，轿厢有些晃动，不舒适；

（27）电梯运行过程中，对重架晃动过大，舒适感较差；

（28）电梯 2∶1 拖动方式，在运行过程中，对重轮或轿顶轮噪声严重；

（29）电梯轿厢向上运行正常，向下运行不正常，同时出现时慢、时快，甚至停车。

导致以上故障现象的机械部位、损伤情况可归纳为以下几个方面：

（1）机械部件的相对运动部位发热、烧伤、烧死或抱轴，滚动或滑动部位的零部件毁坏而被迫停机修理；

（2）各机件的转动、滚动、滑动部位的磨损程度超标，造成零部件损坏而被迫停机修理；

（3）紧固螺钉松动，特别是某些存在相对运动，并在相对运动过程中实现机械动作的部件，由于零部件的紧固螺钉松动而产生位移，或失去原有精度，而造成磨、碰、撞坏电梯机件而被迫停机修理；

（4）平衡系数不符合标准要求，或严重过载造成轿厢蹾底或冲顶，冲顶时由于限速器和安全钳动作而被迫停机待修复。

二、电气系统常见故障

在电梯故障中，大多数是电气控制系统的故障。电气控制系统的故障是多种多样的，故障发生点也是广泛的，具体的故障发生点很难预测。重要的是要熟知电梯电气控制原理，各元件的安装位置和线路的敷设情况。掌握排除故障的正确方法。现在生产和使用的电梯大部分属于微机控制变频、变压调速类型，以前老式的继电器 - 接触器控制类型已经淘汰。虽然微机控制型电梯比继电器 - 接触器控制类型的电梯电器故障率大为下降，但故障出现的频率还是要多于机械部分，机械、电器部分出现故障的比例大约在 2∶3 左右。

现在常见的微机控制变频、变压调速类型电梯的电气系统常出现的故障现象为：

（1）内选指令（轿内）和层外召唤信号登记不上；

（2）不自动关门；

（3）关门后不启动；

（4）启动后运行中和减速制动阶段急停；

（5）启动后达不到额定的满速或分速运行；

（6）不减速，在过层及消除信号后急停或不平层、平层不开门、停层后不消除已登记信号；

（7）轿厢在启动和制动过程中振荡；

（8）开关门的速度异常缓慢；

（9）层楼距离数据无法写入；

（10）轿厢出现冲顶或蹲底。

对于电梯电气一般性的常见故障可归纳为以下几个方面。

（1）断路故障。具体主要有电器元件引入引出线的压紧螺钉松动；电器元件引入引出线的焊点虚焊；各种电器器件的接点被电弧烧蚀、烧毁，接点表面氧化；各种电器器件（尤其是继电器，如图 7-1）的接点的簧片失去弹力，造成接点的接触压力不够而接触不良或接而不通；当一些电器器件吸合和复位时，接点产生抖动造成开路或接触不良；电器元件的烧毁或撞毁造成电路不通等。

图 7-1 控制柜继电器

（2）短路故障。具体主要有机械和电器联锁失效，可能产生电器抢动作而造成短路；电器的接点接通或断开时，产生的电弧使周围的介质击穿而产生短路；电器元件的绝缘材料老化、失效、受潮造成短路；外界原因造成电器元件的绝缘损坏；外界导电材料入侵造成短路等。

（3）外界干扰信号的入侵而造成系统误动作。

（4）软件程序混乱或数据丢失。

第二节 造成电梯常见故障的原因分析

一、机械系统故障原因分析

对于机械故障所造成电梯异常现象的可能原因要仔细判断，认真分析，将可能的因素都考虑到。只有分析到了故障的可能性，才能做到迅速准确地排除故障。下面就上述常见机械故障现象的可能原因进行具体的分析归纳。

1. 电梯突然停止、关人的故障可能性分析

（1）轿门门刀触碰层门门锁滑轮。

（2）称重装置的秤砣偏位。

（3）安全钳锲口间隙太小与导轨接口处擦碰。

（4）限速器钢丝绳拉伸触碰极限开关。

（5）限速器内有故障，在没有超速运行的情况下提前动作。

（6）制动器有故障，抱闸。

（7）曳引机闷车，热继电器跳闸。

2. 电梯轿厢蹲底和冲顶的故障可能性分析

（1）对重的重量与轿厢的自重加上额定载重，两者平衡系数未匹配。

（2）钢丝绳与曳引轮绳槽严重磨损或钢丝绳外表面油脂过多。

（3）制动器闸瓦间隙太大或制动器弹簧的压力太小。

（4）上 / 下平层的磁开关位置有偏差或上 / 下极限开关位置装配有误。

3. 曳引机轴承端渗油的故障可能性分析

（1）油封老化磨损，因为橡胶长期浸在油中且高速运转，致使不断地磨损造成渗油。

（2）油的黏度下降可能产生渗油。

（3）加油量太多（超过规定的油面线）。

（4）油封材质不好，即橡胶弹性较差和耐油性能差造成渗油。

（5）封油圈与轴径贴合性能较差造成渗油。

4. 曳引机机组运转异常的故障可能性分析

轿厢上 / 下运行，不论空载还是负载，曳引机的运转有异常的现象。大致有以下几种情况。

（1）主机发热。油温高于 60 ℃，而且两端轴承温度高于 80 ℃。

①产生热膨胀，使蜗杆轴受到热膨胀的影响，造成齿形和啮合尺寸引起变化，蜗轮蜗杆副啮合的侧隙与啮合的节径产生变化，即齿形尺寸变大，啮合中心距位置

偏移，侧隙变小。由于在这样的环境下运行，必然造成油箱内的极压油（润滑油）引起化学变化，造成油质变稀释，不能起到润滑冷却作用，从而加速轴承的磨损。

②如果齿形和啮合中心距、侧隙受到热变形的影响，会造成啮合精度的变化，由此，加大摩擦生热。

③可能是油箱少油造成。

（2）运转有杂音。空载时无杂音或空 / 负载均有杂音。产生杂音的可能性如下：

①轴承的磨损或滚道的变形或滚子（柱）的变形，破坏了原有的配合精度，造成滚道游隙增大和径向间隙增大，所以运行时产生径向和轴向无规则地游动而产生杂音；

②蜗轮节径与孔径同轴度或齿形公法线尺寸周期性变化或齿形尺寸大小的周期性变化，从而产生侧隙变化，同时造成蜗轮蜗杆副齿形啮合的变化，由此产生周期性的振荡杂音。

（3）曳引机运转时振动或有周期性振动。其振源可能有以下几方面：

①曳引减速箱的蜗杆中心高度与电动机转子轴中心高度不在同一个中心平面上。则可能在装配测试时未校正在同一个平面上，或者其定位销因受重载影响而走动，致使联轴器运转受阻（即不同轴度，三眼不直）而产生周期性振动杂音。

②如果电动机转子动平衡和飞轮动平衡不好，也将产生周期性振动。

③曳引机底盘的搁机平面存在平面度误差（即平面扭曲），因螺栓拧紧将曳引机和电动机固定在底盘上而造成材料变形，致使中心等高变化，从而产生振动。

（4）制动器闸瓦未调整好，闸瓦片因锁紧螺母未锁紧或装配不当触碰制动轮。

（5）曳引轮或抗绳轮轴承磨损而造成的杂音。

5. 制动装置发热的故障可能性分析

（1）电磁吸铁（磁体）工作行程大或小。

①如果太小，将使制动器得电吸合后，抱闸张开间隙过小，使电动机处于半制动状态，即闸瓦片与制动轮处于半摩擦状态而生热，它将使电动机超负荷运转，引起电流增大，造成热继电器跳闸。

②如果太大，将使制动器的电吸合时，虽然能使闸瓦片与制动轮有较大的间隙，但产生很大的电流，造成磁体生热。

（2）电磁铁在工作时，由于磁杆有卡住的现象，会产生较大的电流，使装置发热。

（3）闸瓦片与制动轮之间的间隙偏移，会造成单边摩擦生热，同时制动效果不好。

6. 轿厢运行中晃动的故障可能性分析

（1）轿厢的固定导靴与主导轨之间，因磨损严重而产生较大间隙（纵向与横向的间隙），造成水平方向晃动（前后、左右晃动）。

（2）滑动导靴或滚动导靴与导轨之间的滑动摩擦或滚动摩擦，致使衬靴和橡胶导轮严重磨损而产生较大间隙，造成轿厢垂直方向晃动（轿厢前后倾斜）。

（3）导轨在垂直平面直线度与水平平面度超差（导轨扭曲度），两导轨的平行度开挡尺寸有偏差，造成超差和偏差的原因如下：

①压导板松动，形成导轨变形；

②大楼建筑物下沉而引起井道垂直度的偏差，致使导轨存在严重偏差。

（4）主机的蜗杆轴存在轴向窜动或蜗轮的节径与孔径同轴度有超差，输入与输出轴三眼不直（不同轴度）造成周期性振动传递至轿厢。

（5）各钢丝绳与各绳槽之间的磨损不均匀，致使各钢丝绳的线速度不一，造成钢丝绳的速度紊乱传递给轿厢，从而引起轿厢上下振感。

（6）钢丝绳均衡受力装置未调整好也会引起轿厢上下有振感。

（7）对重导轨扭曲或防跳装置未固定好。

7. 轿厢称重装置松动或失灵的故障可能性分析

称重超载装置有活动式轿厢或轿底超载称重装置、机械式轿顶称重装置、橡胶块式轿顶称重装置、机房压簧式超载称重装置。现有的电梯多数为活动式轿厢或轿底超载称重装置。

（1）如果称重超载装置失灵，致使电梯长期超载运行，又没有报警，将会产生严重的后果。

（2）如果称重装置因机械装配定位偏移或主秤砣松动偏移或秤砣偏移，致使秤杆触碰微动开关。

①报警：轿厢超载或存在故障。

②切断主电路的回路，电梯不能启动运行。

③轿厢的活动轿底板松动，因轿底框四周垫块或调节螺栓松动，而使乘客踏进轿厢。觉得轿底平面不稳。

8. 电梯层轿门闭合时有撞击声的故障可能性分析

（1）摆杆式开关门机构，其摆杆的扭曲，会造成擦碰层轿门的门框沿边。

（2）从动臂的定位边长，会造成两扇关闭时相撞击。

（3）两扇轿门的安全触板在闭合时相碰。

9. 电梯轿厢运行中，在某层开门区域突然停车的故障可能性分析（如图 7-2 所示）

层门门锁故障引起机械电联锁断开，失电后电梯停车，也就是未到达层站位置即停车，轿底平面与层站平面间的偏差很大。其原因：层门门锁上的两个橡皮轮位置偏移或连接板脱销，使轿门上的开门刀片不能顺利地插入两橡皮轮之间，而是撞在橡皮轮上，撞击严重时，橡皮轮和偏心轮均会被撞坏或撞掉，造成门锁上限位开关（机械电联锁）打开，使电气控制系统动作，电梯被迫提前停车。

图 7-2　电梯停车故障

10. 电梯层 / 轿门开启与关闭滑行异常的故障可能性分析

（1）门上导轨与地坎下导轨不在同一个垂直平面上（垂直度差异），上 / 下导轨不在水平平面上（平行度差异）。

（2）滑轮轴承磨损或上导轨磨损或有污垢，使得没有良好的润滑致使滑轮磨损。

（3）上导轨下坠，致使层 / 轿门下移触碰地坎。

（4）下门脚磨损或拆断或下导轨滑槽有异常的缺陷或滑出地坎。

（5）三角带（V 带）磨损或失去张紧力，链条与链轮磨损产生中心距拉长，引起传动噪声增大或跳动、同步带缺陷，还可能引起节奏性跳动。

（6）从动轮支撑杆弯曲，造成主动轮与从动轮传动中心偏移，引起脱链。

（7）主动杆与从动杆支点磨损，造成两扇门滑行动作不一致。

（8）门机磁罐制动器未调整好或门机故障。

11. 电梯轿厢运行中有碰击声的故障可能性分析

（1）层高超出 30 m 所配置的平衡链和补偿绳，由于装配位不妥，造成擦碰轿壁。

（2）轿顶与轿壁、轿壁与轿底、轿架与轿顶、轿架下梁与轿底之间防震消音装置脱落。

（3）平衡链与下梁连接处未加减震橡皮予以消音或连接处未加隔震装置，平衡链未加补偿绳索予以减震或金属平衡链未加润滑剂予以润滑。

（4）随行电缆未消除应力，所产生的扭曲容易擦碰轿壁。

（5）导靴与导轨间隙过大或两主导轨向层门方向中凸，引起与护脚板擦碰。

（6）导靴有节奏性地与导轨拼接处擦碰或有其他异物擦碰。

12. 电梯轿厢运行中有异常振动声的故障可能性分析

（1）搁机基础平面的平面度不平而引起整个主机振动或未采取减震措施。

（2）电机输出轴或蜗杆轴的轴承已坏或轴承滚道变形，曳引轮的轴承已坏，电机、曳引机主轴、联轴器三眼不直。

（3）蜗轮副啮合不好或蜗轮副不在同一个中心平面上，造成啮合位置偏移，蜗杆的分头精度偏差或齿厚偏差而引起传动振动。

（4）各曳引钢丝绳由于未达到均衡受力一致，造成钢丝绳与绳槽磨损不一，引起各钢丝绳运动线速度不一，致使轿厢上横梁在绳头弹簧的作用下而振动。

（5）轿厢架体变形，造成安全钳座体与导轨端面擦碰产生的振动，同时会拉毛导轨端面。

轿厢龙门架紧固件松动或轿壁未固定连接或轿底减震垫块脱落。

（6）固定导靴和滑动导靴，滚动导靴与导轨配合间隙过大或磨损，或者两导轨开挡尺寸有变化或压导板松动而引起运行飘移振动。

13. 电梯轿厢下行时突然掣停的故障可能性分析

（1）限速器调整不当，离心块弹簧老化，其拉力在未能克服动作速度的离心力时，离心块甩出，使楔块卡住偏心轮齿槽，引起安全钳误动作，或者运转零件严重缺油，引起发胀咬轴。

（2）限速器钢丝绳调整不当，使其张紧力不够或钢丝绳直径变化，引起钢丝绳拉伸。

（3）因导轨直线度出现偏差与安全钳楔块间隙过小，造成擦碰导轨，引起摩擦阻力，致使误动作。

14. 电梯轿厢上行平层后再启动下行时有突然的下沉感觉的可能性分析

（1）检查对重与轿厢的平衡系数配置是否有问题。如果对重较轻，当轿厢上行至顶层端站，再准备满载下行，在启动瞬间，轿厢有突然失重下沉的感觉，之后下行。

（2）如果轿厢下行至基站，再准备满载上行，在启动瞬间，轿厢也同样有失重下沉的感觉，之后再上行。

（3）由于蜗轮副啮合间隙和侧隙过大，联轴器存在配合故障也会产生同样的感觉。

15. 电梯层 / 轿门不能开启和关闭的故障可能性分析

（1）开关门电机已坏或门机磁罐制动器咬死。

（2）链条脱落、带未张紧、同步带脱落，其原因是主动轴与从动轴中心偏移。

（3）门机从动支撑杆弯曲。

（4）层轿门上坎导轨下坠，使层轿门门框下沿拖地。

（5）门脚撞坏嵌入地坎，造成不能开启和关闭。

16. 电梯层轿门开关门过程中有擦碰声的故障可能性分析

其原因是门摆杆故障。也就是门摆杆受到外力等因素的影响，致使扭曲，层轿门在开关门过程中与门摆杆擦碰，由于门脚严重磨损，造成层门门板晃动与层门处的井道内墙壁擦碰。

17. 电梯无法启动运行（电气在正常状态，但关门后，电梯无法启动）的故障可能性分析

从表面现象看，电梯门已经关好，可以发车了。但事实上无法启动运行，其故障原因何在？从电梯运行工艺过程中得到启示，门未关好，电梯是不能发车的。由此推断是门锁引起的故障。即长期保养不当，而造成门锁锁臂固定螺钉严重磨损，引起锁臂脱落或臂偏离定位点，觉得好像门已关上，但门锁实际未锁上，所以电梯无法启动。

18. 电梯层/轿门开启或关闭过程中常有层/轿门滑出地坎槽的故障可能性分析

门脚滑块故障所引起。由于门框下沿间隙太大，门脚严重磨损，使门脚滑块失去对层/轿门滑行定位导向的作用。

19. 电梯在基站关门时，门未能完全关闭，即停止关门的故障可能性分析

其主要原因是基站层外开门三角钥匙的门锁故障。由于门锁锁头固定螺母松动，使锁头突出，当电梯关门时勾住层门，影响电梯的正常关门。从而造成关门关至一部分即停止。

20. 电梯轿厢运行过程中，未到达层站位置即提前停车，平层误差很大的故障可能性分析

（1）由于门锁的位置偏差，使轿门上的门刀片不能顺利地插入门锁上两橡皮轮中间，而撞在橡皮轮上，造成门锁上限位开关打开，机械电联锁动作，使电梯被迫提前停车。

（2）若门锁位置偏差较大时，门刀将会严重撞击门锁上的橡皮轮，致使橡皮轮与偏心轴被撞掉，机械电联锁动作，电梯即停车。造成未到达层站即停车，致使平层误差很大。

21. 电梯轿厢满载运行过程中，舒适感差，运行不正常的故障可能性分析

（1）曳引减速箱中的蜗杆副啮合接触面不好，在运转中产生摩擦振动。

（2）蜗杆轴上的推力球轴承的滚子与滚道严重磨损，产生轴向间隙，引起电梯在启动和停车过程中蜗杆轴产生轴向窜动。

（3）曳引钢丝绳与曳引轮绳槽之间存在油污，致使运行时钢丝绳产生局部打滑的现象，造成轿厢运行速度产生变化。

（4）制动器压力弹簧调节不当（压力小），当电梯启动时，产生向上提拉的抖

动感；减速止动时，产生倒拉感觉。

22. 电梯轿厢运行过程中，曳引机振动或电动机发出异常杂音或机组振动，舒适感差的故障可能性分析

（1）检查曳引机的振动原因。

①蜗轮副啮合接触面不好，运转中产生振动。

②蜗杆分头精度差，产生周期性振动。

③推力球轴承的轴向间隙未调整好或其滚道严重磨损，产生轴向窜动，造成运转振动。

（2）检查电动机发出异常杂音的原因。

①两端的推力球轴承未配对，造成轴承定向装配偏差，加速轴承磨损。

②间隙偏大而引起的振动杂音。

（3）检查机组振动的原因。

①联轴器法兰盘松动，造成启动与停车瞬间，电动机轴与蜗杆轴之间出现非同步运转现象，曳引机瞬时产生晃动。

②电动机与蜗杆轴等高中心不在一个中心平面上（三眼不直），造成运转振动。

③飞轮动平衡偏差或转子动平衡偏差。

电梯在运行过程中，存在上述故障现象，就会影响运行舒适感。另外，电动机功率未匹配好，也可造成此类故障现象。

23. 曳引机发热 / 冒烟致使闷车的故障可能性分析

（1）曳引减速箱严重缺油（若蜗杆为上置式，如果缺油更容易发热）。

（2）润滑油中含有大量杂质或老化，影响润滑油的黏度。若机件在缺油状态下运转，必然发热，甚至出现咬轴、闷车的事故现象。

24. 电梯轿厢运行时，进入平层区域后不能正确平层的故障可能性分析

制动器长久使用保养不当，闸瓦片严重磨损，进入平层区域后，减速制动力减弱，闸瓦片与制动轮打滑，从而造成不能正确平层。尤其在轿厢满载时，打滑现象更严重。

25. 电梯轿厢运行速度低于额定速度，时间一长，电气跳闸或熔丝烧断的故障可能性分析

轿厢运行的感觉很沉闷，好像老牛拖车似的，其原因是制动器出现故障而造成的。也就是当制动器得电吸合后，抱闸张开间隙过小，使电动机处于半制动状态，电动机附加负载运行，使得电机发热，电流增大，造成熔丝烧断或电气跳闸。

26. 电梯轿厢运行过程中，轿厢有些晃动，不舒适的故障可能性分析

其主要原因是两主导轨不垂直且扭曲，具体有以下 3 种情况。

（1）两主导轨横向开挡尺寸偏差（即有的层段尺寸大，有的层段尺寸小）。

（2）固定导靴与滑动导靴（或滚动导靴）严重磨损。

（3）电动机轴与蜗杆轴不在同一个中心平面上（不同轴度，三眼不直）。

上述原因造成轿厢运行时无规则地晃动或游动，影响运行舒适感。

27. 电梯运行过程中，对重架晃动过大，舒适感较差的故障可能性分析

（1）两副导轨（对重导轨）不垂直，且扭曲或拼接处有明显台阶，两导轨开挡尺寸在上下中间产生的偏差较大。

（2）对重导靴的衬靴严重磨损致使导轨与导靴之间配合间隙太大，造成对重架运行晃动，振动通过钢丝绳的脉动传递，引起轿厢运行有着晃动的感觉。

28. 电梯以 2∶1 的拖动方式在运行过程中，对重轮或轿顶轮出现噪声严重的故障可能性分析

其噪声是由对重轮或轿顶轮故障产生的。

（1）对重轮或轿顶轮严重缺油，引起轴承磨损，或者轴承内在质量不好，滚子和滚道的不圆度形状偏差过大或保持圈间隙过大。

（2）对重轮架或轿顶轮架的紧固螺栓松动，使对重轮或轿顶轮的绳槽轴向端跳，引起左右晃动旋转，如果在严重缺油的状态下，会造成轴承磨损而产生咬轴的现象。

29. 电梯轿厢向上运行正常，向下运行不正常，同时出现时慢、时快，甚至停车的故障分析

如果轿厢设置安全窗，有时会出现此类故障。即轿顶安全窗未关严，使安全窗限位开关接触不良，具体故障分析如下。

（1）当电梯向上运行时，由于井道内空气压力的作用，使安全窗限位开关接通。此时，电梯向上运行正常。

（2）当电梯向下运行时，由于安全窗没有关严，电梯快速向下运行时，轿厢下端井道空气受压，其气流将安全窗抬起，致使安全窗限位开关接触脱开，造成通电不正常，使电梯时慢、时快，甚至停车。

二、电气系统故障原因分析

现在生产和使用的电梯均具有自检故障预报程序功能，将更易于判断和维修各类故障。在各自专门开发的控制和驱动印制板上设置了发光二极管和数码管以提示、判知何类故障。要求维修人员熟悉和掌握所设置在控制和驱动印制板上的发光二极管和数码管显示所代表的功能及其故障类别。尤其那些采用可编程序控制器（PLC）的输入输出终端的显示。另外还要根据故障的情况进行详细的、具体的分析判断。

对于上述常见的电器故障原因分析如下。

1. 内选指令和层外召唤信号登记不上的故障可能性分析

必须排除在正常供电情况下，电梯是否处于以下之一的正常功能状态中：检修运行、锁梯停止、专用独立和消防操纵运行状态等。辨别是内选指令还是层外召唤，是个别的还是全部信号登记不上。

引发指令和外召唤信号系统故障的原因主要有以下几个方面：

（1）带电拔插电路板；

（2）接地悬浮或虚接；

（3）高控制电压串入低电压控制回路；

（4）信号线负载短路或碰地；

（5）按钮触点或感应触摸钮及相应印制板上的元器件的使用次数和时限超期等。

2. 不自动关门的故障可能性分析

电梯产生的故障中门系统所产生的故障占整个电梯故障的比例很大。一般情况下，不同品牌系列电梯的不同自动开关门的相同故障原因有：

（1）安全触板、门光电或光栅、光幕失灵；

（2）机械部件脱落打滑；

（3）轿内开门按钮、层外召唤按钮没有释放；

（4）门开足后门终端开关没有动作；

（5）轿厢超载保护被触发；

（6）在消防员操作等运行状态下，这时的电梯虽然能登记指令信号，但不会自动关门（此类故障极易干扰人视线）。

3. 关门后不启动的故障可能性分析

（1）根本没有登记指令或层外召唤信号。

（2）轿门、层门触点没有接通。

（3）借助于机械和电气的有无触点导体构成的安全电路没有连通等。（有关安全电路，由于是各个电梯生产厂商设计编制的，在那些保护检测回路的编排连接上也各有不同，当然这一切均须符合 GB/T 7588（所有部分）—2020《电梯制造与安装安全规范》。因此，熟悉自己所维修保养电梯的品牌型号的安全电路的各个环节是进行修理工作的基础。）

（4）曳引机主电路没电或断相（运行接触器没有吸合或个别触头接触不良、全部或个别晶闸管的门极或大功率的基极没有触发信号等）。

（5）电磁机械制动器（抱闸）打不开（如电磁铁阻滞、抱闸电气回路障碍或使用液压制动器的电动机不旋转等）。

（6）前一次运行后，某个电气回路或某个机械环节没有复位，而混乱了下次运行前的逻辑判断步骤。

（7）稍复杂的是 CPU 通信堵塞，特别是群控台数多，客流信息量突然变化或软件程序累积误差出错。

4. 起动后运行中和减速制动阶段急停的故障可能性分析

急停是瞬时刹那发生的故障。倘若是有规律性地出现，则此类故障比较容易排除。如门刀触碰层门锁轮引起层门触点瞬间断开，安全回路的某个开关此时动作，由井道传递来的信息消失，电子印制板上的某个元件击穿等原因，倘若是偶然性的，即随机偶尔来一次、或是差错累积到一定程度爆发一次，则比较麻烦。对此类故障的分析与判断，首先要分清急停大致发生在启动运行和减速的哪个阶段，还是不分阶段，然后要分清急停大致发生在加速度分离点前还是后，减速开始点前还是后，门区外还是内等。如果随行电缆的断股具有随机性和区域性，此时采用“开路故障短路法”去判别查找会十分快捷有效。

5. 启动后达不到额定的满 / 分速度的故障可能性分析

过去在使用继电器触点组成的电梯逻辑控制电路和使用模拟线路产生的电梯运行曲线的年代，启动后达不到额定的满 / 分速度的故障现象是比较多的。随着电脑技术的发展，特别是软件设计的日臻成熟，数码化的给定曲线和信息处理大大地降低了该类故障的发生率。但是应该看到，迄今为止许多大功率元件（SCR、GTO、GTR、GBT 和 1 GBT 等）只“认得”模拟信号，而“看不懂”数字信息。同时速度反馈信号的获得，还依赖于模拟测速发电机或脉冲编码发生器。因此，判别启动后达不到额定的满 / 分速度故障时应分清是主驱动达不到额定速度，还是反馈信号反映不了实际的速度值。现在大部分闭环调速系统，为了防止速度失控，通过硬件和软件设置了给定值和反馈值的比较差值限制器，一旦发现两者的偏差越出允许的范围后，该限制功能便起作用，根据各制造商有关技术的设置，电梯要么急停刹车、要么低速位移、要么随意减速等。但结果都会产生运行封锁，直至故障消除为止。借助于各生产厂家提供的出错代码提示和检查指南，可大大提高排除该类电梯故障的效率。

6. 不减速，在过层及消除信号后急停或不平层、平层不开门、停层后不消除已登记的信号的故障

上述现象的故障源头往往是共同的。相比较而言，电梯自动控制技术关键为：在启动和制动的动态调控中效率和舒适的划分取舍这两个技术关键，无论是在追求效率的前提下注重舒适，还是在讲究舒适的基础上提高效率，用于减速、平层及开门和消号的电梯轿厢的同步位置和超前距离（与制动距离对应）信号均从由机械式的或井道位置开关式的或脉冲数字编码式的选层器上得到。换句话说，不管采用什么技术特点和软硬件，减速点、平层区、开门和消除本层信号均来自于电子的或机

械的、可视的或无形的轿厢位置及门区信号。明白了这个基本道理，分析和解决上述提及的故障就会“心领神会”。一般情况下，不减速与选层器的步进及超前信号有关；不平层或平层不开门与门区信号有关，这里不平层还与配有提前开门功能的线路有关；平层不开门还与开门机控制回路及机械锁钩与门闩的间隙及门刀与层门锁轮的耦合有关；不消除已登记的信号与前述二者及与信号系统本身出错有关。随着机械式和井道位置开关式的选层器被淘汰，脉冲数字编码器和轿厢上的平层、门区位置开关和井道中的楼层隔离挡极及相应的接口印制板和微机程序（电脑软件）组成的新型选层器已广泛地被大多数电梯厂商所采用。在此，特别指出，这些外部硬件的出错，除了会引起上述提及的故障之外，还会干扰甚至中断电梯执行自动记录每个楼层高度及驱动随机参数的所谓自学习运行，即出现层楼数据无法写入的故障。

7. 轿厢存在启动或制动过程时振荡的故障可能性分析

若要按难易程度排列电梯系统控制存在的难题的话，恐怕电梯动态运行中的振荡和振动的故障要排列在较前的位置。振荡和振动基本上可分为机械和电磁两类。由于电梯属悬挂垂直导向运行装置，所以振源大致有曳引机械固有的物体振动，有电力电磁本身的自主谐振，有外部配置的触发共振，有内部反馈的他励振荡等。其表现大致为仅启动或制动过程时的振动振荡、在整个行程中的振动振荡、与方向和系统动态象限关联的振动振荡、与负荷和系统转动惯量关联的振动振荡等。反映在电梯上给人的直接感觉就是乘客乘坐运行的左右（水平）振动和上下（垂直）振荡。虽然有些振荡和振动近期不会导致故障和停车事故，但会影响电梯的乘坐舒适感，从而增加乘客的恐慌意识，从长期来讲会给电气与机械传动诸部件带来疲劳损伤，引起故障。

感觉轿厢在垂直平面（上下）振动，这类故障电气方面的原因有以下几点。

（1）若存在频率较高的（≥40 Hz）振荡，则有：

①电机转矩脉冲和谐波力矩影响；

②驱动调节（比例积分环节）增益匹配；

③电压、电流、速度、磁场等反馈取值与传递；

④拖动系统四则象限的能量转换释放。

（2）若有频率较低的振荡，则有：

①曳引机功率与主电机功率未匹配，或电动机功率处于临界裕度；

②供电电压、电流的波动对称平衡失调，以及加减速度变化的调制不当；

③安装调试和维修保养时某些变量参数（如驱动制动放大环节中的某些阻容电感取值）的设置不当；

④外部干扰、线路敷设及屏蔽接地不当。

8. 开关门速度异常缓慢的故障可能性分析

开关门的速度异常缓慢，除去超载时强迫关门，及消防、地震和紧急运行等附加功能操作或因门传动部件长期运转产生磨损打滑等原因外，门机回路属于直流降压分流调速形式的电梯可能的故障原因为：

（1）关门回路存在部分短路（但电压下降电流上升的值尚未达到动作值）；

（2）整流器本身出了问题（带不起正常的负载）。

9. 层楼距离数据无法写入的故障可能性分析

在采用脉冲数字编码器和轿厢上的门区平层位置开关，井道中的楼层隔离挡板及终端开关，相应的分频增量接口板与微机软件组成的新型选层器情况下，由于大楼建筑物的材质收缩变化、钢丝绳的磨损，使曳引系数发生变化；或用于修正的输入输出脉冲、电子信号的机械、电气延迟造成累积误差；或存储楼层距离参数的存储器元件失电老化；或因其他故障的阻碍和致命性破坏等而引起已存储的层楼距离数据丢失、固化或篡改。

10. 冲顶或蹲底的故障可能性分析

如果要区分电梯出错与发生故障的严重性，恐怕冲顶现象具有较高的等级。所谓冲顶蹲底，即轿厢或对重非正常地撞向各自的缓冲器。引起冲顶蹲底故障的原因有许多种，也比较复杂，但按现代应用的电梯技术理论与实践，其电气原因多数为：

（1）轿厢负载的称重装置不灵敏；

（2）主电机功率选择不当或未匹配；

（3）反映层楼距离的脉冲产生发送接收装置失灵；

（4）动态运行位置验证的井道信息传输器件失灵；

（5）井道上下端站的减速、限位和极限开关及预置距离不妥；

（6）软件和硬件组成的选层器失控；

（7）控制系统的减速距离与开始的确定位置紊乱；

（8）驱动部分的制动过程的调节不当；

（9）程序设计的原始数据或某些修改参数取舍的错对或增减。

第三节　电梯常见故障的排除原则及方法

电梯出现故障后，首先让乘客安全地撤离轿厢，电梯停止运行服务，维修人员根据现场故障现象，按照电梯运行工艺过程（等效梯形曲线），找出故障发生在哪个区段、分析原因、逻辑推理、采取有效的维修技术、查出故障，并予以排除。这个过程是一个完整的逻辑排故过程。在此必须强调说明，维修人员到达现场必须看清故障现象，这是一个非常重要的环节，有时故障并不复杂，只是维修人员没有全面地分析与辨别、详细勘查，草率入手修理排故，结果兜了一大圈，走了弯路，耗费很多精力和时间。

在排故时，可以尝试以下方法：首先要看清故障现象，找出故障处于电梯运行工艺过程（等效梯形曲线）中的哪个区域段，然后再查看图纸，逻辑分析产生故障的几种可能因素（机械 / 电气、人为 / 自身控制 / 驱动，或者上述两者共同引起），最后再着手修理。有思考的修理，要比瞎摸有效。合理地运用修理技巧对判断和排除故障起着至关重要的作用。如目测比较交换法，先外后内先易后难法，短路故障开路法，开路故障短路法等在实践过程中被证明是行之有效的方法。

一、机械系统常见故障的排除

电梯机械系统中部件如果出现故障，机械维修人员除应向司机、乘用人员或管理人员了解出现故障时的情况和现象外，如果电梯还可以继续运行，则可以亲自到轿内控制电梯上下运行数次，也可以让司机或协助人员控制电梯上下运行，而自己到有关位置通过眼看、耳听、鼻闻、手摸、实地测量等手段，分析判断和确定故障发生点。故障发生点确定之后，就可以像修理其他机械设备一样，按有关技术文件的要求，仔细进行拆卸、清洗、检查测量，通过检查测量确定造成故障的原因，并根据机件故障点的磨损或损坏程度进行修复或更换。机件经修理复原或更换新的零部件后，在投入运行之前须经认真调试方可交付使用。

下面就上述所列举的电梯机械部分的常见故障给出维修和排除方法。

1. 电梯突然停止、关人的故障排除方法

（1）首先放人

①电梯安全管理员或维修人员首先要安抚乘客情绪让乘客不要惊慌，然后切断电源，用松闸手柄打开制动器，盘动飞轮（如图 7-3 所示），到接近层楼平面位置，可将门打开放乘客出来（如果在突然停车前，轿厢是向下运行，而轿厢平面比较接近层楼平面，但向下无法

图 7-3　盘动飞轮救援

盘动，此时只能向上盘动）。

②在电源正常且轿厢停留在上/下层楼之间时，维修人员可以打开层门在轿顶上操作检修开关，将它拨向检修位置，使电梯处于检修状态，操作检修按钮，开慢车至层站放客。

③如被困在轿厢内的乘客遇到此事不惊慌，能保持镇静，并可以通过对讲电话或按操作箱上警铃发出求救信号，等待维修人员的到来。若发生断电，警铃失去作用，在无望求援的情况下，被困人员可以打开轿厢轿顶安全窗，设法从安全窗上到轿顶上，打开层门门锁，拉开层门，安全迅速地撤离，切记，千万不可将安全窗关门，以防突然供电，电梯启动，出现意外事故；若层楼较高，可想方设法垫高人体高度，打开层门，撤离电梯。

（2）然后根据上述各种故障的类型予以勘查与排故

①若外来电源断电或电网电压波动较大引起跳闸，则等待电源正常即可恢复正常。

②维修人员在轿顶，将检修开关拨向检修位置。慢车向上/下运行检查。

a）如果不能向上运行，应检查通电后制动器抱闸是否打开；如果未打开，则检查制动装置的调节螺钉有否松动或闸瓦的间隙是否太小或磁铁距离太小，如存在上述现象，应予以调节和修复。

b）如果不能向下运行，应检查安全钳锲口的间隙以及接导轨的平直度精度，同时调整导轨的水平和垂直两平面的直线度精度以及平行度精度，调整和修复锲块与导轨的间隙。

c）如果上/下方向均不能运行，应检查限速器极限开关的位置并修复和调整限速器极限开关的位置。

d）在慢车上/下运行时，检查在原故障区域的门刀与门锁滑轮的位置与间隙。

e）如果称重装置出现超载信号，即调整秤砣的位置，并予以固定。

（3）在上述故障排除的情况下，通电调试，发现向下运行时仍有突然停车的现象。则应检查限速器，并请专业工厂的相关人员进行修理和调试。

电梯经修复，排除故障，调试正常后，即可恢复正常运行。

2. 电梯轿厢蹲底和冲顶的故障排除方法

（1）对于新安装的电梯出现上述故障现象，应核查供货清单的对重数量以及每块的重量，同时做额定载重的运行试验。

（2）另外须做重载试验，轿厢分别移至上端或下端，向下或向上运行，目测轿厢有否倒拉现象。

（3）检查和调整上/下平层的磁开关位置和极限开关位置。对于运行时间较长的电梯出现此类故障，应检查钢丝绳与绳槽之间有否油污及其钢丝绳与绳槽之间的磨损状况。如果磨损严重，则更换绳轮和钢丝绳，如果未磨损，则清洗钢丝绳与绳槽。检查制动器工作状况，应调整闸瓦的间隙在 0.6 mm，四周均匀，接触啮合面在 75% 左右，而且中间软四周硬，调整弹簧压力以及磁铁工作位置。

经校正与调试，排除故障，电梯即恢复正常运行。

3. 曳引机轴承端渗油的故障排除方法

（1）有少量的渗油时，观看油窗的油面线的位置，了解油箱内的油量多少，当油少时应加油；仔细观察渗油的质量状况，及其油的黏度状况，如果油的黏度十分稀释，应更换齿轮油，齿轮油为 S-P 型极压油 IS0220#/150#（冬季油质较稀些，夏季油质稍稠些）。

（2）当渗油量较大时，观看油窗的油量，如油量较少，应及时通知专业厂方的专业人员更换油封（在维修曳引机更换油封时，应将轿厢放置在顶层，在机房内用钢丝绳将轿厢提起，并采取将对重在底坑内撑住等安全措施）。经更换后，进行空载运转试验（正 / 反转），正常后，轿厢恢复原样，进行轿厢运行试验，若未发现轴端渗油，即排除了故障，电梯可恢复正常运行。

4. 曳引机机组运转异常的故障排除方法

（1）主机发热和杂音

①检查和测量油温以及油箱的油面线位置。如果油少或油的润滑黏度不够，应及时更换。

②经更换后，运行的温度温升仍较高，则可能轴承磨损比较严重，应请专业工厂的专业人员更换（打开减速箱时，轿厢与对重应采取安全措施），在更换轴承的同时，应检查蜗杆副的啮合精度（包括齿形接触精度，侧隙），检查蜗轮的同轴度精度。经测量无误后，又更换了轴承，再进行空载试运转，如无异常，即排除了故障。

（2）主机振动或周期性振动。

用手触摸检查曳引机和电动机的振感。

①如果电动机发出嗡嗡的振动感，只要将曳引机与电动机固定在搁机底盘上的其中一个螺栓稍微拧松（要采取的安全措施），再触摸检查，如果振感消失，说明底盘平面有扭曲，可用调整片垫实，即可排除故障。如果还是存在振感，应将定位销取出，同时检查二轴的等高（将制动装置取下），并要求二轴在同一个中心平面上（即垂直平面与水平平面）。当排除了等高、定位销定位误差、不在同一个中心平面以及扭曲等故障后，经调整测试，电梯即正常运行。

②如果还是有振感，而且有周期性振感，则从飞轮的动平衡和转子轴的动平衡

两方面着手检查。

（3）如果曳引轮或反绳轮的轴承有噪声，应更换（上述故障的排除，应请专业工厂的专业人员检测与排故）。

（4）若制动器闸瓦片未调整好，应调整其间隙，并用锁紧螺母锁定。

经调整和修复，排除故障，电梯即恢复正常运行。

5. 制动装置发热的故障排除方法

（1）调节制动器弹簧的张紧度。压缩弹簧的长度，可根据制动轮半径和磁体尺寸决定，制动器弹簧规格和弹簧圈数应从安装说明书中查取。

（2）调节磁体的工作行程约为 2 mm 左右，确保制动器灵活可靠，抱闸时闸瓦应紧密地贴合于制动轮的工作表面上；松闸时闸瓦片应同时离开制动轮工作表面，不得有局部摩擦，此时的间隙不得大于 0.6 mm（或 0.7 mm）。当环境温度为 40 ℃时，在额定电压下及通电率为 40% 时，温升不得超过 80 ℃。

（3）调整磁杆，使其自由滑动无卡住现象。磨损的闸瓦片应成对更换。

经更换的闸瓦片要确保（2）中的要求，经试车后，没有发现上述 3 点故障现象，电梯即恢复正常运行。

6. 轿厢运行中晃动的故障排除方法

（1）检查固定导靴、滑动导靴或滚动导靴的衬垫和胶轮有否磨损，如果磨损即更换。同时检查压导板有无松动，调整各导轨的直线度、平行度以及开挡尺寸。如果上述现象均排除，并有良好的配合间隙，即能改善电梯轿厢运行的状况。

（2）调整同轴度，校正轴向间隙。

①若有可能应更换一对蜗杆副。

②更换钢丝绳以及曳引轮。

（3）调整均衡受力装置，检查与调整对重导轨的扭曲以及固定好对重防跳装置。

经调整后，排除了故障，电梯即恢复正常运行。

7. 轿厢称重装置松动或失灵的故障排除方法

（1）校正秤砣的位置以及微动开关位置。

（2）调整轿底框四周垫块以及调节螺栓并予以锁定。

经调整后，排除了故障，电梯即恢复正常运行。

8. 电梯层轿门闭合时有撞击声的故障排除方法

（1）调整摆杆排除扭曲现象，以及调整从动臂的定位长度，确保各层轿门缝中心一致，其门缝隙中分门为 1 mm～2 mm，旁开门为 2 mm～3 mm。

（2）调整两安全触板的间距，应该是门关足时，不能相互接触，其间距为

1 mm～4 mm，门开足时分别与门齐平，轿门开关到一半行程时，其伸缩量最大为 60 mm～70 mm，安全触板其触动的碰撞力不应大于 0.5 kg，关门力限制器应调整在 12 kg～15 kg 范围内。

经调整后，排除了故障，电梯即恢复正常运行。

9. 电梯轿厢运行中，在某层开门区域突然停车的故障排除方法

更换已坏的门锁橡皮滑轮和偏心轴，同时校正门刀的尺寸和位置，其轿门关闭时，两片门刀之间的尺寸为 78 mm，打开门时，其尺寸为 106 mm，机械锁住门的尺寸为 119 mm。并慢车检查相邻层楼开门区域，如果各相关的动作均属正常，则排除了故障，电梯即恢复正常。

10. 电梯层 / 轿门开启与关闭滑行异常的故障排除方法

（1）检查与更换已坏或已磨损的门脚、滑轮、滑轮轴承，以确保正常滑行，同时调整门脚的高度约在 4 mm～6 mm。

（2）去除导轨上的污垢并调整上 / 下导轨垂直和水平平面的直线度—平面度（垂直、平行、扭曲、等高），并去除与修正导轨异常的突起，确保滑行正常。

（3）调整两扇主动杆与从动杆的杆臂，长度要一致，中分门门缝间隙调整到 1 mm～2 mm，即将门关闭，门中心与曲柄轮中心相交，其调节方法为移动短门臂狭槽内长臂端部的暗销即可。

（4）更换或调整三角带，并调整两轴平行度和中心平面与张紧力。

（5）更换同步带以及调整张紧力。

（6）更换已拉伸的链条并调整两轴平行度和中心平面。

（7）更换已坏电机，调整磁罐制动器的间隙，制动器被释放状态时间隙为 0.2 mm～0.5 mm，制动器被抱闸状态时的间隙为 0.3 mm。凡是活动部位和滚动部位均上油，经调试后，排除了故障，电梯即恢复正常运行。

11. 电梯轿厢运行中有碰击声的故障排除方法

（1）检查各防震消音装置并调整与更换橡皮垫块。

（2）检查与更换轿架下梁悬挂平衡链的隔震装置连接是否可靠，若松动或已坏予以更换和调整。

（3）检查随行电缆是否扭曲，若扭曲，应垂直悬挂予以消除应力，为了防止电缆的晃动擦碰轿厢或电缆扭曲与自重的关系，长期过度地在交变载荷下造成电缆内部导线折断。由此，在井道高度偏高处用电缆夹予以固定以及采用轿底电缆夹固定，减缓电缆重量，防止擦碰轿壁。

（4）检查与调整导靴与导轨的间隙，导轨的直线度及其压导板有否松动、或护脚板有否松动。如有问题应更换导靴衬垫并调整导轨及其压导板与护脚板等。

电梯在进行调试后，排除了故障，电梯即恢复正常运行。

12. 电梯轿厢运行中有异常的振动声的故障排除方法

（1）手触摸检查曳引主机的外壳是否有振动感，同时触摸主机与搁机平面处是否有振动，检查是否有采用橡皮减震，如果有振感，可能是由于平面度（扭力）的误差造成的，应采取垫片垫实消除振源。

（2）检查轿厢架是否因加强撑板脱焊，导致松动而变形。若倾斜一侧，则将电梯开到最底层，用木块垫在倾斜一侧，松开紧固件，利用重力作用，用水平仪复核轿厢倾斜度并紧固轿厢架及用点焊固定加强撑板。校正安全钳钳口端面，与导轨之间的间隙约在 5 mm 左右，安全钳楔块与导轨配合间隙应为 2 mm～3 mm；检查各导靴与导轨端面的间隙，应为 1.5 mm～2.5 mm，并更换导靴的衬垫和橡胶滚轮。

（3）更换曳引钢丝绳以及修正曳引轮绳槽并调整绳头弹簧，确保各钢丝绳的张紧度一致。

（4）若出现三眼不直（不同轴度），蜗轮啮合不好、轴承已坏等故障现象，均应由专业厂专业人员更换及调整。

经调整后，排除了故障，进行初调运行试验，若未碰到异常情况，电梯即恢复正常运行。

13. 电梯轿厢下行时突然掣停的故障排除方法

（1）检查和调整安全钳楔块与导轨之间的间隙，并确保有良好的润滑，保证间隙在 2 mm～3 mm。

（2）更换已变形的限速器钢丝绳，并调整其张紧力，确保运行中无跳动。

（3）限速器定期保养，去除污垢加油润滑，保证旋转零件灵活运转。

进行运行试验。如果还是出现掣停现象，则应对限速器进行大保养（由专业厂保养），更换或调整限速器弹簧，确保限速器与轿厢运行速度同步即可。

在现场调试与检测，更能起到安全的作用，排除了故障，电梯即恢复正常运行。

14. 电梯轿厢上行平层后再启动下行时有突然下沉感觉的故障排除方法

（1）检查和核算对重的配重重量以及调试有无溜车现象。

①轿厢在顶层端站，打开抱闸时，轿厢无溜车现象。

②轿厢在底层基站，打开抱闸时，轿厢也无溜车现象。

（2）如果曳引机的联轴器配合间隙过大，予以修理或更换。

然后试车，排除了故障，电梯即恢复正常运行。

15. 电梯层 / 轿门不能开启和关闭的故障排除方法

（1）检查与更换门脚以及修正地坎滑槽，调整上坎导轨的直线度并确保层轿门门框下沿与地坎间隙为 4 mm～6 mm。

（2）如果门机已坏立即更换，调整磁罐制动器的吸合间隙，被释放状态的吸合间隙为 0.2 mm～0.5 mm，被抱闸状态有吸合间隙最大为 0.3 mm。

（3）校正从动支撑杆以及两轴平行度，它们须在同一个中心平面上，并防止传动带 / 链脱落。

经调整后，排除了故障，电梯即恢复正常运行。

16. 电梯层轿门开关门过程中有擦碰声的故障排除方法

（1）更换门脚以及校正层门门板与内墙壁之间的空隙。

（2）校正门摆杆，重新装配与调整。

经调整后，排除了故障，电梯即恢复正常运行。

17. 电梯无法启动运行（电气在正常状态）的故障排除方法

更换门锁或调整门锁锁钩的位置。电梯在检修状态时，调试门锁的可靠性。再进行运行时，试验门锁的可靠性。

经调整后，排除了故障，电梯即恢复正常运行。

18. 电梯层 / 轿门开启或关闭过程中常有层 / 轿门滑出地坎槽

查找门脚滑块磨损的原因，检查层 / 轿门不垂直度（铅垂度）是否超差。如果不垂直度超差，则予以校正，同时调整地坎门缝间隙（高低），更换门脚，确保门板在地坎槽中滑行自如。

19. 电梯在基站关门时，门未能完全关闭，即停止关门的故障排除方法

（1）检查门机各触点的位置正确与否。

（2）检查三角钥匙是否已坏。

①若三角钥匙已撞坏，则需更换。如果没有撞坏，予以修正并拧紧螺母固定。

②若层门锁口位置有些撞坏，则予以修正。

然后，调试开关门过程有否异常，如果没有异常情况，排除了故障，电梯即恢复正常运行。

20. 电梯轿厢运行过程中，未到达层站位置即提前停车，平层误差很大的故障排除方法

（1）检查开门区域、磁铁位置等电气装置，若未发现故障现象，即更换门锁并调整门锁的位置，确保与其他各层楼层门门锁位置的一致性。

（2）检查与调整机械电联锁动作的可靠性。

（3）如果门锁没有被撞坏，则调整门锁两橡皮轮位置（具体调整参照故障现象

9)，确保门刀能顺利地插入两橡皮轮之间，调整机械电联锁动作的可靠性。

经调试后，不再有异常情况，则排除了故障，电梯即恢复正常运行。

21. 电梯轿厢满载运行过程中，舒适感差，运行不正常的故障排除方法

（1）检查与调整制动器的闸瓦的间隙，并且调整制动器弹簧压力，要确保电梯停止运行时（制动器应能保证在125%～150%的额定载荷情况下），保持静止且位置不变，直到工作时才松闸。

（2）清除钢丝绳和曳引绳槽上油污，已磨损的钢丝绳和绳槽需要更换和修正。

（3）检查减速箱内的润滑油的油质及其油量是否太少，如果油质差和油量少或轴承材质差或原装配未调整好，均会逐渐产生和加大轴向窜动量，所以应更换油，调整轴向间隙。如果再产生类似故障，则应请专业厂专业人员来更换。

（4）由于蜗杆分头精度有偏差，造成齿面接触精度较差，引起传动振动，此类故障，则应请专业厂专业人员修理、更换与调整。

经调整后，排除了故障，并试运行与检测，未再发现类似的故障现象，电梯即恢复正常运行。

22. 电梯轿厢运行过程中，曳引机振动或电动机发出异常杂音或机组振动，舒适感差的故障排除方法

（1）打开制动器闸瓦，检查联轴器法兰盘有否松动，如果有松动，即紧固螺栓。

（2）如果弹性联轴器的橡胶圆柱已坏，应更换后拧紧螺栓。

（3）调整蜗杆轴的轴向间隙。

经开车调试，排除了故障，电梯即正常运行。如果还是存在类似故障现象，则应请专业厂专业人员检查调整或更换主机。

23. 曳引机发热 / 冒烟致使闷车的故障排除方法

（1）出现闷车故障，应立即切断电动机电源，停止电梯运行，以防损坏曳引机机组。

（2）维修人员在现场检查与修理时（打开减速箱箱盖前，必须对轿厢与对重做好安全措施）。

①首先检查油窗的油标位置。

②检查与拆卸制动器装置、拆开箱盖、取下蜗轮与蜗杆轴，修正咬毛的部位、修刮滑动轴承，如果滑动轴承咬毛损伤程度较大，应更换，装配后调整好（在装配前要清洗油箱）。

③加入足够的齿轮润滑油（S-P 型极压油 IS0220#150#）。

经运行调试与检测，排除了故障，电梯即恢复正常运行。

24. 电梯轿厢运行，进入平层区域后不能正确平层的故障排除方法

（1）检查制动器的弹簧压力（或张力）。

（2）检查闸瓦片的磨损状况。

①当闸瓦片的衬垫过度磨损（磨损值超过衬垫厚度的 2/3 时），即予以更换。

②如果闸瓦片是铆接的，必须将铆钉头沉入座中，不允许铆钉头与制动轮表面相接触。

（3）检查与调整制动轮与闸瓦的间隙，间隙不大于 0.7 mm，并调整弹簧的压力。制动器上的弹簧应调节适当。

①在满载下降时应能提供足够的制动力使轿厢迅速停住。

②在满载上升时的制动又不许太猛，要平滑地从满速过渡到平层速度。

③弹簧要经常正确的保持它们位于凹座中。

④制动器上各销轴上油润滑，确保活动自如、制动器工作可靠。

经运行调试后，排除了故障，电梯即恢复正常运行。

25. 电梯轿厢运行速度低于额定速度，时间一长，电气跳闸或熔丝烧断的故障排除方法

用专用手动松闸手柄打开制动器，检查和测试闸瓦与制动轮两侧之间的间隙。如果间隙过小，应予以调整，并保证四周贴合均衡良好，间隙不大于 0.7 mm，如果制动轮两侧的间隙不一致（一边小于 0.6 mm、另一边大于 0.7 mm），则调整两制动臂工作一致。

经调整后，进行运行试验与检测，制动器工作情况良好，两边开合间隙一致，排除了故障，电梯即恢复正常运行。

26. 电梯轿厢运行过程中，轿厢有些晃动，不舒适的故障排除方法

（1）检查和校正两主导轨垂直度、直线度（铅垂方向偏差一致，不准扭曲）和平行度（开挡）。

（2）检查各压导板有否松动，在校正时拧紧压导板螺栓。

（3）检查各导轨拼接处是否有明显的台阶，如果有，应予以校正。导轨安装技术要求：

①两主导轨内表面（开挡）在整个高度上的偏差不应超过 2 mm；

②两导轨的工作面对铅垂线偏差，每 5 m 不应超过 0.6 mm；

③导轨接头处应平整光滑，不应有连续的缝隙，局部缝隙不应大于 0.5 mm；

④导轨接头处台阶不大于 0.05 mm。

（4）导靴的衬靴长久使用、保养不当、缺油润滑、严重磨损，或者导靴松动未起到引导作用，即更换衬靴和调整导靴的位置并予以固定（滚动导靴要一组更换，

并予以调整）。

（5）校正三眼轴线同轴度。

经调试与检测后，排除了故障，电梯即恢复正常运行。

27. 电梯运行过程中，对重架晃动过大，舒适感较差的故障排除方法

（1）检查和校正两副导轨垂直度、直线度和平行度，检查和调整压导板并予以紧固，两副导轨内表面（开档）尺寸在整个高度上偏差不应超过 3 mm，其他条款参照故障现象 26 予以调整排故。

（2）更换与调整衬靴和导靴位置，并且确保衬靴的间隙适当和具有良好的润滑。

经运行调试后，排除了故障，消除了井道内的噪声，电梯即正常运行。

28. 电梯以 2∶1 拖动的方式，在运行过程中对重轮或轿顶轮噪声严重的故障排除方法

（1）维修人员在轿顶开检修慢车检查。

①检查对重轮与轿顶轮的转动状况，各轮架有否松动，如果松动，予以定位紧固。

②检查各转动处有无噪声。

a）若噪声为轴承处发出或由于绳槽左右晃动（端面跳动）而引起的轴承噪声，则更换轴承或修复绳轮的绳槽位置精度（端面跳动）。

b）若因缺油而引起的噪声，则加钙基润滑脂（w103）。

（2）更换轴承时，应注意安全，熟悉装配工艺。

①若更换对重轮或对重轮轴承，要将电梯轿厢升至顶层，在底坑用枕木或其他支撑物可靠地支撑对重架，在机房用手拉葫芦把轿厢吊起，脱卸曳引钢丝绳。然后，拆下对重轮，更换轴承。

②检查和修正对重轮的绳槽端面跳动的形位精度。

③安装与检测所装配的零部件，须上油、定位、固定、转动灵活。

（3）当出现咬轴现象，轿厢无法运行时，则应在井道中搭脚手架，设法将对重架和轿厢固定并卸下曳引钢丝绳，然后进行修理，更换已咬坏的轴或做适当的技术处理，最后装配、上油、调整、定位、固定。

经修复安装运行试验后，排除了故障，电梯即恢复正常运行。

29. 电梯轿厢向上运行正常，向下运行不正常，同时出现时慢、时快，甚至停车的故障排除方法

（1）检查安全窗限位开关好坏与否。

（2）检查安全窗与限位开关接触状况。检查安全窗是否能关闭，并测试安全窗关闭后，限位开关是否真正地接通了安全窗的安全回路。

通过测试，排除了故障，电梯即恢复正常运行。

机械系统有关故障的分析与排除可参阅图 7-4～图 7-6。

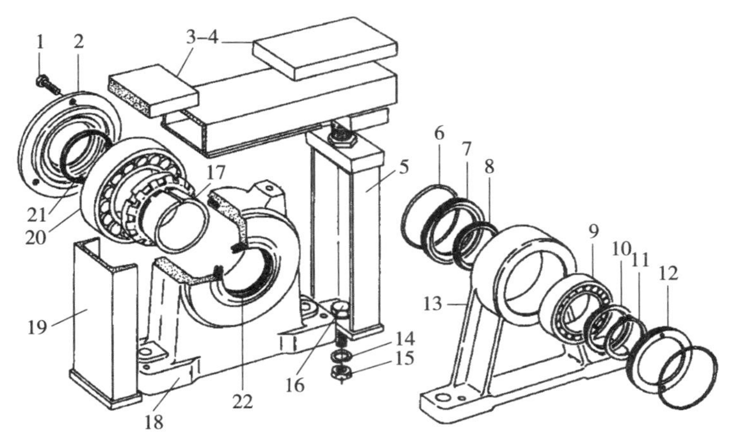

图 7-4　下机房曳引机支架装配剖面图

1. 六角螺栓；2. 外轴承座端盖；3. 减震橡皮；4. 减震橡皮；5. 角铁；6. “O” 形圈；7. 油绳；8. 隔圈；9. 滚柱轴承；10. 挡圈；11. 挡圈；12. 尼龙端盖；13. 外轴承座；14. 弹簧垫圈；15. 六角螺母；16. 六角螺栓；17. 张紧轴承；18. 轴承支架；19. 角铁；20. 轴承；21. 垫圈；22. 垫圈

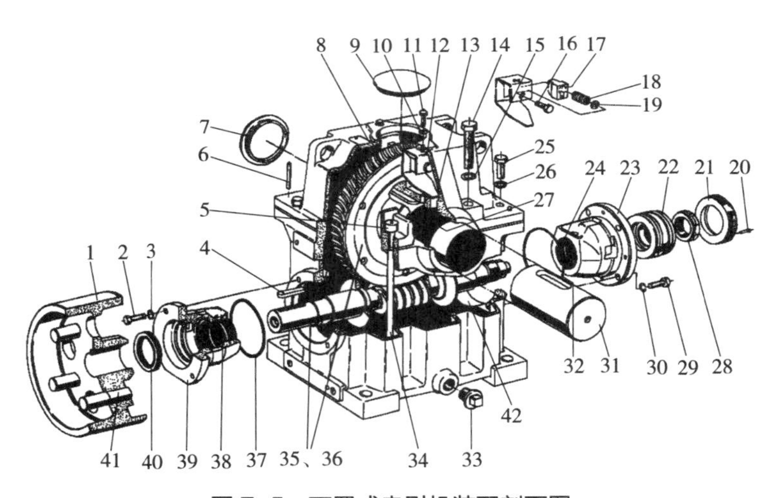

图 7-5　下置式曳引机装配剖面图

1. 制动盘；2. 六角螺栓；3. 弹簧垫圈；4. 平键；5. 油针；6. 定位销；7. 尼龙端盖；8. 平键；9. 尼龙端盖；10. 尼龙端盖；11. 六角螺栓；12. 刮油器支架；13. 主轴复合铜衬；14. 六角螺栓；15. 弹簧垫圈；16. 六角螺栓；17. 挡块；18. 弹簧；19. 垫圈；20. 六角螺栓；21. 压圈；22. 推力轴承；23. 后蜗杆轴承座；24. 蜗杆复合铜衬；25. 六角螺栓；26. 弹簧垫圈；27. “O” 形圈；28. 锁紧螺母；29. 六角螺栓；30. 弹簧垫圈；31. 主轴（蜗轮轴）；32. “O” 形圈；33. 管堵；34. 油管；35. 蜗杆；36. 蜗轮；37. “O” 形圈；38. 蜗杆复合铜衬；39. 前蜗杆轴承座；40. 密封圈；41. 小轴；42. 减速箱

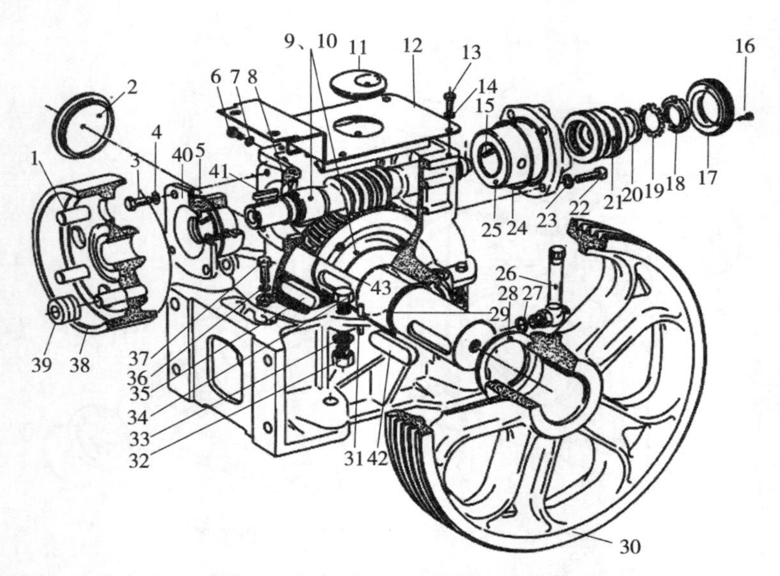

图 7-6　下置式曳引机装配剖面图

1. 小轴；2. 尼龙端盖；3. 螺栓；4. 弹簧垫圈；5. "O" 形圈；6. 螺栓；7. 弹簧垫圈；8. 密封圈；9. 蜗杆；10. 蜗轮；11. 尼龙盖；12. 板；13. 螺栓；14. 弹簧垫圈；15. 蜗杆复合铜衬；16. 螺栓；17. 压圈；18. 止推螺帽；19. 止推垫圈；20. 止推螺帽；21. 推力轴承；22. 内六角螺栓；23. 弹簧垫圈；24. "O" 形圈；25. 后蜗杆轴承座；26. 油位指示器；27. 封油圈；28. 尼龙端盖；29. "O" 形圈；30. 曳引轮；31. 圆销；32. 螺母；33. 弹簧垫圈；34. 六角螺栓；35. 平键；36. 弹簧垫圈；37. 六角螺栓；38. 制动盘；39. 橡胶缓冲器；40. 前蜗杆轴承座；41. 平键；42. 平键；43. 主轴复合铜衬

二、电气系统常见故障的排除

电梯的电气故障由于故障现象多种多样，有时同一故障可能由多种原因造成，发生的部位也可能有多处，因此迅速准确地查找到故障点并非一件容易的事。要做到迅速准确地查找到故障点，并采取正确的措施排除电气故障，电梯维护人员必须首先做到以下几个方面：

1. 熟悉电梯的每一个环节

由于电梯电气控制系统比较复杂，又很分散。因此，要迅速排除故障全凭经验是不够的。还必须掌握电气控制系统的电路原理图，搞清楚电梯从关门、启动、加速、满速运行、到站提前换速、平层停靠开门等全过程中各控制环节的工作原理，各电器元件之间的相互控制关系，各电器元件、接点的作用。了解电路原理图中各电器元件的安装位置，存在机电配合的位置，并弄明白它们之间是怎样实现配合动作的，以及熟练掌握检查检测和排除故障的方法等。只有熟练掌握电路原理图和排除故障的方法，才能准确判断，并迅速查找出故障点，迅速把故障排除。看不懂图纸，无根据地胡猜测，乱拆卸，就像海底捞针一样，是很难找到故障的，甚至已有的故障没有排除又人为地制造出新的故障，越修问题越多，是不可能保证电梯正常运行的。

2. 彻底搞清楚故障的现象

除熟识电路原理图和电器元件的安装位置外，在判断和检查排除故障之前，必须彻底搞清楚故障的现象，才有可能根据电路原理图和故障现象，迅速准确地分析判断出故障的性质和范围。搞清楚故障现象的方法很多。可通过听取司机、乘用人员或管理人员讲述发生故障时的情况，或通过自己眼看、耳听、鼻闻、手摸，到轿内控制电梯上下运行试验，以及其他必要的检测等各种手段和方法，把故障的现象（即故障的表现形式）彻底搞清楚。准确无误地搞清楚了故障的全部现象，就可以根据电路原理图确定故障的性质，准确地分析判断故障的范围，采用行之有效的检查方法和切实可行的维修方案。

3. 掌握正确检查故障的方法

对于性质不同的故障，必须采用不同的检查方法。查找电气故障点的方法很多，有时需要综合采用几种方法。有以下几种常用的方法。

（1）观察法。电梯发生电气故障时，用眼看、耳听、鼻闻的方法，检查电器元件有无异常现象，然后再对故障点或故障范围做进一步的检查处理。如检查保险丝是否熔断，电器元件有无异声、异味、绝缘烧毁；电器元件与机械装置的配合是否合适；有无应吸合或应断开的电器而未吸合、未断开；电器元件外观是否有损伤，动作是否灵活等。

（2）推断－替代法。有时电梯某种电气故障的发生，不是在每次运行中都发生，有时运行几十次、几百次或隔几天才出现一次，很难用一般的方法直接检查到。这时需要根据故障现象，对照电梯电路原理图认真进行分析判断，推断出可能造成故障的几个原因，然后进行检查处理，如清洁导电片触点，紧固连接导线等，必要时用好的电器元件、电路板替代被怀疑的电器元件、电路板，通过电梯运行检查故障是否被排除。

（3）电阻法。电阻法是利用万用表的电阻挡，检测断路或短路故障最常用的方法。用电阻法检测故障点时，需切断电源开关，然后对故障范围按照电路原理图逐段、逐电器元件导电接点测量其电阻。对于断路故障，应用低阻挡检测，发现电阻值过大或断路，一般即为故障点。电器的常开触点，可以用手人为使其闭合后再检测；并联电路应使并联点断开再检测。对于短路故障，如对地短路或相间短路，应用高阻挡或兆欧表进行检测，发现电阻值较小或通路，一般即为故障点。

（4）电压法。电压法是利用万用表电压挡，检测断路故障和电源故障最常用的方法。用电压法时，须给被检测电路加上电源，操作时要注意人的身体不要直接触及带电部位，并要分清所测电路是交流还是直流及电压的高低，以选择相应的挡位。检测时，根据故障范围，按电路原理图逐段进行。一般应该接通的两点之间的导电接点间出现电压，即为断路故障点。电压法还经常用于检测电源和线路电压。电器线圈两端之间电压正常而不吸合，一般是线圈断路或损坏，应予更换。在电压法的基础上，还可以用试灯检测电路故障，也能比较迅速、方便地查出故障点。

（5）短路法。短路法是在电梯安全且电气工作原理允许的情况下，临时用导线将某个或某些开关短路，检查电气故障点的一种方法。若短路某个开关后电梯恢复正常，则被短路的开关即为故障点。短路法只能在查找电气故障点时临时使用，不允许长期用导线短路某个开关以代替该开关的工作，特别是急停（电压）回路中的开关和层、轿门开关。短路法还经常在调试电梯过程中临时应用。

检测电气故障点，还有其他的方法。但不论用何种方法检测故障点，排除电气故障，都必须严格遵守安全操作规程，确保人身和设备安全。

只要能准确地找到故障点，发现故障点存在的问题，再根据情况予以调整、修复或更换电器元件、电路板，一般即可使电梯恢复正常。

下面就电梯电气部分的常见故障结合实例给出相应的排除方法。

1. 内选指令和层外召唤信号登记不上的故障排除方法

（1）一般情况下全部登记不上，则指令和外召唤信号的供电电源有故障或通信线路阻滞中断故障。

（2）若分别登记不上，则指令或外召唤的对应连接接口或专用印制板有故障。

（3）若个别登记不上则相应的按钮有故障。

经调整与修复、更换元器件，可排除故障，电梯即恢复正常运行。

实例：Miconic-B 型电梯电路如图 7-7 所示，该型电梯的每个指令 / 召唤按钮要占用一根（除电源线外）信号线，采用 GCEl6 板。

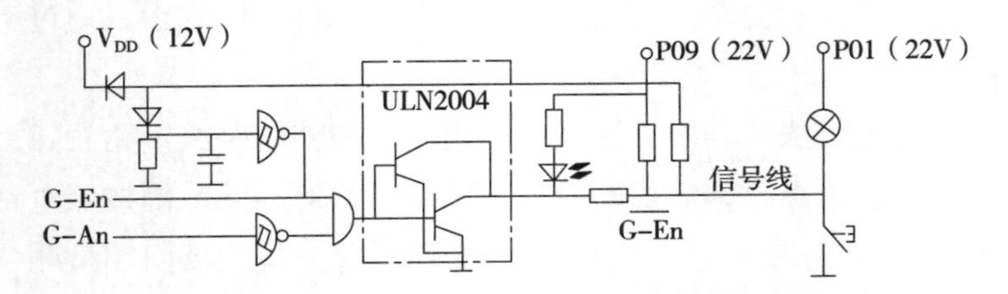

图 7-7　Miconic-BGCE16 板原理简图

故障判断：

从图中可以看出，该信号线既担任信号登记传输，又担任信号显示。因此，若一旦发生负载（微泡或发光管）短路，则大电流立即会烧毁信号线驱动器——ULN2004 达林顿晶体管矩阵集成块。如果大电流将该达林顿管击穿开路，则信号显示按动时亮，松开后灭，给人的感觉是信号登记不上。

具体排除方法为：

（1）信号线要采取隔离措施；

（2）更换或修复已坏的短路触点；

（3）更换已坏的达林顿晶体管矩阵集成块（ULN2004）。

排除短路触点故障，并更换相应的 ULN2004 集成块后，电梯恢复正常运行。

2. 不自动关门的故障排除方法

（1）检查与调整门系统机械 / 电气装置。

（2）更换或修复已坏的按钮。

（3）调整超载装置的秤砣位置或触点位置。

（4）更换或调整终端开关的位置。

查出故障点后，更换元器件，排除故障，电梯即恢复正常运行。

实例：VFP 型电梯

有一台 VFP/AD9F 电梯（AD9F 表示其门驱动采用了 Vsmini 变频系统），有时偶尔在登记了信号以后电梯门关又停，停后又关，观察开门一切正常。根据线路原理及印制板 1FCT（门信号接口）的触点示意，如图 7-8 所示。分析此故障与关门控制回路有关。

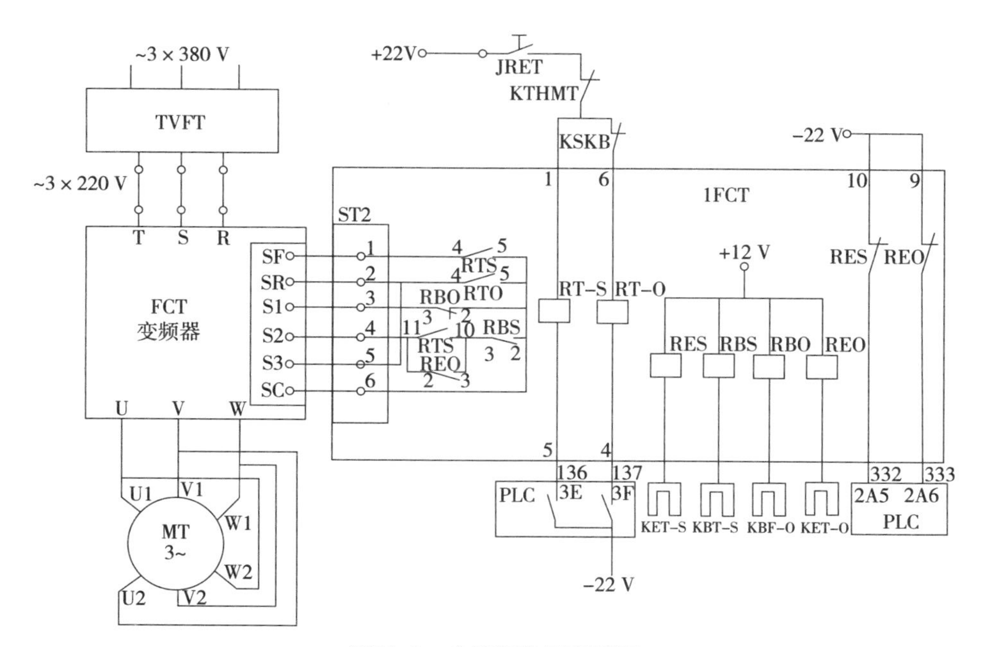

图 7-8　变频门机原理简图

故障判断：

（1）首先采用短路法检查安全触板（KTL）、门光电保护（RPHT）、关门力限制器（KSKB）及门电机过热保护（KTHMT）等，均正常；

（2）再检查 PLC 输出点（控制柜 136 号端子到 1FCTs 号端子），在关门过程中均能可靠接通。

据此判断故障可能出在 1FCT 与变频器 FCT 上。由于印制板 1FCT 上集中了关门（RT-S）、关门减速（RBS）、关门终端（RES）等微型继电器，它们的触点构成的逻辑电路又控制着 FCT 的电压频率输出。所以，要仔细、耐心、反复检查印制板 1FCT 上代表各微型继电器通断的各发光二极管的工作状态，结果还是正常，于是用跨接线短路与关门有关的触点，终于发现 RT-S 的（4、5）触点因内部机械装配偏差而有时导通，有时虚接。

具体排除方法为：

（1）更换已坏的印制板 1FCT 或印制板上已坏的继电器；

（2）纠正机械装配位置，使其活动自如；

（3）更换已坏的 FCT、变频器。

3. 关门后不启动的故障排除方法

（1）检查各登记指令以及层外召唤信号按钮，若已坏，则更换。

（2）检查轿门和层门触点是否已坏，或有关线路未导通，应更换触点或开关，同时整理线路。

（3）检查与整理有关安全电路，使之导通。

（4）检查曳引机主电路有否突然断相。用电压测量法予以检查。如果有电压未断相，则检查抱闸是否因其他原因而未打开。应修正与调整，以及更换已坏的元器件。

（5）检查与调整各有关电气回路或机械各环节状态是否出现紊乱，若出现，则应使其复位。

（6）若有 CPIJ 堵塞、客流信息量突然变化或软件程序累积误差出错。则予以更换元件，或予以修理。

查出故障点后，修复与调整或更换元器件，排除故障，电梯即恢复正常运行。

实例：GPS-2 型电梯

该电梯若登录了信号，门关闭正欲启动，却突然中止（运行 5 接触器和制动器 LB 接触器一吸即释），门重开并且不能再次运作。

按以下方法进行故障判断。

（1）检查主控 KCD-60X 板上的数码管，若显示 EF，意为不能重新启动，若显示 E7，意为直流侧欠电压。根据显示代码的提示，检查测试直流回路连接及电容容量和驱动触发 KCR650X 板上的电容预充电回路，如图 7-9 所示。

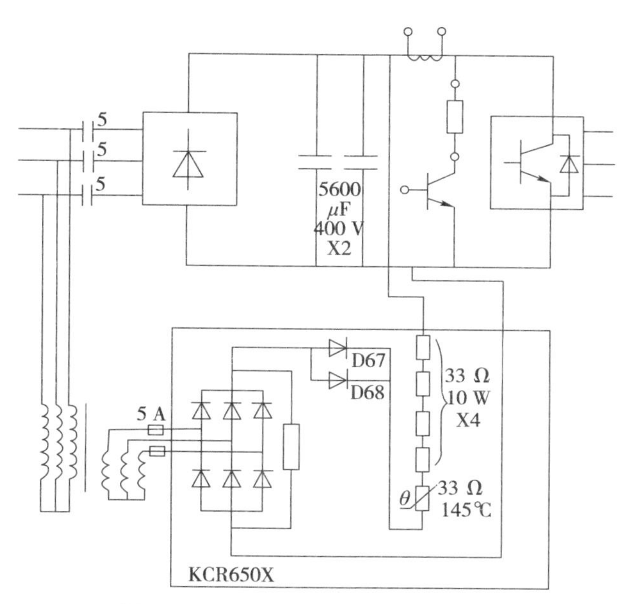

图 7-9 VVVF 直流环节充电原理图

（2）二极管 D67 和 D68 的阻值不正常。

①一只的阻值已呈无穷大。

②另一只的正向导通阻值也约几万欧。

由此，进一步分析，因为处于长时间的电浪涌，特别是反向高压大电流的冲击下，两只二极管终于抵挡不住被击穿。

按以下方法进行故障排除。

（1）在机房目测检查主控板 KCD-60X 上的数码管所显示的代号。根据显示代码的提示，检查测试直流回路连接及电容容量和驱动触发板 KCR650X 上的电容预充电回路。

（2）二极管 D67 和 D68 的阻值不正常，予以更换。

更换二极管（各参数要一致），经调整后，排除了故障，电梯即恢复正常运行。

4. 由井道信息引起的急停故障排除方法

实例：Miconic B/ACVF（AMK）电梯

该电梯登记了信号，刚关好门欲动之际即急停，门又重开，但不消除信号，在反复几次后才能走车。此现象有频繁的也有偶然的。

按以下方法进行故障判断。

（1）检查与排除门保护回路、安全回路、电磁干扰等故障。

（2）对比 / 交换输入输出信号处理和驱动调控等印制板。

（3）初步推断系由某外部输入信号障碍引起，而最大的可能是井道信息系统。

（4）用测量法检查。用数块指针式万用表测量上行减速 KBR-U、下行减速 KBR-D、门区 KUET 和上下端站减速 KSE 等双稳态磁开关的动作电压。

①检测控制柜 704 端子（KBR-U 闭合）电压，有时仅为 13 V 左右；而其他被测端子电压值则正常（22 V）。

②每当 704 端电压较低时，尤其在电机启动瞬间供电电源有波动时，电梯就（不是每次）发生急停。

③拆下磁开关 KBR-U，测量通断。发现闭合时，接触阻值过大。由此，肯定该急停故障因上行减速磁开关与簧触点接触不良而引起。其原因：a）该系列电梯在登记了信号运行后，在到了目的楼层，预定减速点处于运行方向，若同向的，减速磁开关断开，电梯减速制动至平层，在平层区域减速磁开关复位闭合。b）如果在门区内减速磁开关，因触点闭合不良时，导致输入电压过低，使信号板的施密特触发器有时能翻转，有时则不翻转，如图 7-10 所示。

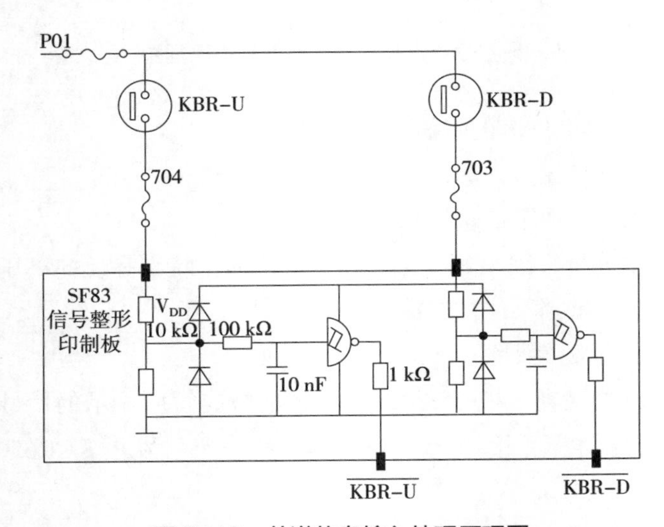

图 7-10　井道信息输入处理原理图

所以，在启动时控制系统就会错觉要减速，而在减速信号发出后，又发现已到了门区，同时抱闸正打开，即触发运行监控封锁（软件组成），令电梯急停。

按以下方法进行故障排除。

（1）排除门系统中是否保护回路动作，安全回路中是否存在不正常的断路以及电磁干扰。

（2）更换已坏的印制板，以及调整井道信息系统。

（3）检测各上行减速 KBR-U、下行减速 KBR-D、门区 KUET 和上下端站减速 KSE 等双稳态磁开关等元器件是否完好。若坏，则更换。

通过修复、更换双稳态磁开关，排除了故障，电梯即恢复正常运行（由此可推论：下行减速磁开关 KBR-D 干簧触点接触不良也会引起在门区启动急停的故障）。

5. 启动后达不到额定的满速或分速度的故障排除方法

实例：Miconic TX/VF70 电梯

电梯在运行中出现蠕行或失速而急停。印制板 IVXVF（信号接口）上显示 014（低速）/013（超速）。

按以下方法进行故障判断与排除。

（1）检查或更换速度、距离编码器（TDIV、TDIW）及引线接插点。

（2）检查或更换运行和电机控制的参数。

（3）检查或更换称重装置及负载参数。

（4）检查或更换 PVF（驱动）印制板、印制板 IVXVF 和 LMS（负载测量）印制板。

查出故障点后，修复与调整或更换元器件，排除故障，电梯即恢复正常运行。

6. 不减速，在过层及消除信号后急停或不平层、平层不开门、停层后不消除已登记信号的故障排除方法

实例：Miconic B 型电梯

该型电梯的选层器由井道位置开关与微机软件等共同组成，如图 7-11 所示。该选层器的特点：

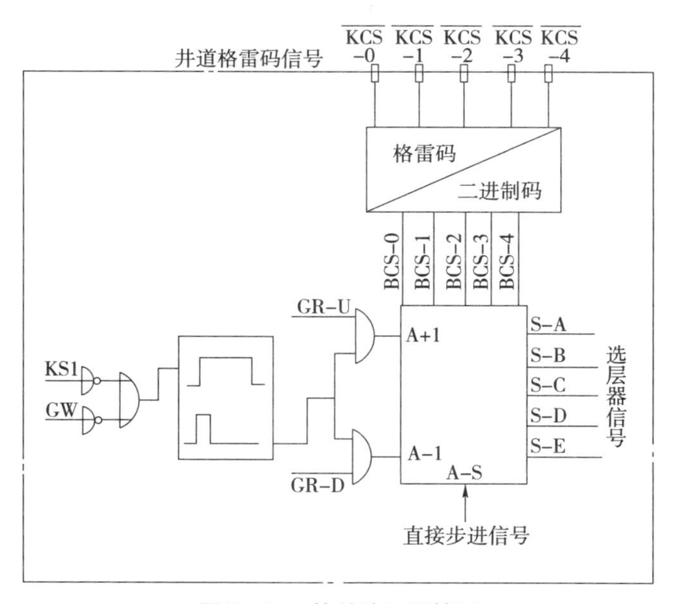

图 7-11　软件选层器简图

根据井道内按格雷码编排的圆磁铁和轿顶 KCS-0～4 磁开关输出的本层格雷码信号，在到了本层的 KSl 区（由 KBR-U/D，KUET 磁开关及门区位置的圆磁铁

与软件决定）时，选层器步进到上/下一层，然后判定超前的选层器信号是否与前方的内选或外呼信号相重叠，如重叠在到了减速圆磁铁位置时，即产生减速制动信号。

按以下方法进行故障判断：

运行中由于KUET磁开关或TUET转换器的出错或由于某一层的门区位置的圆磁铁间隙超标（如轿厢导靴磨损）而无信号输出，那么会造成到了预先登记信号的楼层不减速，在过了格雷码转换圆磁铁后，消除信号，致使轿厢急停。较为特殊的故障是：由于KUET磁开关或TUET转换器或控制屏1259端子的随行电缆内部暗断而造成没有信号输出，那么电梯将只会在上下端站处停层，而且不会开门。

按以下方法进行故障排除：

（1）检查或更换KUET磁开关；

（2）检查或更换KUET对应的线路和随行电缆；

（3）检查或更换信号整形印制板SF-83。

根据上述的修复与调整或更换元器件，排除故障，电梯即恢复正常运行。

7. 轿厢存在启动或制动过程时振荡的故障排除方法

实例：SP-VF型电梯

按以下方法进行故障判断与排除：

（1）检查旋转编码器TG；

（2）检查速度控制逆变调节印制板KCJ-12X（E1）；

（3）检查速度反馈和距离转换逻辑电路印制板KCJ-15X（w1）；

（4）检查基极驱动印制板LIR-81X。

检查发现故障后，将其修复或更换，故障即可排除，电梯恢复正常运行。

8. 开关门速度异常缓慢的故障排除方法

实例：GPS-2型电梯LV型门机

该类电梯的门机回路属于变频变压调速形式。在运行一段时间后开关门速度非常缓慢，轿顶箱内DOR板上的数码管显示C（编码器出错）。

按以下方法进行故障判断与排除。

根据该出错代码的提示，采用“目测比较交换法”先目测检查编码器的光盘和输出电缆有否发现破损或折断，再把整个门电机（编码器与其装配在一起）与其他开关门速度正常的门电机交换比较，结果判定该故障，确实跟门电机有关，排除了DOR板上编码器接口电路有问题的嫌疑。由于万用表无法准确测出编码器的脉冲信号电压，故借助于示波器来检测，因而发现用手转动门电机时，A相没有脉冲输出。从图7-12中看出，编码器印制板上的电位器PA盘和PB盘分别调整A相和B相脉冲输出的幅值与占空比，试着边转动门电机，边旋调PA电位器，边观察示波器，突然又有了 A 相脉冲波形输出，于是参考 B 相脉冲波形输出，将 A 相脉冲的幅值和占空比调得与 B 相一样。开关门速度在电梯运行几次后又恢复了正常。因此，断定该故障系 PA 电位器因振动使阻值发生变化而造成，用软性胶封固 PA 和 PB 电位器。修复与调整后，排除了故障，电梯即恢复正常运行。

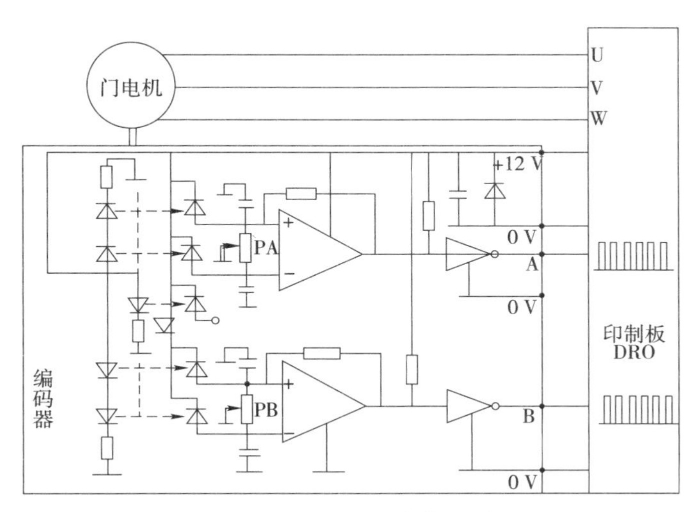

图 7-12　MITSUBISHI 门机回路原理图

9. 层楼距离数据无法写入的故障排除方法

实例：SPEC90/MVF 电梯

按以下方法进行故障判断与排除：

（1）检查第一级速度传感器 PVT：门区内外侧开关 1D1Z、1D2Z 和 ODZ；

（2）检查长程减速极限开关 1LS、2LS 和上下方向极限开关 6LS、5LS；

（3）检查井道中的层楼平层隔离板；

（4）检查变频速度调节板 DBSS-VFB 上的分频电路与运行调控板 LMCSS-MCB 上的计数电路以及它们的连接线路与屏蔽接地。

查出故障点后，修复与调整或更换元器件，排除故障，电梯即恢复正常运行。

10. 冲顶和蹲底的故障排除方法

遇到冲顶或蹲底故障，千万不可盲目地进行随意测试，而应将电梯脱离上下端站，根据前面所叙述的可能性一一排查，再检查中间层站能否正常减速制动平层，然后以单层距离中间速度（必要时使用调试检修服务控制器将速度降低）向上下端站运行检测其能否正常减速制动平层。即使再发生冲顶蹲底故障，也会因速度的降低而使碰撞力大大减小。有时用这种动态检测法能够较迅速地查找到故障原因。

任务实施

1. 全班进行分组，每组 5 人～6 人，选出一名组长。

2. 以小组为单位，对工作情景进行讨论和分析，完成下列工作任务。

（1）电梯机械系统常见的故障有哪些？其产生原因是什么？

（2）电梯电气系统常见的故障有哪些？其产生原因是什么？

（3）电梯机械系统常见故障的排除方法是什么？

（4）电梯电气系统常见故障的排除方法是什么？

任务评价

1. 教师巡回检查各组的学习情况，记录各个小组在学习过程中存在的问题，并进行点评。

2. 教师根据各个小组的学习情况和讨论情况，对各个小组进行综合评分。

小组合作评价表

组别	评价内容分值					
	分工明确（20分）	小组内学生的参与程度（20分）	认真倾听、互助互学（20分）	合作交流中能解决问题（20分）	自主、合作、探究的氛围（20分）	总分（100分）
A组						
B组						
C组						
D组						

评价老师签名：______________

任务八
三菱电梯机械系统维护与故障排除实例

知识目标

◎ 掌握交流曳引电动机的拆卸、调整及故障排除。

◎ 掌握限速器安全钳的调整与故障排除。

◎ 掌握电梯运行中振动故障的排除。

◎ 掌握制动阀的调整与保养方法。

◎ 掌握三菱电梯安装接线、通电试车前检查接线的方法。

技能目标

◎ 熟悉三菱电梯常用部件的检查与调整。

◎ 熟悉曳引机故障的维修。

◎ 熟悉限速器安全钳的故障排除。

◎ 熟悉电梯振动故障的排除。

工作情景

三菱电梯是使用得比较广泛的电梯品牌，在各大商场、办公楼以及高层住宅都不难看见它的身影，或客梯，或自动扶梯，或自动人行道，三菱电梯以不同的方式存在着，它是日系电梯的经典代表作，本章节我们来一起学习三菱电梯的常见故障及其检修方法。

任务分析

三菱电梯是日系电梯品牌的标杆，因其检修工作简单易学，通用性强而被广泛应用，本章节我们来学习三菱电梯常用部件的检查与调整，还有机械系统，如曳引机、限速器、安全钳、钢丝绳、补偿装置等部件的检修，为日后的工作进一步夯实基础。

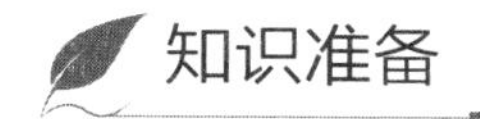

知识准备

第一节　常用部件的检查与调整

一、交流曳引电动机的拆卸和调整

（一）交流曳引电动机的拆卸

有时在修理电梯时需要将电动机（如图 8-1 所示）拆下，其操作步骤为：

（1）停梯后断开总电源，对电动机位置做好标记，脱开联轴器（对于刚性连接应拆下连接螺栓）；

（2）拆下电动机接线盒内电源线并在线上做好标记，拆下保护地线；

（3）拔下底座上的定位销，松开电动机底脚固定螺栓，取出底座垫片并记录各垫片位置；

（4）将电动机往后移使其与制动轮脱开，电动机便可从曳引机座上卸下。

图 8-1　交流曳引电动机

（二）交流曳引电动机窜轴处理

交流曳引电动机窜轴一般都是向电动机尾部窜动，按 GB/T 12974—2012《交流电梯电动机通用技术条件》规定，电动机轴向窜动量应不大于 3 mm。对于运行中的电动机窜动量应不大于 4 mm。产生窜动量超标多是由于电动机铜瓦固定不牢移位造成，铜瓦移位有时会因蜗杆轴窜动所致。如果因蜗杆轴窜动所致应予以调整。电动机窜轴可按下述几种方法处理。

（1）停梯断开总电源。

（2）把电动机后部铜瓦定位顶丝松开（有惯性轮的先拆惯性轮），将电动机后小盖拆下，用尼龙或硬木垫板沿轴向伸入电动机后大盖内顶住钢瓦，用锤子敲打垫板使铜瓦往里移动。敲打时应注意垫板放置位置和敲击力量，因铜瓦有一边是开口状，一定要防止因敲击力过大或敲击部位不好，造成铜瓦破裂。铜瓦恢复原位后，再把铜瓦定位紧定螺钉紧好。

（3）将电动机后小盖及惯性轮装好。

（4）用手拉动电动机轴，检查轴窜量是否合乎要求。

（5）通电试车。

如果用上述方法不能使铜瓦复位，则须将电动机后大盖拆下，在电动机轴上加上适当厚度（一般为 2 mm～3 mm）的尼龙或钢制垫圈。在拆大盖时应先放掉端盖油窗内的润滑油，往下取大盖时应先将大盖上注油孔朝下，然后再往下拿大盖，避免油环被碰坏（装时也一样）。然后组装好电动机，将铜瓦紧定螺钉紧牢，拉动电动机轴检查窜量，合乎要求可通电试车。

（三）曳引机减速箱漏油调整方法

减速箱漏油分箱体的油窗盖漏油和蜗杆轴漏油两种情况。对于各箱体盖处密封不好漏油，可以更换纸垫或在箱体与盖的结合处涂一层绝缘清漆以堵漏。蜗杆轴处漏油多发生在蜗杆下置式的结构中。蜗杆轴处的密封分两种形式：一是盘根式，一是密封圈式。

（1）盘根式的调整方法。盘根式在正常时滴油量为 1 滴 /（3 min～5 min），其滴油量的多少通过调节压盖螺母的松紧获得。如果调节无效，漏油量超标就须更换盘根，其方法是：

①停梯断开总电源开关；

②松开压盖上的调节螺母，取下压盖，将盘根从蜗杆轴上取出；

③将 10 mm × 10 mm 或 12 mm × 12 mm 规格的油浸盘根切出合适长度，切口处应成 45°；

④将新盘根置入蜗杆轴处，注意使切口置于蜗杆轴中线上方；

⑤上好盘根压盖，试车过程中调整压盖调节螺母，使滴油量合乎要求。

（2）密封圈式的调整方法。密封圈式密封效果比较好，但密封圈一旦老化或损坏造成漏油时更换比较麻烦。更换操作方法如下：

①停梯断开总电源；

②按本节中后面的“吊轿厢操作”吊起轿厢；

③拆下交流曳引电动机；

④拆除电磁制动器，拆下联轴器上的螺栓（刚性连接时）；

⑤用扒轮器将制动轮从蜗杆轴上取下；

⑥打开轴承压盖，更换 O 形密封圈。

密封圈更换完毕，组装复位操作与上述程序相反，并对联轴器同轴度和制动器抱闸间隙进行调整。组装后送电，先用检修速度在不挂绳状态下使曳引机车载运行 30 min，空载试车正常，漏油故障解决后，再停电挂上曳引绳，轿厢复位，拆除手动葫芦。经检查无误后方可送电以检修速度拖动轿厢运行（不能长时间连续以检修速度运行），观察电动机、曳引机、钢丝绳、制动器、联轴器等各部位运行状况，一切正常后在通电持续率为 40% 情况下往复开梯 30 min，一切正常后方可投入运行。

（四）电动机轴与蜗杆轴同轴度的校正

当把联轴器分离后重新组装时，需要对电动机轴与蜗杆轴的同轴度进行校正。校正操作时应停梯并切断总电源，将电梯轿厢停在中间层并采取防溜车措施。校正方法如下：

（1）把用扁铁做成的校正支架 4，用电动机侧左联轴器上的固定螺栓 3 加以固定，使支架 4 与电动机左联轴器 2 连为一体；

（2）慢慢转动电动机，带动支架上两个用细牙螺纹制成的测针同时转动，使测针 5 围绕蜗杆轴侧的右联轴器 6（即制动器）转动；

（3）反复调整电动机位置（左右移动，上下可增减底座垫片）使测针与制动轮上下左右八个点的间距基本一致（用塞尺测量），如图 8-2（图中省略了上部连接螺栓）所示。

刚性联轴器同轴度误差不超过 0.02 mm，弹性联轴器不超过 0.1 mm。

除上述方法外，也可用平层感应器中的磁铁装上测针制成校正工具，把磁铁吸附在电动机轴上进行测量。

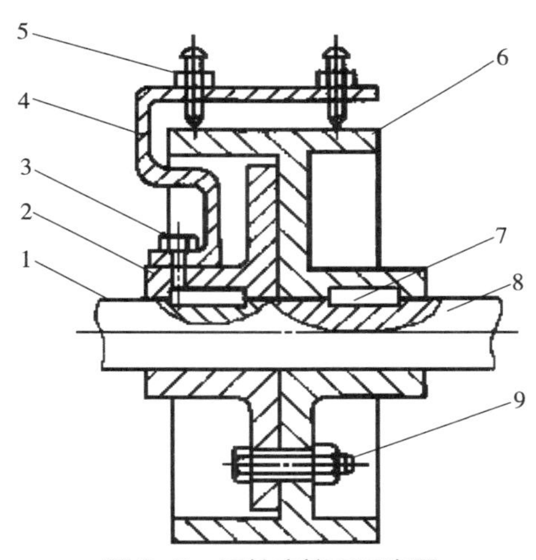

图 8-2　同轴度校正示意图

1. 电动机轴；2. 左联轴器；3. 支架固定螺栓；4. 校正支架；
5. 测针；6. 右联轴器；7. 键；8. 蜗杆轴；9. 连接螺栓

二、曳引轮的调整与更换

（一）吊轿厢的操作

当更换或截短曳引绳时，需要吊起轿厢。吊轿厢换曳引绳应由 3 人～4 人进行。操作前应对手动葫芦、钢丝绳索套、支撑木等工具进行仔细检查，损坏的及时修理，不合用的应更换，操作人员应穿戴好防护用品。各层层门应关闭，需要开启的层门应设专人保护。手动葫芦的悬挂位置视顶层高度和承重梁的设置方式而定。可以挂在机房的吊装钩上，也可挂于曳引机座上或在机房楼板上设置的钢管和钢丝绳套上。吊轿厢按以下顺序操作。

（1）将轿厢停于顶层，用检修速度使轿厢上升。一人在底坑用长度高于对重缓冲器，边长不低于 150 mm 的方木两根，支撑住对重。操作时应注意，当对重下梁接近支撑木时，用点动操作使对重落在支撑木上。

（2）切断电源总开关。

（3）挂好手动葫芦，将轿厢吊起，直到能使曳引绳脱开绳槽。

（4）人为扳动限速器，同时用手动葫芦将轿厢下降，使安全钳动作，提起楔块，将轿厢夹持在导轨上。

（5）用手动葫芦将吊轿厢的钢丝绳索套拉紧，但不受力，用以对轿厢进行预防性保护，防止意外。

（6）当曳引绳换好后应完成如下操作：

①用手动葫芦将轿厢提升，使安全钳松开，楔块复位；

②再用手动葫芦使轿厢下降，同时注意曳引绳应进入各自绳槽，直到曳引绳受力；

③摘下手动葫芦，合上电源总开关，用检修速度使轿厢下行至对重侧撑木不再受力，将水除掉并清理现场；

④用检修速度试运行，观察曾修理或更换的部件，无误后方可试运行。

如已换绳或截绳，应反复调整曳引绳张力，使其符合要求。

（二）曳引轮（如图 8–3 所示）铅垂度的调整

产生曳引轮误差一般有两个原因：一是组装质量不高，二是运行后曳引机座曳引轮一侧长期受力，使机座下减震橡胶垫失去弹性变薄，造成机座整体倾斜，曳引轮随之倾斜。检查曳引轮铅垂度，应分清造成误差的原因。

（1）检查曳引轮铅垂度的方法及调整如下：

①将水平仪放在曳引机座上，测量机座是否倾斜；

②用磁力线坠测曳引轮铅垂度；

③如果机座整体向曳引轮一侧倾斜，说明机座下减震橡胶垫变形失效，应更换。如果机座整体不倾斜而只是曳引轮本身铅垂有偏差，则应检查曳引主轴和曳引轮组装质量，并找出原因，采取诸如增减轴承座或支座的垫片进行调整。

图 8–3 曳引轮

（2）出现曳引轮误差超标，大多是减震垫变形失效造成。更换减震垫按以下步骤操作。

①按“任务二　电梯安装规程”中的第五点“吊装作业规程”方法将轿厢吊起，使曳引轮不受力。

②用两支撬棍将曳引机底座从装有曳引轮一侧撬起，将旧减震垫取出换上新的。撬底座前应做好外底座位置标记。

③将两支撬棍先后撤出，使曳引机底座恢复原位。这时用磁力线坠测曳引轮铅垂度，要求曳引轮反方向误差为 0.5 mm，留出余量以校正。如果此时误差为 0，曳引轮受力后曳引轮铅垂度还会出现误差。

④将轿厢复位使曳引轮受力，此时测曳引轮铅垂度应符合要求。

（三）曳引轮的重车与更换

当曳引轮绳槽磨损不一，相互误差为绳径的 1/10，或凹凸不平或曳引绳与槽底间隙小于或等于 1 mm 时，应就地重车绳槽或更换绳轮。重车时，切口下部轮缘厚度不得小于该绳径。

（1）就地重车时的操作

①按本节中“吊轿厢操作”吊起轿厢。

②在曳引绳上做好位置标记，然后将绳从曳引轮上摘下来。

③把用角钢制成的支架牢固地安装在曳引机承重梁上或曳引机座上。把刀架安装在支架上，使曳引机以检修速度运行，带动曳引轮自上而下向操作者方向旋转。

④用磨好的样板刀对曳引轮绳槽车削加工，操作时背吃刀量要小，并遵守车工安全操作规程中有关规定。

（2）更换曳引轮操作

①在井道内吊起轿厢。

②在曳引钢丝绳上做好位置标记，将绳从绳轮中摘下。

③用手动葫芦将曳引轮主轴吊好或用支撑物支好，使拆下曳引轮侧的轴承座和座架时，曳引轮主轴不移位。拆时注意记录和保存垫片的位置和数量。

④拆下曳引轮上的连接螺母，有的曳引绳轮连接螺母有 5 只，有的有 6 只。有的只需将螺母拆下，曳引轮即可从轴上取下。有的则需用螺钉旋进法顶出绳轮。

⑤把与旧绳轮规格相同的新绳轮换上。有的新绳轮没有连接孔，则需要先用摇臂钻打好孔，再装上。

⑥复位座架和轴承座及其垫片。

⑦松下手动葫芦，用金属圈尺测量前后位置，误差不大于 3 mm；用线坠测量铅垂度不大于 0.5 mm；用百分表检测水平方向扭转误差不大于 0.5 mm。

三、限速器与安全钳的调整

（一）刚性夹持性限速器的分解

（1）停梯断开总电源，在底坑将限速器张紧装置垫起，使限速器钢丝绳不受力。

（2）做限速器外部清洁，拔下限速器心轴 7 两侧销钉，取出心轴，随之取下拨叉 6，摘下限速绳 3。

（3）松外轮轴 13 上的顶丝，将轮轴抽出，制动圆盘 4 和限速轮 5 即可一同从底架上被拆下，如图 8-4 所示。

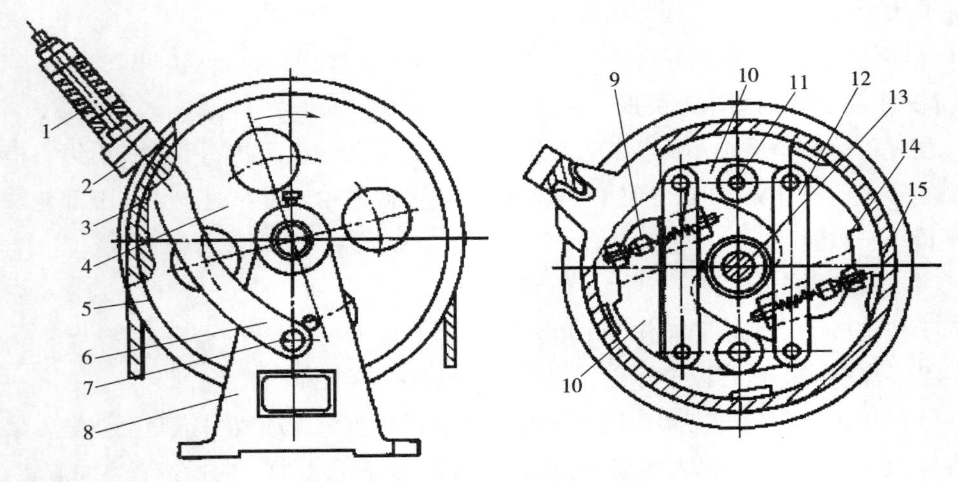

图 8-4　刚性夹持式限速器

1. 绳钳弹簧；2. 绳钳；3. 限速器钢丝绳；4. 制动圆盘；5. 限速轮；6. 偏心拨叉；7. 心轴；
8. 座架；9. 压缩弹簧；10. 离心快；11. 销轴；12. 连接片；13. 轮轴；14. 棘爪；15. 棘齿

（4）取下制动圆盘，露出内部结构。清扫圆盘及限速器的棘爪、棘齿、连杆、离心重块等内部结构。锈蚀不灵活的应清洗，对各转动部位加润滑油，注意不要动可调节压缩弹簧及其封铅。

（5）清洁绳钳 2 上的油污，清洁拆下来的轮轴 13 及其油线并抹适量油，以利装配。

（6）按上述拆卸相反程序装好限速器，在限速器钢丝绳未张紧之前，用手转动限速轮，使其按逆时针方向（即轿厢上行时转动方向）旋转，应转动灵活无卡阻现象。顺时针（轿厢下行时转动方向）快速旋转，应能带动偏心拨叉 6 动作。

（7）撤下底坑内张紧装置支撑物，使限速钢丝绳张紧。限速器油杯内注满钙基润滑脂。

（二）限速器与安全钳的选配调整（调整试验方法）

限速器或安全钳通常采用选配方式。当选配不当、调整试验不当时，该动作时未动作，会给电梯安全运行带来隐患，甚至会造成人身伤亡的重大事故。现介绍限速器与安全钳的基本性能要求及调整试验方法，以防止安全隐患产生。

（1）限速器动作时绳的提拉力与夹绳方式。限速器动作时绳的提拉力是保证安全钳动作的首要条件，提拉力的大小将直接影响安全钳动作的可靠性。限速器动作时限速器绳的张紧力必须是安全钳起作用所用力的 2 倍，且不小于 300 N。

偏心叉式锤型限速器的夹绳方式为自锁夹紧，动作后绳在轮槽内不能滑移，因而不能限制绳的提拉力。限速器动作时绳的张紧力大小取决于与其配合的瞬时式安全钳的夹持反应速度、限速器本身和绳的结构强度。如配用的安全钳不能迅速使轿厢制停，限速器和绳就可能被破坏。渐进式安全钳大多配用柔性夹绳的限力型限速器，可把这种限速器的夹绳动作的最大力度限制在一个特定范围内，以保证安全钳减速滑移时限速器绳能在保证提拉力持续作用的同时跟随滑移，直至轿厢制停。

（2）拉动安全钳所需的力。与上面所述限速器绳的提拉力相对应的是安全钳拉动所需的力，主要用来克服安全钳结构动作时的阻力、安全钳联动杆系的阻力以及防止安全钳在振动下误动作的定位力等。安全钳结构动作阻力，对渐进式安全钳一般较小，而瞬时式安全钳由于设计简单，制造精度较低，动作阻力差别很大。安全钳的定位力一般可调整，联动杆系的动作阻力则受制造安装精度的影响并受运行过程中环境的影响。因此，为保证安全钳可靠动作，必须有效减小以上诸力的总和。电梯生产厂对安全钳安装后动作所需的提拉力应有定量标准和允差范围，以便安装维修人员掌握。

（3）安全钳的夹持特性和减速性能。瞬时动作式安全钳，动作时间短，制停距离短，制停减速度较大，减速冲击大，只能用于 0.63 m/s 的电梯。

渐进式安全钳动作时对导轨的夹持力是逐渐增加的，且限制在一定范围，因而使安全钳楔块与导轨夹持的同时允许滑移，限制了减速度的最大值，动作制停减速平稳。

不同型号的安全钳有规定的制动总质量，总质量应包括轿厢自重。渐进式安全钳因其阻力弹簧可依不同制动质量进行调整，所以应明确调整范围和设定值。

（4）试验、防护和润滑。不论何种限速器，其动作速度均由弹簧的压缩或拉伸量的大小来决定，弹簧性能的变化与限速器动作速度的变动密切相关。在长期运行过程中，不可忽视弹簧性能变化的影响。因而需对限速器的动作速度进行校验，保证动作速度的可靠性。同样，弹簧限力柔性夹持限速器的夹绳力也应定期校验。

在电梯安全检查中，限速器安全钳联动试验是必须进行的。限速器与安全钳的防护工作也必须注意。工作环境不得有灰尘、有害气体、机械损伤等外来伤害。限速器的润滑应力求简单，周期要长。限速器应到国家质量检验中心指定的单位进行调整，不能自行调整，以免发生意外。

图 8-5　双楔块式安全钳

（三）安全钳检修

安全钳形式很多，以双楔块式为例（如图 8-5），介绍拉杆、楔块等拆卸与调整方法。

（1）将轿厢停在首层位置，以利于出入轿顶和底坑。断开总电源开关、底坑急停开关。

（2）如果导靴距安全钳钳座很近，妨碍拆卸安全钳楔块及拉杆，则应先拆下导靴，露出安全钳。否则，打开楔块盖板即可露出楔块与垂直拉杆的连接部位。

（3）轿顶一人，底坑一人协同操作。在底坑将楔块往上托起，使垂直拉杆顶端上的螺母不受力。从轿顶上将垂直拉杆上的两只螺母拧下，再将螺母下的垫圈取下。在底坑内把托起的楔块慢慢往下放，使垂直拉杆往下移到脱开拨叉架，在轿顶取下垂直拉杆上的压簧。

（4）在底坑将楔块和垂直拉杆，（如果有防晃器应拆下）一同从轿厢侧面下方取出来。也可拆下楔块，将拉杆从轿顶抽出。

（5）用同样方法将其他安全钳楔块及拉杆都拆下来。调直垂直拉杆，检查楔块与拉杆连接是否牢固，若有防晃器应检查有无损坏，对安全钳座和拆下的机件清洗擦拭。

（6）按拆卸时相反程序装好楔块、防晃器、垂直拉杆，用垂直拉杆上的螺母调节楔块间隙，间隙大小按生产厂家规定或依据情况而定，国家标准对此不再要求，只原则性规定安全钳动作后，轿厢无载时地板倾斜度不大于正常位置的 5%。楔块上下滑动灵活，间隙一般调在 3 mm 左右。

（7）垂直拉杆上的压簧预紧力，应调整在安全钳松开时，楔块和垂直拉杆能自由复位、防晃器应调节成使垂直拉杆滑动灵活无卡阻。

（8）紧固各部螺栓、螺母，各传动轴加润滑油。

四、交流调速电梯运行中抖动的调整

电梯在运行中发生抖动的原因是多方面的（表 8-1），既有机械系统方面的原因，也有控制系统方面的原因，现就各方面的原因进行分析。

表 8-1　交流调速电梯运行中发生抖动的原因

交流调速电梯运行中发生抖动的原因	设备台数 / 台	所占百分比 /%
曳引机组工作不正常	19	48.72
导轨安装质量差	32	82.05
导靴间隙过小或过大	30	76.92
门刀擦门锁滚轮或门锁滚轮擦轿厢地坎	6	15.38
随行部件（曳引钢丝绳、补偿链和电缆）不正常	12	30.77
测速反馈装置或旋转编码器工作不正常	36	92.31
主拖动控制板或晶闸管工作不正常	2	5.13

（1）曳引机组工作不正常。由于电梯轿厢是通过曳引钢丝绳悬挂在曳引机组上的，这就要求曳引机组安装牢固，运行平稳，无振动，无异常声响。曳引机组工作不正常，将导致电梯在运行中产生抖动或振动。

①曳引机组固定不牢。在安装时，因疏忽大意出现地脚螺栓的螺母未拧紧，有的未加弹簧垫圈或锁紧螺母，运行一段时间后便松动了。当电梯运行时，就会使曳引机组发生振动。

把曳引机组找平找正，把地脚螺栓的螺母拧紧，加装弹簧垫圈或锁紧螺母，以防松动。

②曳引机组无减震或隔音措施。电梯的减震或隔音多用橡胶垫，检测中发现有的电梯在安装时就未安装橡胶垫，当电梯运行时，曳引机组产生的振动和噪声就会传入轿厢，使轿厢产生抖动或振动，轿厢内噪声很大。

按照要求加装橡胶垫，应水平安装，上下的接触面应平整，保证减震或隔音有效。

③蜗杆和蜗轮的啮合间隙偏大。为了使蜗轮传动灵活，要求啮合有一定的齿侧间隙，最小齿侧间隙称为保证侧隙，其规定见表 8-2。当轮齿磨损使齿侧间隙超过 1 mm 并在运转中产生猛烈撞击时，发出的撞击声和振动就会传入轿厢。

按照表 8-2 的规定进行调整，经过空载和加载运行后，蜗杆和蜗轮的接触斑点，沿齿高和齿长都不能少于 50%。如果齿侧间隙超过 1 mm 或轮齿磨损量达到原齿厚的 35% 时，应更换蜗杆和蜗轮，以保证啮合性。

表 8-2 轴向游隙和保证侧隙 单位为毫米

中心距	100～200	＞200～300	＞300
蜗杆轴向游隙	0.07～0.12	0.10～0.15	0.12～0.17
蜗轮轴向游隙	0.02～0.04	0.02～0.04	0.03～0.05
保证侧隙	0.065	0.095	0.13

④蜗杆与电动机联接的同轴度误差超差。由于蜗杆与电动机连接同轴度误差超差，容易使曳引机组产生振动和异响，并传入轿厢。

用百分表检测径向圆跳动及同轴度，弹性柱销联轴器不同轴度允差不大于 0.1 mm。对于柱销联轴器不同轴度允差不大于 0.02 mm，可通过在电动机底板下加减垫片进行调整，直到符合要求。

⑤制动器抱闸不正常。制动器松闸明显滞后，抱闸间隙不均匀（局部相接），该情况也会造成电梯运行不平稳。检查制动器电气控制系统，看其维持电压是否偏小，看制动器线圈通电控制是否与电动机运行控制不一致，松闸时不能有卡阻现象。最后将抱闸间隙调整均匀，消除局部相擦现象。

⑥飞轮的平衡性差。有的电梯的电动机尾部安装有飞轮，飞轮是用来增加电梯工作平稳性的，在旋转中，飞轮的不对称性直接影响电梯运行的平稳性。我们在检测中发现，个别电梯由于飞轮的平衡性差，使电梯在运行中出现一定的抖动。

当取下飞轮，抖动明显减小时，说明此飞轮的平衡性差，应更换飞轮或对飞轮做适当处理。

（2）导轨安装质量差。由于轿厢是沿导轨做垂直运动，导轨的安装质量直接影响着整个电梯的乘坐舒适感。在检测中发现，因导轨接头间隙和接头处台阶超差使得轿厢在运行中发生抖动的电梯所占比例较大，所以对导轨的安装质量应引起重视。

用直尺（300 mm）、塞尺测导轨接头局部间隙，使其不大于 0.5 mm，接头处台阶应修平（修平长度在 150 mm 以上），保证导轨接头平整、光滑。

（3）导靴间隙过小或过大。导靴间隙存在过小或过大的问题，很容易使轿厢产生抖动或晃动，影响乘坐舒适感，出现这种情况的比例也较高。

用塞尺进行测量，按照标准要求进行调整，定期清洗导靴。

（4）门刀擦门锁滚轮或门锁滚轮擦轿厢地坎。出现门刀擦门锁滚轮（或门锁滚轮损坏）或门锁滚轮擦轿厢地坎的情况时，轿厢在运行时会出现晃动并伴有异常声响，既影响乘坐舒适感，也极易引发事故。

调整门刀与门锁滚轮间隙，使门刀不与门锁滚轮相擦，调整门锁滚轮与轿厢地坎间隙，其间隙应为 5 mm～10 mm。

（5）随行部件（曳引钢丝绳、补偿链和电缆）不正常。

①曳引钢丝绳张力不均匀，有异常抖动。由于曳引钢丝绳张力相差太大，在轿厢启动运行和停止运行过程中，使钢丝绳产生异常抖动，影响轿厢的运行平稳性。

调整曳引钢丝绳张紧力（可用顶式弹簧秤测量），使每根钢丝绳张力与平均值误差不大于 5%，保证每根钢丝绳受力相近，避免钢丝绳产生异常抖动。

②补偿链与底坑对重侧防护栏相互摩擦。由于补偿链与底坑对重侧防护栏相互摩擦，在轿厢运行时，就会发出异常响声，影响轿厢运行的平稳性。

重新收紧并调整补偿链，消除相互摩擦现象。

③随行电缆出现波浪扭曲和打结。在随行电缆出现波浪扭曲和打结现象的情况下，电梯长时间运行易造成电缆损坏。引发故障，影响电梯运行。

拆下电缆并自由悬垂，消除电缆的扭应力，即消除电缆的波浪扭曲和打结现象，再重新安装。

（6）测速反馈装置或旋转编码器工作不正常。

据统计，由于测速反馈装置或旋转编码器存在问题，引起电梯运行中抖动和位置偏差的比例比较大，应引起重视。

①速度反馈装置工作不正常。测速反馈装置一般是一个双绕组永磁直流发电机（额定电压 120 V，额定电流 90 mA，额定转速 2 000 r/min），多用于交流调压调速电梯和直流调速电梯。测速机一般与电动机或曳引机减速箱轴向连接，也可以通过 1∶1 带轮或齿形带轮侧向连接。测速机的作用是将电动机的实际转速反馈到主拖动控制板，由内部比较电路控制，使转速维持不变，保证电梯运行平稳。由此可见，测速机与电动机连接的好坏直接影响着电梯的运行特性。在检测中发现，有的测速机轴向连接时同轴度不好，有的侧向连接时由于带子的非均匀性引起径向圆跳动，有的连接线接触不良，从而使测速机的反馈信号受到干扰，使电梯在运行中产生抖动。

重新调整测速机与电动机轴的同轴度以及侧向连接时带子的受力均匀度，连接线必须采用屏蔽线且接地良好。避免因轴向窜动、径向窜动和干扰造成测速信号的误差，保证电梯的运行特性不受影响。

②旋转编码器工作不正常。旋转编码器是一个脉冲信号发生装置，多用于交流变频调压调速电梯。旋转编码器一般与曳引机减速箱轴向连接。旋转编码器的作用是将电梯速度反馈信号和电梯在井道中移动的距离转化成脉冲个数送到控制系统。所以，旋转编码器与曳引机减速器轴向连接的好坏对电梯运行特性也有较大影响。检测中，我们发现存在这样的问题：旋转编码器与曳引机减速器轴向连

接同轴度不好，连接线采用一般导线，且未接地。由于这些问题的存在，使旋转编码器采集的脉冲输出个数出现误差，导致电梯在运行时产生抖动和轿厢运行位置偏差。

重新调整旋转编码器与曳引机减速器轴向连接的同轴度，旋转编码器的硬件接线应采用屏蔽线，并单独穿管且接地良好。这样才能使旋转编码器的脉冲输出个数正比于电梯运行距离的脉冲个数，保证旋转编码器工作正常。

（7）主拖动控制板和晶闸管工作不正常。在检测中，发现存在下列问题：主拖动控制板输出的晶闸管触发脉冲异常，不能使晶闸管导通角有效导通；晶闸管性能不好，相互匹配差。由于这些问题的存在，使晶闸管导通角不能正常工作，从而使电梯在运行中产生抖动。

用仪器测量出有问题的控制板，或者用性能好的主拖动板替换估计有问题的主拖动控制板，对确认有问题的主拖动控制板进行修理或替换。用万用表测量晶闸管控制极和阴极之间的电阻值的大小，判断晶闸管性能的好坏、相互间的性能是否匹配等。应选用性能一样的晶闸管，保证晶闸管工作正常。最后值得提出的是，交流调速电梯运行中产生抖动的原因与电梯的设计、制造、安装、改造、维修和保养质量都有关，只有在这 6 个环节上严格按照有关规定和技术要求进行管理，才能有效避免或消除电梯在运行中产生抖动所带来的不安全隐患。

五、制动阀的调整和保养方法

（一）电磁制动阀的调整

修理电梯时对重新组装的电磁制动器须进行调整，其操作按以下方法。

（1）将电梯停在中间层，断开总电源，并采取措施防止松开制动器造成溜车。

（2）先松开两侧倒顺螺母的锁紧螺母，再往里旋两侧倒顺螺母 4，使电磁铁心闭合无空隙，定位做好标记，如图 8-6 所示。

（3）将铁心向两侧分别退出约 0.5 mm 左右（因结构不同，退出尺寸视结构而定，有的倒顺螺母处有刻度可参考）。铁心间的空隙尺寸就是两个铁心总行程。

（4）调整制动弹簧伸缩量。由调整装在制动弹簧上的调节螺母 1 来实现。螺母往里旋，制动力矩大，反之则小。弹簧的松紧可以改变制动力矩的大小，会影响平层精度。制动力矩大，停车时显得“楞”，反之又会产生溜车现象。

（5）用扳手将制动弹簧螺杆 12 旋转 90°，使手动放开制动凸轮 13 上的斜面把制动臂 8 撑开并带动制动蹄 9 脱开制动轮 11。

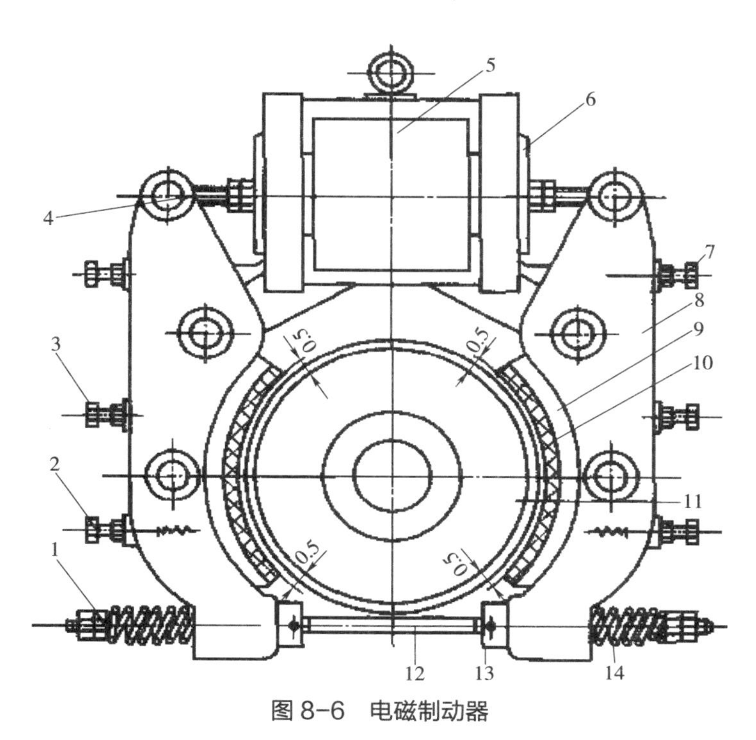

图 8-6 电磁制动器

1. 制动弹簧调节螺母；2. 制动蹄定位弹簧螺栓；3. 制动蹄定位螺栓；4. 倒顺螺母；
5. 制动电磁铁；6. 电磁铁心；7. 定位螺栓；8. 制动臂；9. 制动蹄；10. 制动衬料；
11. 制动轮；12. 制动弹簧螺杆；13. 手动放开制动凸轮；14. 制动弹簧

（6）调整制动蹄定位螺栓 2 和 3，使两侧制动蹄与制动轮的间隙不大于 0.7 mm（图中为 0.5 mm）且间隙均匀。测量时用塞尺塞入空隙不少于 2/3 处，测量 8 个点。调好后锁紧各部位螺母。

（7）用扳手将手动放开制动凸轮复位，制动蹄抱紧制动轮。

（二）抱闸间隙的快速调整方法

交流双速电梯抱闸间隙规定不大于 0.7 mm，其调整按以下方法。

（1）首先将电梯空载轿厢停放在顶层端站，电梯处于“检修”状态，轿厢内不得有人。然后电梯运行到顶层，支起对重，断电。最后调整抱闸铁心间距，如图 8-7 所示。1、1′ 为抱闸蹄行程调节螺栓，2、2′ 为铁心间距调节螺栓，3、3′ 为闸蹄上下间隙调节螺栓。

（2）放松 1、1′ 的防松螺母，用绝缘导线使抱闸线圈通电，打开抱闸，松开 1、1′，使抱闸打开时不起定位作用。再松开 2、2′ 的防松螺母，调节 2、2′ 螺栓，使抱闸间隙增大到 1 mm 左右（目测即可）。

（3）调整时可用塞尺或白纸（纸的面积应大于闸瓦的面积，可采用 16 开白纸，纸厚在 0.07 mm 左右）分别垫入两块闸瓦与制动轮之间，调节 2、2′，使闸瓦与制动轮之间的间隙减小到正好压住纸张，这样铁心间距就调好了。调节时 2 与 2′ 应均衡调节，防止铁心单侧偏移。

（4）转动盘车手轮，取出纸张，再根据预调的抱闸间隙垫入 2～4 层纸。如制动轮同心度不太好，间隙可适当放大，但最多垫纸不能多于 10 张（单边）。断开线圈电源，闸瓦压住纸后放松 3、3′ 的防松螺母，分别调节 3、3′ 的 4 个螺栓使闸瓦压紧。

（5）应注意受力均匀，再调节 1、1′ 螺栓，使之旋紧到顶后再稍微回旋一点，以便取纸。然后紧固所有防松螺母，接通抱闸线圈电源，转动盘车手轮，取出纸张，拆除临时导线，调整即告完成。该法简单易行，调整时可避免相互影响，快速方便，可一次完成，准确性也比较好。

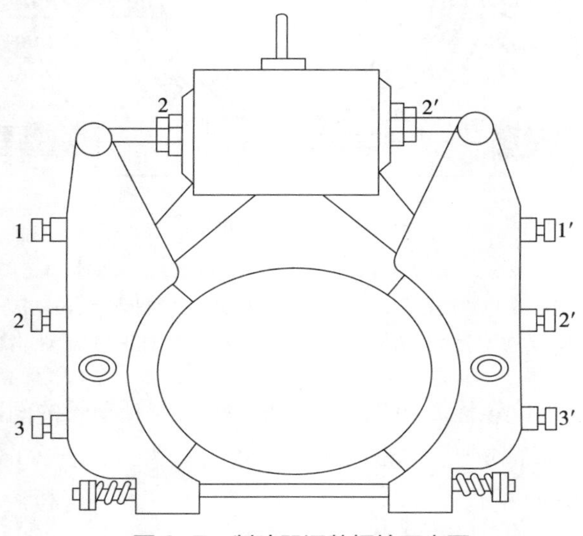

图 8-7　制动器调整螺栓示意图

（三）电磁制动器的保养

目前常用的电磁制动器 400 型如图 8-8 所示。电磁制动器是曳引机的重要部件，停层的准确性、舒适感和安全性都依赖制动器的操作。因此对制动器的保养是非常重要的，其检查保养按以下方法。

（1）普通的检查保养和电磁制动器的检查保养。检查柱塞的平稳操作性，当电梯行走正常时，检查制动鼓和衬套的间隙，衬套不可与制动鼓摩擦，而这间隙必须均匀地沿着衬套筒；检查柱塞行程和接点间隙的正常值，保证制动杆和柱塞杆同一时间接触；检查开始或停止时是否有不正常声音。

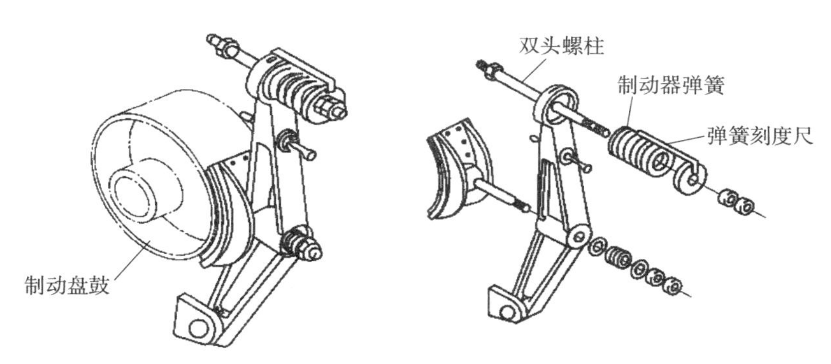

图 8-8 立式电磁制动器结构图

（2）制动柱塞和电磁制动器套筒的检查保养。检查柱塞、柱塞杆和电磁制动器的套筒，检查柱塞滑动面和柱塞杆是否损坏。若它们损坏了，用 120～150 号砂布修理，在柱塞及柱塞杆的表面涂上 11 号机油，油要均匀地涂在表面，隔数分钟后再抹去表面多余的油。检查牛皮垫圈是否老化或损坏，若牛皮垫圈厚度为 1 mm 时便要更换。若杆塞移动，应调整制动器的接点间隙，因为接点间隙会因移动或重装柱塞而改变。清洁并润滑柱塞、柱塞杆和电磁制动器的套筒。在柱塞杆接触到制动杆的表面轻涂一层 5 号机油。制动盘与制动闸如图 8-9 所示。

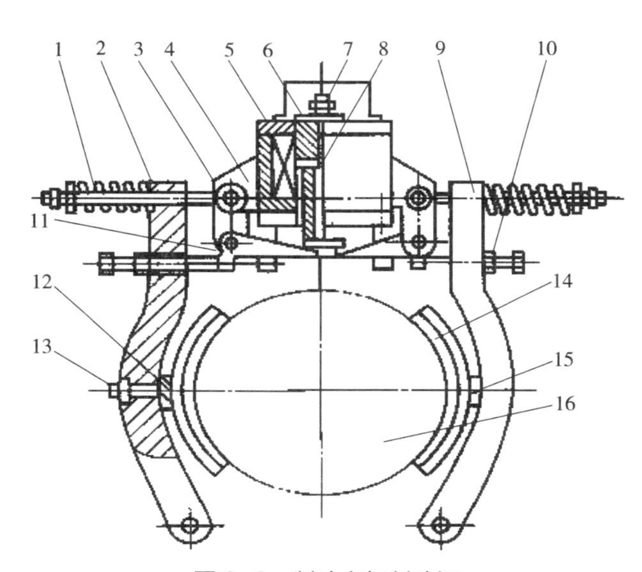

图 8-9 制动盘与制动闸

1. 制动弹簧；2. 拉杆；3. 销钉；4. 电磁铁座；5. 线圈；6. 动铁芯；7. 罩盖；8. 顶杆；9. 制动臂；10. 顶杆螺栓；11. 转臂；12. 球头；13. 连接螺钉；14. 闸皮；15. 闸瓦块；16. 制动盘

（3）制动器弹簧和双头螺栓的检查保养。检查制动器弹簧的有关尺寸；确保两个弹簧的压力相等；弹簧的长度应在 100% 和 300% 内；不可超过弹簧刻度所注的“L”；双头螺栓不可接触制动器臂的洞；检查双头螺栓的锁紧螺母和制动器弹簧的双螺母是否锁紧；调校制动器弹簧的压力。轿厢在无负荷的情况下用低速自动运行，使轿厢向上升，停在中间楼层。调校弹簧压力，使平层准确度达到表 8-3 所示的要求。制动闸的结构如图 8-10 所示。

表 8-3 平层准确度的要求

情况	平层准确度 /mm	情况	平层准确度 /mm
在无负荷的情况下上升	-30～0	在 150% 负荷情况下下降	0～+120

（4）制动器臂和制动靴的检查保养。检查没有转动时的制动臂轴；检查制动臂动作时是否平稳；检查球面座的表面是否损坏；检查制动靴动作是否平滑。调整制动靴弹簧压力的方法如下：在制动器动作停止的情况下，用螺母将弹簧收紧至压缩，然后将螺母再释放 0.5～1 转。检查制动器的底座和制动臂有无破裂。清洁并润滑制动臂和制动靴。在制动臂的支持轴上涂 5 号机油，清洁完毕后在球面座上涂 5 号机油。制动靴的结构如图 8-11 所示。

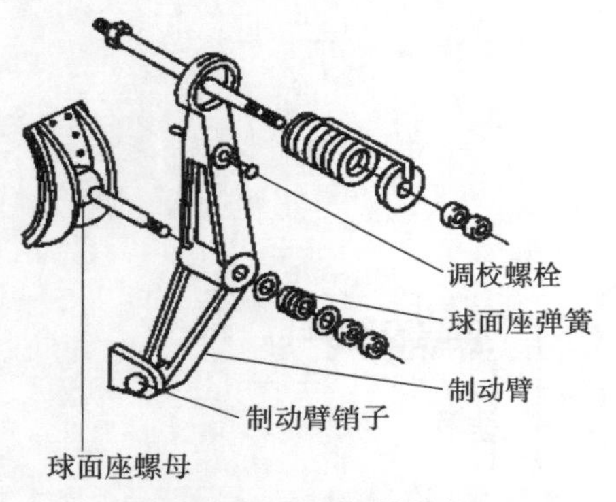

图 8-10 制动闸的结构

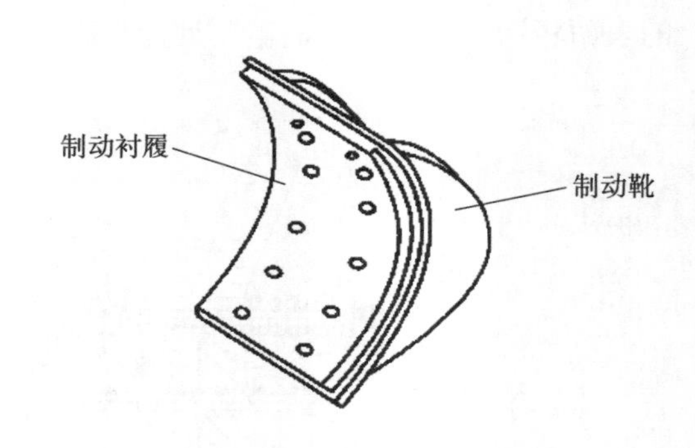

图 8-11 制动靴的结构

若球面座的表面损坏或生锈，用 120～150 号细砂布修理和清洁。在调校螺栓尾部接触制动杆处涂机油。

（5）制动器制动衬套的检查保养。检查衬套是否有裂痕及是否装配正确，若衬套有裂痕则要更换。检查衬套上是否有油污，若有油污应清理干净，否则应予以更换。确保固定衬套的钉头埋入衬套下大于 1 mm。确认衬套的接触面积要超过 80%，若接触面少于 80%，则要用粗砂布修整。当电梯运行时，衬套的表面不可摩擦制动鼓。更换衬套前，在制动靴的最高点画上记号，以防安装时倒转来使用。检查衬套时，只在一边进行，而另一边的制动靴跟制动鼓正常接触，并确认电梯能够被这一边的制动靴确实刹住。

六、电梯厅门事故的分析与处理

根据目前国内外电梯事故的有关统计资料，电梯事故中80%发生在电梯的厅门处，出现剪切、挤压、坠落等重大伤亡事故。这类事故对当事人有较大的伤害，大部分危及生命。因此应对电梯厅门事故进行分析，使所有从事电梯维修保养的人员对厅门处事故从思想上重视，并采取必要的措施杜绝这类事故的发生。

（一）原因分析

在电梯维修期间发生的这类事故，多数是由于检修人员不按规范进行检修。如开启厅门而不设立危险标志或不派人看守、短接安全回路行车等造成。这可以通过加强对维修人员的培训管理，提高检修人员的安全意识等手段来控制。正常运行的电梯导致出入口伤害事故的因素很多，具体有以下原因：

1. 导致剪切、碰撞事故有人为因素和非人为因素

（1）人为因素：门锁开关被短接、应急按钮被短接、门锁电路短接。

（2）非人为因素：门锁开关触点不断开、门锁继电器延时断开或不断开、门锁电路故障造成短接。

由于上述因素造成门联锁失效，而电梯在层门开启即未完全关闭时仍可以运行。在这种情况下，如果有人在层门与轿门之间，就可能发生剪切、碰撞事故。

2. 导致坠落井道事故的人为因素和非人为因素

（1）人为因素：门锁电路被短接且在门开启的情况下电梯运行至其他楼层、利用紧急开锁装置开启层门、在门锁损坏或门锁啮合尺寸过小的情况下用力扒开厅门。

（2）非人为因素：层门损坏、没有强迫关门装置或失效、门锁电路故障造成短接。

由于上述因素而导致电梯厅门开启而电梯又不在本层停车区域时，就造成人员踏入井道而坠落的事故。各种造成事故的因素统计资料表明，电梯在正常运行的情况下造成电梯出入口事故的主要因素是电梯门联锁失效，而导致电梯门联锁失效的主要原因有电梯失保失修、电梯检修人员违章作业、门锁电路意外短路。

（二）处理方法

电梯管理部门针对电梯出入口的安全事故大多出于门锁的原因，近年来采取了相应的措施，对GB/T 10060—2011及GB/T 7588（所有部分）—2020做了相应的补充规定。

（1）电梯必须装设有效强迫关门装置。

（2）所有客梯必须装设辅助门锁触点，即每个厅门必须有主、副两套门联锁装置。

除了必须按上述两点执行以外，还应注意以下几点：

（1）有关人员必须严格持证上岗制度；

（2）行车中在任何情况下不可短接安全回路及门锁回路；

（3）在轿厢不停本楼层而厅门开启的情况下，必须设置临时护栏及警示牌或派人看护；

（4）当检修人员在机房进行检修时，必须采取相应的措施使电梯门不能开启，避免人员出入电梯；

（5）电梯使用单位应根据本单位实际情况，根据国家规范及当地劳动安全部门的要求贯彻落实电梯安全操作规程、电梯维修保养制度、电梯维修保养操作规程等，重点检查维护电梯厅门的门锁及联锁装置、强迫关门装置。

上述几点得到认真落实，这类事故就会得到有效控制。

但是，除了厅门联锁装置电气触点因各种因素或故障不能断开或人为短接门锁回路以外，井道内敷设的线路由于碰撞或井道坠物及套管锈蚀等造成门锁回路短路也是一种因素。据以往的事故分析，由于此类因素造成的门联锁回路短路并使电梯在电梯门仍未关闭，人员在进入电梯轿厢的过程中，电梯就启动运行而造成的剪切致死的事例也较多。

事实上，不管采用何种线缆及其安装方法，在电梯使用过程中，很难避免因为井道坠物、金属锈蚀、导线绝缘层老化等原因造成导线与导线之间的短路，而且这种短路属于软故障，我们很难控制其发生的时间，而它在电梯停层开启电梯门时发生就会出现事故。

目前在电梯设计中，电梯厅门门锁回路属于安全回路的一部分，并且较为独立，一般采用各层主、副门联锁触点全部串联的方式安装。但如果发生上述门锁回路短路的情况，电梯在未关门的情况下仍会继续运行。因此，建议采用主副门锁回路分路的方法，也就是主门联锁回路装置安装方式不变，各层副门联锁装置在井道内串联成单一的副门锁回路时，将其引至机房电控制柜后再串入安全回路中，同时要求在井道壁安装副联锁回路时，其管线与主门锁回路管线的间距在进入井道主线槽前必须大于 200 mm。这样两个门锁回路同时故障而造成门锁回路故障导致电梯事故的机会就会降至最低。即双门锁回路增加了安全回路的安全性，使电梯运行的安全性大大提高。

七、三菱电梯安装接线、通电试车前检查接线的方法

三菱电脑控制交流调速梯，其控制系统大体可由图 8-12 表示。对这样复杂而先进的控制系统来说，安装人员所涉及的内容是输入通道上的开关接点、测速编码器、平层感应器等，输出通道上的信号装置、执行装置，扫描通道上的按钮、信号灯以及各类电源。

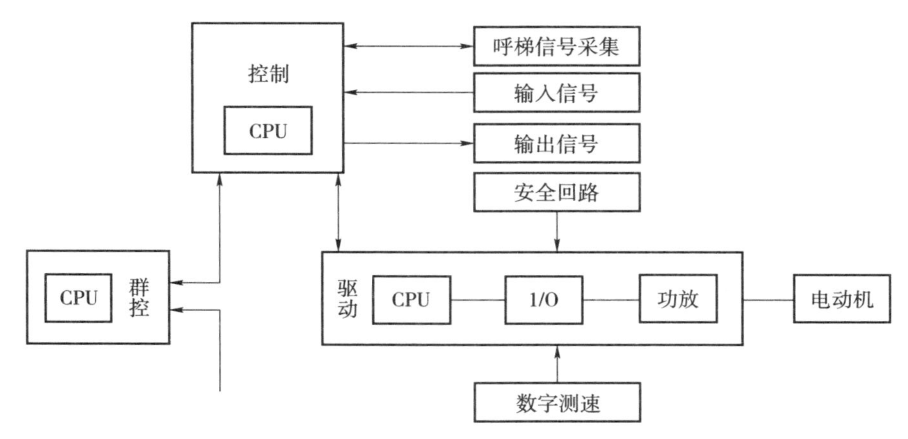

图 8-12　微机控制输入输出信号关系图

由于厂家是将成套的控制柜、操纵箱、召唤盒、传感装置等提供到现场，安装工仅需用电缆、电线将这些组件及开关连成一体，构成一个完整的系统。这些接线虽不太复杂，但却十分重要。必须完全安装正确，才能保证系统顺利进入调试状态。为此调试或安装人员对安装接线一般都进行检查，下面简述校线方法。

（一）回路电阻法

（1）用万用表测线路中两点之间的回路电阻来进行校线。为使所测的回路与其他回路隔离，可从线路中断开被测回路的一个端点或两个端点，如在控制柜处校 DS 梯按钮回路，方法如图 8-13 所示。

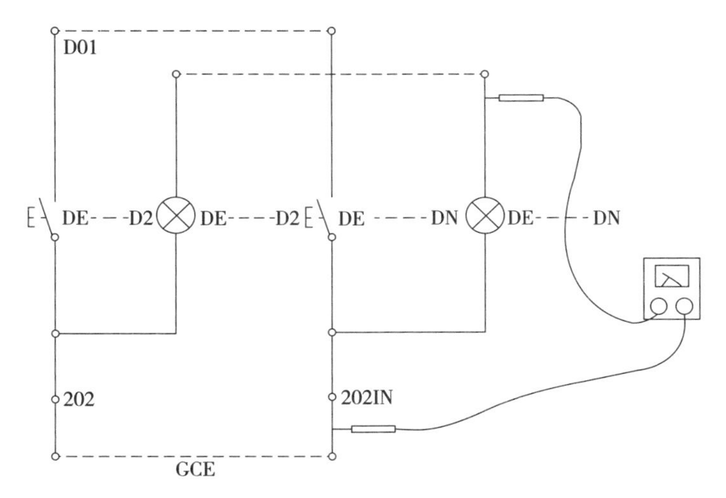

图 8-13　外呼按钮及按钮灯检测示意图

（2）将 MG28 型万用表置 R×1K 挡，红黑表棒分别接触 D01 与 202，…，200+N 各点之间，因此时 GCE 板已拔出，202，…，200+N 各点悬空，与线路已隔离，这样测其正反向电阻，与经验数据比较，若相符说明本回路接线正确，无短路、断路现象，用同样的方法可校方向灯、到站钟、电动机、风机、门回路、照明等有电阻回路及带开关触点的零电阻回路。

（3）对少数工作电流很小或耐压很低的元件，如电动机热敏电阻则选择万用表 $R \times 100$ 小电流挡位或不采用此法。

（二）分段校线法

三菱电梯的接线特点是各个部件的接线（如轿顶检修箱、轿内操纵箱）在工厂内已经完成，部件对外的接线口是插头、插座，部件与部件之间是用带插头的电缆进行连接，对这样的接线系统，可按图先对部件进行校检，再对电缆进行校检。

（三）信号法

电源类别不同的线路是不能相混的，尤其是强电 220 V、100 V 与 36 V 不能搞混。三菱电梯为了适合在中国安装，需对部分交流电气线路进行改接，为确认这类接线的正确，可以在线路与控制柜分离且不受到强电干扰的情况下，在被测线路的一端加入安全信号，在另外一端进行测量验证。这一安全信号就是取自内电池为 1.5 V 的万用表，即将表置于 $R \times 100$ 挡，正负表笔与被校回路的一侧相连接作电源。在线路的另一侧用另一万用表测其直流电压，若电压与 1.5 V 相符合即为正确。信号电压低、电流小，即使将线路搞错也没有问题。

（四）测线路绝缘电阻

在三菱电梯印制电路板未装上、M01 与地线断开的情况下，在机房用数字兆欧表测安装线路各点对地绝缘电阻，看其绝缘是否良好，如有绝缘阻值下降的情况分析是否应该。同样，对电源类别不同的线路之间的绝缘电阻也应测量判断。

经以上各步测量，一是可以判断线路的正确性，二是对线路的来龙去脉有个总体了解，以做到有把握地试车，如对系统已很熟悉、对安装接线已可信赖，可仅对一些重要接线做检查。然后通电调试。

第二节 机械系统维修与故障排除实例

一、曳引机故障排除实例

1. 曳引机在使用中产生振动和噪声

（1）原因分析

①电梯曳引机在使用过程中，曳引机上紧固螺栓松动、脏物进入蜗杆副啮合区、油脏或润滑不良等均会引起曳引机的振动和噪声。

②同时，蜗杆轴上推力球轴承磨损或圆螺母松动，会使蜗杆轴向游隙增大。蜗

轮轴上滚动轴承损坏，会增大蜗轮轴的径向圆跳动。

③此外，滑动轴承磨损等都会引起振动。

（2）故障排除

①首先从外部入手，紧固螺栓，定期注入或更换润滑油，定期更换蜗杆油，随时检查，做好维修保养。

②出现振动和噪声，应与有关人员或厂家一起查明原因，及时排除。

2. 电梯运行中曳引机制动轮有左右晃动现象

（1）原因分析

①因为没有其他异常响声，且仅有轻微的左右晃动，可排除减速箱与曳引电动机同轴度不正常的原因。

②只在制动轮处晃动比较明显，可确认是联轴器的法兰盘松动了，造成曳引电动机和减速箱杆之间的连接松动。

③法兰盘上的紧固螺母松动。

（2）故障排除

将紧固螺母重新拧紧，故障现象消失。

3. 曳引机漏油严重

（1）原因分析

①橡胶密封圈磨损或老化。

②电动机轴端盖与外壳没有压紧或有裂缝。

③有关储油件的放油孔螺栓未拧紧或衬垫有损。

④油加得过多。

（2）故障排除

①多数电梯蜗杆轴是橡胶密封，也有用机械密封的，如原天津电梯厂的曳引机使用的是机械密封。更换橡胶密封较容易要将已磨损（老化）的橡胶盘根掏出来，清理干净，再把新的放进去，一定要把接口错开，压紧时一定要掌握适度，运行一段时间后再调整几次。

若换机械密封就较麻烦，要将电动机抱闸轮卸下，打开各端盖，取出蜗杆，检查磨损的地方并修复，装上机械密封压紧端盖。

②嵌紧端盖，端盖有裂缝者应及时更换。

③拧紧螺栓或更换衬垫。

④检查油标油位是否正确。正常的油位应在1/2处，最高不要越过2/3。

4. 电梯运行时，一个方向正常，另一个方向运转受阻且换速后不走梯

（1）原因分析

①曳引轮轴承锁母松动，顺锁母前进方向运行，锁母锁紧，轴承不受阻，运行

正常。

②反之锁母退出顶住轴承端盖内侧，曳引轮轴承卡阻而阻碍运行，换速后电动机功率不够而不能走梯。

（2）故障排除

打开故障侧曳引轮的轴承端盖，拧紧螺母，将止退垫圈调整好。再将锁紧螺母拧紧，故障排除。

5. 运行中曳引绳轮槽中掉铁末

（1）原因分析

①曳引轮球化不好，硬度低于技术要求（190 HBW～220 HBW，同轮各处硬度差不大于 15 HBW）。

②曳引绳不在轮槽的中心位置造成绳槽偏移，或绳槽不符合设计要求。抗绳轮与曳引轮两绳槽中心线的 Y 轴投影不重合。钢丝绳张力不均匀，使磨损加剧。

（2）故障排除

①检查绳轮硬度，超差太大时更换新轮。调整绳轮槽中心线位置。

②调整钢丝绳张力，互差不大于 5%。

6. 电梯运行中曳引机轴向前窜动

（1）原因分析

曳引机蜗杆推力轴承磨损，启动时曳引机轴向前方窜动，在停止时反向退回。

（2）故障排除

打开曳引机后门头盖，更换后门头内的轴承，调整后门头间隙，适当增减垫片厚度，故障现象消除。

7. 电梯运行时，曳引机电动机与抱闸处有异常尖叫声

（1）原因分析

①缺油或轴承座内杂质太多。

②轴承损坏。

（2）故障排除

①更换润滑脂，把原来的油及杂质都挤出来，试车后，故障消除。

②曳引机各部需加润滑脂处一定要定期加油。加油时，最好能将废油挤出。

8. 减速器的蜗轮、蜗杆有啮死现象

（1）原因分析

①减速器油箱内严重缺油。

②误加黏度较稀的润滑油。

③齿轮油内有硬质异物，不干净。

④蜗轮蜗杆齿侧间隙过小。

（2）故障排除

①减速器油箱内加入足量的460号蜗轮蜗杆齿轮油，或加入厂家指定型号的油。不应过量，否则易造成漏油或散热不良。

②放掉旧油并用煤油进行清洁，加入460号蜗轮蜗杆齿轮油或厂家指定型号的油，且在油面规定范围内。

③调整蜗轮副的中心距离，齿侧间隙应在1.9 mm～2.5 mm。

9. 电梯平层停车后总是向下溜车约40 mm才能停住

（1）原因分析

①造成此故障的原因通常有：对重太轻、电梯超重、制动力矩太小、曳引绳在槽内打滑、曳引槽形有异常。

②经检查曳引槽形无磨损现象。开电梯运行发现不同负载时溜滑距离有一定规律，空载时约25 mm，半载时约30 mm，满载时约40 mm。可确认轿厢向下溜滑的原因是制动力矩不够造成的。

③进一步观察曳引机制动器松、合闸时闸皮的动作情况，发现电梯平层停车时右边制动瓦对制动轮抱得无缝隙，而左边制动蹄并没有将制动轮抱紧，有明显的缝隙，从而造成制动力矩下降，使电梯停车后，轿厢向下溜滑一段后才能停住，且上下行因惯性运行都存在。

（2）故障排除

①重新调整制动器制动弹簧的压缩量，使其两个制动弹簧的压缩量一致。

②要反复调整两侧弹簧压缩量，直至完全达到电梯平层准确性的要求。

10. 电梯运行中快速和慢速的速度一样

（1）原因分析

①电气调速器故障、轨距太小、减速箱缺油有抱轴现象，都会造成快慢车速度差不多。

②经检查电动机高低速绕组正常，电气控制回路无故障；导轨与轿厢间距，因前段时间都运行正常可排除。

③打开减速箱上盖，取出点油，发现油内有铜末。蜗轮蜗杆在磨合过程中，磨落的铜末将油孔堵塞，使得润滑油不能正常流入滑动轴承内，造成蜗杆缺油，产生轻微的抱轴，使电梯不能正常运行。

④用手摸轴头，发现蜗杆与滑动轴承处很热，确认减速箱的蜗杆轻微抱轴。

（2）故障排除

①将减速箱的油全部放出，并用煤油冲洗干净油箱。

②然后在加油入口处放置滤网，将新的相同牌号与规格的油注入。

③再试车运行，速度正常，快慢车速度有明显变化。

11. 减速机滚动轴承运转时发烫、噪声大

（1）原因分析

①润滑油太满或太少。

②润滑油脂太脏，油质差或干固结块。

③轴承与轴颈配合过紧或过松（所谓走内圈或外圈），轴承损坏，滚珠研碎。轴承牌号不符或质量差。

（2）故障排除

①更换合格的轴承。

②清洗轴承，将清洁的润滑油注至2/3油室，定期用黄油枪将旧油挤出，补充新油。

12. 减速机蜗杆抱轴、盘车不动

（1）原因分析

①油箱缺油，滑动轴承得不到润滑，油中混有杂物、铜末，油孔堵塞，油质不好，牌号不对。

②蜗杆轴与滑动轴承间隙过小，不同轴。

（2）故障排除

①用加热法退下抱轴铜套，刮研或更换铜套。

②调整同轴度误差，保证间隙。

③更换或过滤润滑油，保持清洁无杂物，用煤油清洗油箱，禁止用普通机油代替减速机润滑油，通常1.75 m/s速度用460号蜗轮蜗杆齿轮油，2.5 m/s速度用320号或220号蜗轮蜗杆齿轮油，或用厂家推荐的齿轮油。

13. 电动机以额定速度运转，抱闸打开，而制动轮、蜗轮、蜗杆自锁无动作，轿厢不能运行

（1）故障现象

①5层5站客货电梯在维修时出现了电动机以额定速度运转，抱闸制动，蜗轮、蜗杆自锁无动作，轿厢不能运行。

②电梯停用，切断电源，将电动机固定螺栓卸掉，退出联轴器套，发现在套内部位处的电动机轴折断。

③检查测量，ϕ42 mm轴中心仅有约ϕ6 mm～8 mm的新断面，其余轴断面呈现旧断裂痕迹。

（2）原因分析

①曳引机解体拆卸后，在重新组装时未按工艺标准要求操作，导致蜗杆轴和电动机轴不同轴，甚至严重超差。

②在通电运转后便产生旋转性揉搓，电动机轴表面在旋转揉搓中开始出现断

裂痕迹，随着时间的增长，裂痕逐渐向纵深发展，断裂面积逐渐扩大，最后导致折断。

（3）故障排除

①封闭各层厅门口并悬挂“电梯维修，禁止使用”牌。

②去原厂家购买与其规格尺寸相同的电动机转子进行组装，且保证刚性联轴器的同轴度误差不大于 0.02 mm，弹性联轴器的同轴度公差不大于 0.1 mm。

③组装时必须由有安装维修经验的钳工操作。测量、调整同轴度应在没有安装制动臂前进行。调整方法按图 8-14 所示方式进行。

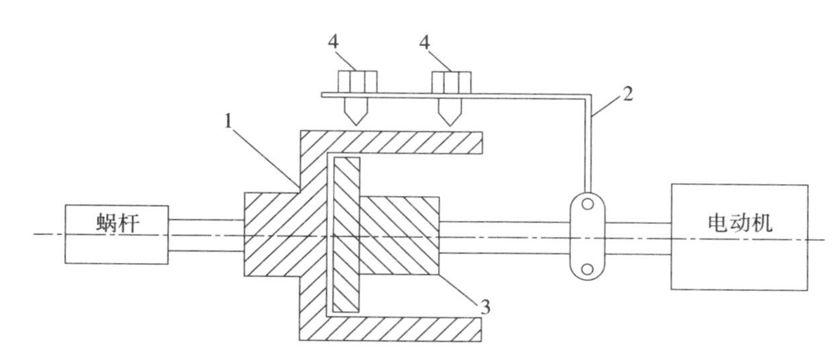

图 8-14　电动机蜗杆同轴度调整示意图

1. 制动轮；2. 专用工具；3. 电动机联轴器；4. 调整螺栓

14. 电动机温升过高，超过规定值，机壳发烫，有异味

（1）原因分析

①电梯电动机运行负载持续率超过额定负荷持续率，长时间使用慢车绕组（电动机慢车时间不超过 3 min）运行。

②电动机绕组局部漏电（未击穿）、滑动轴承润滑不良、曳引机不同轴度超差大、有卡阻现象等均能引起温度升高，通风不良，运行中断相。

（2）故障排除

①改善运行工作制，使电动机负载持续率与实际相符。

②温度达到规定值，应停机 1 h，自然冷却电动机。

③调整换速时间，减小爬行距离，尽量减少慢速绕组使用次数和时间，避免用慢车运送乘客。

④加强维护保养和润滑，消除卡阻现象，避免缺相，加强机房通风。

15. 电动机端盖下部及绕组端部布满油渍，积存润滑油

（1）原因分析

①油位过高超过规定油面。

②油塞及滑动轴承两端的密封不好。

③润滑油的黏度太小。

（2）故障排除

①油位应在油窗的 2/3 以下处，不低于 1/3。

②调整或更换优质密封圈。

③润滑油一般使用 30 号机油为宜。

16. 电动机不能启动，有闷车怪叫声，故障部位温度高、冒烟

（1）原因分析

①油室缺油或油路堵塞。

②润滑油太脏或牌号不对。

③轴颈铜套不能润滑。

④铜套变形。

（2）故障排除

①更新铜套或打磨旧铜套。

②冲洗油室，加入 30 号机油至油标线位置。

17. 电梯在运行过程中突然停止，在 5 层不平层，显示开关门等正常

（1）原因分析

①安全或门锁回路突然断开。

②抱闸故障。

③控制系统出现问题。

④曳引机故障。

（2）故障排除

①首先检查安全回路正常，门锁正常，抱闸动作正常，控制系统各信号正常，三相电压 380 V 正常，怀疑是曳引机故障。

②然后支对重、吊轿厢、摘除曳引钢丝绳，拆掉抱闸，手动盘车，曳引机不能运行，分离电动机和蜗轮、蜗杆减速箱，检查电动机运行正常，怀疑是蜗杆两端压力轴承或蜗轮轴两端滚动轴承损坏，造成机械卡死，电梯不能运行。

③最后拆开减速箱端盖，发现蜗杆的锁紧螺母异常，花费很大工夫才拆下锁紧螺母，取出蜗杆、轴承，用煤油清洗后重新组装，蜗轮、蜗杆减速箱动作正常，原来是电梯在运行过程中，蜗杆端的锁紧螺母松动，造成蜗杆的轴向窜量超过标准值，使蜗杆的锁紧螺母和端盖间机械卡阻，造成电梯不能运行，恢复后，电梯正常运行。

18. 电动机运转时抖动，电动机轴与轴套之间发出响声，严重时轴头冒烟

（1）原因分析

①润滑油室缺油，电动机轴颈得不到润滑。

②甩油环失灵带不上油。轴颈铜套磨损使间隙过大。

③电动机和减速机的同轴度误差超差。

④润滑油脂不好，牌号不对或太脏。轴颈得不到良好的润滑。

（2）故障排除

①注意油室的油量，油量通常在油标的 1/2 处，最高不要超过 2/3。

②检查甩油环是否正常，如有毛刺应修整。

③定期清洗油室（每季 1 次），润滑油应清洁，牌号正确（一般为 30 号油）。

④校正电动机与减速箱的同轴度。

19. 电动机跳动并发出有规律的金属响声（每转动 1 次发出 1 次响声），电梯运行不稳

（1）原因分析

①电动机长期运行，铜套磨损量大于定转子间的气隙，转子下沉碰擦定子内壁。

②磨损严重，电动机与减速机不同轴度值增大，引起电梯运行不稳。

（2）故障排除

①更换新铜套并检查电动机轴颈、定子、转子的磨损量。

②重新调整电动机与减速机的同轴度，使其符合要求（弹性联轴器小于 0.1 mm，刚性联轴器小于 0.02 mm）。

二、限速器与安全钳故障排除实例

1. 限速器绳轮磨损严重

（1）原因分析

①观察限速器钢丝绳上无断丝、无死弯、无油污，限速器绳完好无损，排除了钢丝绳对绳轮的不正常磨损因素。

②卸下限速器绳，发现限速器运转灵活，绳轮旋转的摆差为 0.2 mm，限速器本身质量也良好。这时要怀疑安装质量是否有问题，经安装单位测量，限速器绳轮槽中心到导轨顶面的距离与安全钳操纵机构提拉孔到导轨顶面的距离误差为 25 mm，限速器安装的误差为 l0 mm，上述两相误差之和为 35 mm，而 GB 10060—2011 中第 5.2.8.1 条规定的误差为 10 mm，超出标准 25 mm。

③随着轿厢的向上运行，限速器绳与绳槽中心线之间的夹角越来越大，绳对绳槽的磨损会越来越厉害，这是绳槽严重磨损的直接原因。

（2）故障排除

重新调整，符合标准后，绳槽磨损基本看不到。

2. 限速器绳与绳轮产生相对滑移

（1）原因分析

①由于限速器绳轮槽之间的磨损很不规则，一侧磨损严重，另一侧磨损较轻，

V 形槽经过严重磨损后，慢慢变成带切口的半圆槽，限速器绳的曳引力明显降低，随着限速器绳曳引力的降低，加上电梯启动、制动时产生的惯性力会使其摩擦力瞬间进一步降低，造成限速器绳与绳轮之间产生微量滑移。

②随着启动、制动次数的增加，这个微量滑移量会积累增大，限速器绳与绳轮之间的滑移加大了绳槽之间的磨损，进而使限速器绳曳引力进一步降低，使绳与绳轮之间的相对滑移越来越大，形成恶性循环。

（2）故障排除

①维修时要经常观察磨损情况，限速器要达到随时监控和捕捉轿厢运行速度的目的，有的旋转编码器还装在绳轮上，更不允许有相对滑移量，因而维修时要常检查。

②考虑更新为钢带传送，以消除相对滑移。

3. 限速器和安全钳误动作

（1）原因分析

①限速器旋转部分或绳轮润滑不够，造成限速器误动作。

②固定限速器的螺钉松动，使限速器误动作。

③安全钳楔块与导轨的间隙小于 2 mm，当靴衬磨损过大时，安全钳误动作。

④限速器钢丝绳与制动块摩擦严重，使限速器误动作。

（2）故障排除

①限速器轮轴每周加油 1 次（限速器钢丝绳不加油）。

②拧紧固定限速器螺钉，注意限速器不能偏斜。

③调整间隙为 2 mm～3 mm。若安全钳动作后，导轨作用部分要进行直线度和表面粗糙度的修正，并检查紧固件有无松动。

④调整制动块，不行则更换。

4. 运行中安全钳动作，急停回路断路，轿厢骤然卡在导轨上

（1）原因分析

①限速器误动作，将安全钳楔块提起造成轧车。

②电梯超载下行超速，超过限速器动作速度设定值。

③安全钳拉杆或楔块松动，运行中振动轧车。

④安全钳楔块与导轨侧面之间的间隙过小（规范为 3 mm～4 mm）或误入杂物。

⑤电梯上行超越端站，对重蹭簧引起轿厢抛掷，速度变化率大，离心甩块骤动造成限速器动作轧车。

（2）故障排除

①点动电梯慢速上升（严禁下行，否则越扎越紧），使轿厢脱离轧车位置，提起楔块，恢复拉杆开关，修复打磨导轨轧车位置（若按慢车轿厢不动，电动机发闷时则应采取在机房吊起轿厢，使之脱离轧车位置的方法处理）。

②定期保养安全钳系统，限速器应每半年清洗调整1次，安全钳系统应半年调整1次。

③定期检查强迫换速、限位、极限装置，使其动作灵活可靠，避免越层。

5. 安全钳做动作试验后，在提拉轿厢使安全钳复位过程中，5根曳引钢丝绳中有1根绳头从锥套中脱出。

（1）原因分析

绳头之所以能从锥套中脱出主要原因有两点：

①锥套在巴氏合金浇铸前没有进行预热，引起合金与套壳“脱壳”；

②钢丝绳头编结方式不当。由于该梯采用进口钢丝绳，柔韧性比国产钢丝绳好，采用菊花状绳头编结方式，如果在浇铸时，没有严格按工艺要求制作，容易将绳头从套中拔出。

（2）故障排除

①在锥套浇铸过程中应注意：绳头拆开编结，应根据钢丝绳特性进行。

②如进口绳柔韧性好，可以采用股与股交互编织方式。巴氏合金浇铸温度可用经验预测，可在巴氏合金溶液中插入木片，木片立即烧焦为好。绳头体与锥套在浇铸前应进行预热。

③巴氏合金应一次浇铸成形，严禁多次浇铸。绳头浇铸成形后应检验试验。外观看应无松股、歪斜及直径明显缩小现象，并以少许合金渗出锥套为好。锥套内应能看到所有绳股的顶部，合金体浇铸高度应满足要求。

④按GB l0059—2009要求要进行拉力试验，现场按各项要求进行检验，保证绳头组合完好无损。

6. 安全钳动作时轿厢倾斜、振动、冲击过大

（1）原因分析

①安全钳制动时，其制动元件不能同步楔入钳体和导轨之间，会造成轿厢倾斜、振动、冲击很大。

②当故障时引起轿厢下降的速度达到了限速器的动作速度时，限速器就会立即动作，通过安全钳提拉机构将轿厢两侧的安全钳制动元件提起，把轿厢制停并夹持在导轨上。

③安全钳制动的同时，安全钳上的安全联锁开关相应动作，使曳引机停转。在安全钳制动过程中必须有一套准确可靠的提拉机构与之相配套。

④提拉机构安装制造质量的好坏，影响到安全钳动作的同步性，影响到制动时的振动冲击大小及轿厢是否倾斜。

（2）故障排除

必须确保安全钳提拉机构的安装质量和元器件的质量，定期校验，不合格的更换。

7. 电梯每次运行至顶层平层位置发生急停，稍后电梯自动停在顶层平层位置

（1）原因分析

①在机房观察，当轿厢运行将到顶层时，限速器钢丝绳因拉长过长，抖动很大，敲打张紧装置旁边的断绳开关 UKS，致使开关时合时断，却未完全断开。

②电梯急停后，待限速器钢丝绳抖动幅度小了，开关又恢复正常，电梯又正常运行。

（2）故障排除

此种故障发生较多，最好的办法是将断绳开关改在张绳轮的底部，断绳开关和张紧装置分开，这样就不会因张紧装置的晃动造成急停。

8. 安全钳动作后，楔块啃入轿厢导轨，无法解脱楔块

（1）原因分析

①安全钳动作后，正确动作应当是楔块楔入导轨，而不是现在出现的楔块啃入导轨，这说明楔块与导轨加工或安装不良、误差太大，造成楔块夹持工作面和导轨不平行，端面成尖棱状；或是安全钳拉杆系统弹簧太软，无法复位；还可能因拉杆自身弯曲，无法使楔块解脱。

②经分析可能是拉杆弹簧太软引起的，因该拉杆弹簧是后配的，没有经过严格的质检确认。

（2）故障排除

①维修工到轿厢顶上用根橇拉杆，使其强迫复位，修磨被啃导轨面。

②再检修安全钳部分，确认拉杆弹簧弹性太软，即刚性太差，应更换原厂家合格弹簧。

三、钢丝绳与补偿链故障排除实例

1. 曳引钢丝绳打滑

（1）原因分析

①曳引轮绳槽磨损严重，钢丝绳与槽底的间隙不大于 1 mm。

②曳引钢丝绳太长，使电梯运行在最高时，配重搁置在缓冲器上，使钢丝绳打滑。

③曳引钢丝绳上渗油过多，绳与槽的摩擦力不够，引起打滑。

（2）故障排除

①更换曳引轮，或在磨损不严重的情况下修正曳引轮槽。

②拆除对重下缓冲器碰块，若缓冲距离还不能满足规范要求，要截短钢丝绳重做绳头。

③用煤油去除钢丝绳上的油污，只留适量的油用于防锈。

2. 钢丝绳外表面磨损快或断丝周期短

（1）原因分析

①轮槽槽型与钢丝绳不匹配，有夹绳现象。

②绳轮的垂直度超差（规定不超过 0.5 mm），曳引轮与抗绳轮的平行度超差（规范不超过 1 mm），造成偏磨。

③安装时钢丝绳没有“破劲”，运行时钢丝绳在绳槽中打滚，造成滚削。

④钢丝绳质量不佳，磨损加快。

（2）故障排除

①将钢丝绳重新“破劲”，消除内应力，防止打滚。

②调整相关垂直度和平行度，选用合格的电梯专用钢丝绳。

③选择合适的槽形和钢丝绳配合。

3. 电梯运行中遇有速度发生变化（启动、换速停梯制动瞬间），曳引钢丝绳在绳槽产生滑动

（1）原因分析

①绳槽磨损严重（例如由 V 形磨成 U 形），使曳引力下降。

②钢丝绳长期使用产生磨损，使钢丝绳和绳槽的摩擦力减小，曳引力下降。

③绳槽磨损程度不一致，钢丝绳在磨损量大的绳槽中产生滑动。

④在对重已经墩簧的情况下，若迫使电梯上行，钢丝绳会在槽内打滑。

⑤轿厢严重超载下行，绳槽曳引力超过规定值，产生打滑。

⑥钢丝绳之间张力不均，造成打滑。

（2）故障排除

①轿厢载重量不得超重。

②绳槽磨损严重时，应更换绳轮轮缘或绳轮。

③绳槽严禁加油。当钢丝绳绳芯渗油太多时，可用煤油擦拭干净（忌用汽油擦拭，因汽油内含少量水分，会使钢丝绳生锈）。调整钢丝绳张力，互差不超过规定值。

4. 曳引钢丝绳的张力偏差超过 5%

（1）原因分析

随着电梯运行时间的增长，曳引钢丝绳自然伸长量也不尽完全一样，引起各绳的受力大小不同，各曳引机钢丝绳的张力误差就会超过规定值 5% 而超差。为安全起见必须调整。

（2）故障排除

维修工站到轿顶，在井道高度 2/3 处用弹簧秤测量各绳张力，调节绳头板螺母，使张力偏差不超过 5%。

5. 曳引钢丝绳寿命减小、断绳

（1）原因分析

①磨损。这包括钢丝绳与绳槽之间的磨损，也包括钢丝绳内部股绳之间的磨损。因磨损使有效截面减小，抗拉强度减小，严重时即可引起断绳，造成重大事故。

②腐蚀。腐蚀会使钢丝绳寿命显著降低，它不仅直接减小钢丝的有效截面积，而且会进一步加剧钢丝绳的磨损。

③载荷不均。曳引钢丝绳的载荷不均是影响其寿命的一个重要因素。当曳引钢丝绳中拉伸载荷变化 20% 时，钢丝绳寿命减小可达 20%～30%。

（2）故障排除

①必须常检测线径，磨损一定程度后应及时更换钢丝绳。

②对于磨损和腐蚀的预防措施是润滑。制造曳引钢丝绳时，中心有油浸麻一根，使用时在压力作用下绳芯向外渗油，停用时向内吸油，因此在使用初期无须考虑润滑。但使用日久，绳芯的油会逐渐枯竭，必须定期上油，以减小磨损，防止腐蚀。

③在润滑曳引钢丝绳时要做到“透、薄、对”。不透不足以消除内磨；不薄，甩甩搭搭影响其他部件的使用，尤其是用在制动器上还会造成危险或打滑，手摸有油感即可；不对，则可能降低曳引能力，构成蹲底、冲顶的隐患。

④拉伸载荷有 20% 的变化，便可影响钢丝绳寿命的 20%～30%，所以钢丝绳受力不均不得超过 5%，要及时发现，及时调整，防止断绳造成重大事故和损失。

6. 曳引钢丝绳表面有干燥锈斑并有锈蚀现象

（1）原因分析

①曳引钢丝绳应有适当的润滑，不但可以减少钢丝之间的磨损，而且可以保护钢丝表面不被锈蚀。

②曳引绳中心虽有油浸麻绳一根并且其制作时浸入了特殊润滑防锈油，但由于使用时压力的作用，绳芯的润滑油逐渐向外渗漏，长时间运行后绳芯储油减少，甚至耗尽，曳引绳表面便产生干燥锈斑，因此必须定期加油。

（2）故障排除

①加油方法要特别讲究，否则会变成坏事，造成事故，有些维修工在绳表面涂上一层厚厚的黄油，这是不正确的，因为油脂无法渗入内部，反而加快了锈蚀，而表面又降低了摩擦力，曳引轮打滑，电梯不能启动，造成潜在危险。

②润滑时应用专门的钢丝绳油（戈培油），它既能保护绳，又不降低绳与绳槽间的摩擦系数。如果没有专用油，可采用强度中等的机油，但浇油不能太多，绳的表面有轻微的渗漏即可。

③对于不绕过曳引轮部分的绳应涂防锈油，也可用油脂类保护其外表。

④正确加油方法

a）将电梯用检修速度慢速上升。加油前，用钢丝刷子将绳表面及凹处的污物去净，用柴油清洗干净，然后用油壶把润滑油浇淋在绳上，反复两次，特别注意润滑油不能流在制动轮上，并用一个铁盒放在轿顶上，以免加油时润滑油到处外流，每月至少润滑两次。

b）在电梯大修或中修时，将曳引绳取下，用柴油洗净、盘好，然后放入铁锅内，加入专用绳油或中等黏度的机油，油量以浸泡住曳引绳为宜，然后加热至80 ℃～100 ℃，直至泡到达到要求，这种方法能使润滑脂浸透到曳引绳的绳芯中，可大大延长曳引绳的寿命。

7. 钢丝绳悬垂于井道后打结、松解、弯曲、成蛇状，造成曳引绳报废

（1）原因分析

①发货时钢丝绳解卷的方法不正确是主要原因。

②将钢丝绳从卷绳木轮取下的过程称解卷，有的放绳操作简单随便，把卷绳木轮竖起来，用手将钢丝绳一圈圈退下来，退下的绳圈别着劲交织在一起，然后人工用力拉直，用皮尺测量出需要的尺寸并截断，再用力将别着劲的单根绳盘成圆形，用细铅丝绑扎起来。

③如果及时安装还没什么大碍，若存放时间长，钢丝绳因打卷会使绳股打结、松解、产生永久性变形，所以这种解卷方法不对。

（2）故障排除

①用一根 ϕ60 mm～ ϕ80 mm 的钢管穿入卷绳木轮的孔内，钢管两端放在支架上并固定，绳木轮离地面 3 cm 左右，旋转以不摩擦地面为准，选清洁场地，一人拉住绳头，一人掌握木轮的平衡，绳木轮跟着旋转，将绳有规律地放出来，用皮尺测量需要的尺寸并截断，顺势将钢丝绳盘起来，再用细铅丝绑扎好，这样钢丝绳性能不变化，强度不降低，不会发生上述现象。

②在挂绳之前应先将钢丝绳放开，使之自由悬垂于井道内，消除内应力。

8. 电梯补偿链拉掉

（1）原因分析

①补偿链过长或太短。

②补偿链有扭曲。

③保养时润滑有问题。

（2）故障排除

①按规定计算补偿链长度，不使补偿链扭曲。

②润滑要适宜。

9. 电梯补偿链拖地并有异响

（1）原因分析

随着曳引钢丝绳的伸长，有补偿链的电梯可能会造成补偿链（绳）拖地，拖地后带来异声。严重时甚至会拉坏补偿链（绳）支架并损坏井道中其他零部件。

（2）故障排除

维修工要勤于检查，发现补偿链（绳）拖地，要重新绑扎，使其符合要求。

四、电梯抖动与振动故障排除实例

1. 机械原因引起电梯运行时抖动和振动

（1）原因分析

①导轨安装时不垂直，或使用时间长，导轨磨损、变形或导轨接头处不平，台阶大于 0.15 mm。

②导轨支架松动或压轨板螺栓松动。

③主机机座与承重梁连接固定螺栓松动，运行时窜动，引起下部抖动振荡。

④减速箱中，蜗轮、蜗杆间隙不适或啮合不良。

⑤抱闸两侧间隙不均，运行时，时擦时不擦，磨损的闸皮在弧度上高低不一致。

⑥轿厢底不水平，特别是负载运行时受力不均而强烈抖动。

⑦轿厢壁、底、顶螺钉松动，运行时窜动并伴有异声。

⑧轨距差大于 2 mm。

⑨钢丝绳间受力不均。

⑩安全钳动作后，楔块未完全复位，运行时磨损。

⑪轿顶及绳轮上的轴承内滚珠磨损，运行有一顿一顿的感觉或反绳轮与两边上梁间隙不一致，轻微切槽而发生弹动现象。

⑫对重运行时与井道内异物相碰并传送到轿厢，引起振动。

（2）故障排除

①导轨不垂直，重新校轨达到规定值。导轨磨损或变形严重应更换导轨。导轨接头不平，应重新磨光修平接头处。

②拧紧螺母，如支架整体松动，则需重新预埋或焊接。

③重新拧紧螺栓并锁紧螺母。

④调整蜗轮蜗杆啮合间隙到规定值。

⑤重新调整制动蹄，使两侧间隙均为 0.5 mm～0.7 mm，且两边工作同步，闸皮磨损超标或异常须更换。

⑥调节拉杆螺栓，校平轿底，注意负载时载荷的均匀分布。

⑦紧固所有松动的螺栓。

⑧重新调整轨距并达到规定的要求。

⑨重新调整钢丝绳受力，使各绳受力相差不超过 5%。

⑩更新调整楔块，使之复位，并注意其间隙和提拉力要完全符合要求。

⑪更换轴承，调整好间隙。

⑫清除杂物，使上下运行时无障碍物。

2. 电梯开关门时门板抖动

（1）原因分析

①轿门或厅门的挂轮磨损严重。如挂轮变成椭圆形。

②轿门门轨导槽中有异物或扭曲变形严重。

③轿门地坎内有异物。

④轿门的传动机构紧固螺栓松动，或连杆严重变形或扭曲。

（2）故障排除

①更换轿门、厅门的挂轮。

②清洗导轨并涂擦一层薄的机油，对扭曲变形的导槽，若不能矫正修复，应更换新的。

③清除地坎内异物，保持厅门附近的清洁卫生。

④拧紧传动机构螺栓，修正或更换变形或扭曲的连杆。

3. 电梯轿厢水平方向低频振动超标

（1）原因分析

电梯运行，轿厢出现低频振动主要是导轨引起的。

（2）故障排除

①该故障只需检查调整主副导轨即可解决。

②由于电梯正运行，受导靴阻碍不能采用原安装电梯放线方法，可采用运行中电梯导轨调直方法进行调整。在不阻碍电梯运行的导轨侧面放四条样线如图 8-15 所示，四条样线对称放在矩形的中心线上。放样线 A_1 与 A_2，B_1 与 B_2 数量必须相等并用特制的夹具定位夹紧。

③调整导轨处垫片，检查和紧固各挡架和导轨连接板处的螺栓。使用专用测量卡板，导轨支架和导轨连接板处的测量值误差在 0 mm～0.5 mm。当导轨连接板处无法调整时，应增加导轨支架。

④在导轨接头处刨削，使接头处台阶高度小于 0.02 mm，修光长度大于 300 mm。最好检查轿厢和对重的导靴是否过紧或过松，保证 4 个导靴在同一垂直面内，避免导靴在运行中产生阻力。

⑤检查对重导靴与导轨间隙是否足够，还应检查润滑情况。

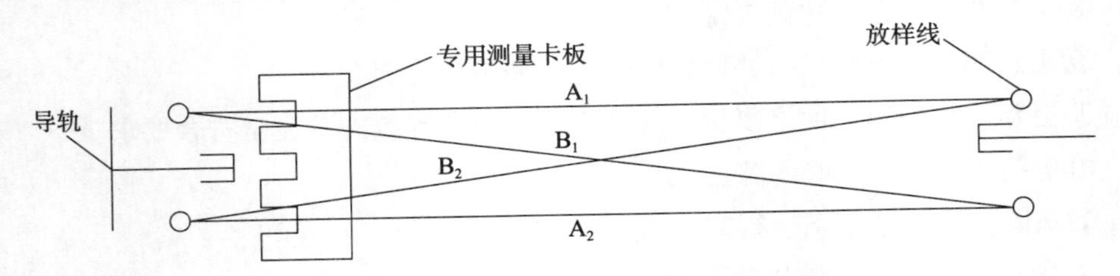

图 8-15　导轨调直检查方法

4. 电梯运行时偶尔出现抖动现象

（1）原因分析

①曳引钢丝绳张力不均衡。

②导轨的平行度误差大。

③减速器磨损，齿侧间隙大于 2.5 mm，蜗轮与蜗杆产生猛烈撞击。

④导轨接头有台阶。

（2）故障排除

①因电梯长期运行，减速器磨损严重，经检测齿侧间隙大于 2.5 mm，大于规定标准 1.9 mm～2.5 mm 的要求，这样蜗轮与蜗杆间产生猛烈撞击，引起电梯抖动。

②更换蜗轮副，测量齿侧间隙为 1.9 mm，符合规定要求。

③试车，电梯抖动消失。

5. 电梯运行在垂直方向高频振动超标

（1）原因分析

电梯运行时产生高频振动原因很多，也很复杂。除导轨、导靴外，曳引机、轴承、抱闸、蜗轮蜗杆、轿厢、钢丝绳、电动机、电气控制系统等有问题都有可能引起高频振动。发生这类故障时要具体分析。

（2）故障排除

除对导轨及导靴检查调整外，还应检查以下几个方面。

①曳引机安装情况。如抱闸是否顺畅，轴承有无异声，蜗轮蜗杆啮合点是否对中，曳引机动平衡情况等。

②电气方面。如负反馈是否正常，旋转编码器安装质量是否合格。

③轿厢方面。如悬挂中心是否准确，上下卡胶安装是否正确，轿厢拉杆安装是否正确，轿底安全钳钳嘴及楔块是否对中。

④钢丝绳方面。如消除钢丝绳内应力。方法是顶住对重架，吊起轿厢，使钢丝绳在不受力情况下自动旋转而消除内应力。钢丝绳锥套排列是否正确，锥套环是否与孔对正，钢丝绳是否有扭折。

⑤加装轿顶吸振装置。由于振动是通过曳引钢丝绳传递至轿厢的，故可在轿顶钢丝绳绳头加装吸振装置，可有效减小轿厢振动的振幅。

⑥按上述方法还消除不了高频振动，则可确定为是曳引机和电动机的高频振动通过钢丝绳传至轿厢，与轿厢的固有频率一致产生共振的结果。可通过以下方法，如选择不同减速比的曳引机，配以不同直径的曳引轮，改变变频器的逆变载频频率而改变系统频率。

通过以上调整检查可消除或减小运行电梯的高频振动。

6. 曳引机大修后，运行中出现振动摇摆现象

（1）原因分析

曳引机在解体大修后，重新组装时蜗杆轴与电动机轴同轴度不符合要求，就会出现运行振动、电动机摇摆现象。

（2）故障排除

重新调整蜗杆轴与电动机轴同轴度。

①横向调整：拆开联轴器固定螺栓，必要时拆除抱闸装置，使制动轮裸露以便于测试。将百分表吸附固定在制动轮的横面上，如图 8-16 所示。旋转电动机轴在 90°、180° 位置上，用百分表测量，调整电动机垫片，使误差在 0.05 mm 以下；旋转电动机轴在 90°、270° 位置上，用百分表测量、调整电动机垫片，使误差在 0.05 mm 以下；旋转电动机轴，在 45°、225° 斜对角位置上，用百分表测量，调整电动机垫片，使误差在 0.05 mm 以下；旋转电动机轴在 135°、315° 斜对角位置上，用百分表测量，调整电动机垫片，使误差在 0.05 mm 以下，重复以上操作，再检查调整一遍。

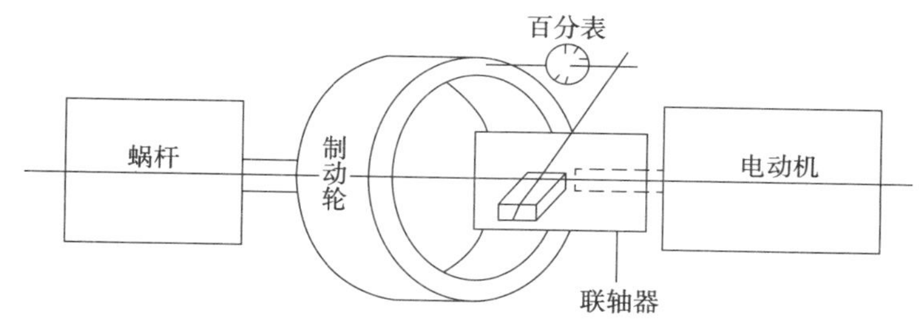

图 8-16　电动机轴与蜗杆同轴度横向调整示意图

②纵向调整：将百分表置于制动轮的纵端上，如图 8-17 所示。按横向调整步骤调整一遍。

③重复横向和纵向调整、检查，使误差尽可能小。不符合要求时，再进行横向和纵向调整。

④调整时注意，只调整与该方向有关的垫片，测试时应紧固电动机固定螺栓，

减少人为误差。调整过程中当然应使轿厢对重固定牢固，要在曳引钢丝绳拆除、曳引机空载的条件下进行。由于曳引机位置是根据井道轿厢和对重位置而确定的，因此以上调整同轴度是在曳引机到位的条件下进行的，只调整电动机的位置。曳引机蜗杆轴与电动机的同轴度，影响曳引机旋转的平衡质量，是防止振动和影响运行舒适感的重要因素，也是安全运行的必要条件。同轴度公差，对刚性联结为 0.02 mm，对弹性联结为 0.1 mm，径向圆跳动不超过制动轮的 1/3 000。经过重新调整，当蜗杆轴与电动机轴的同轴度符合要求后，电梯运行中的振动和摇摆现象消失，运行正常了。

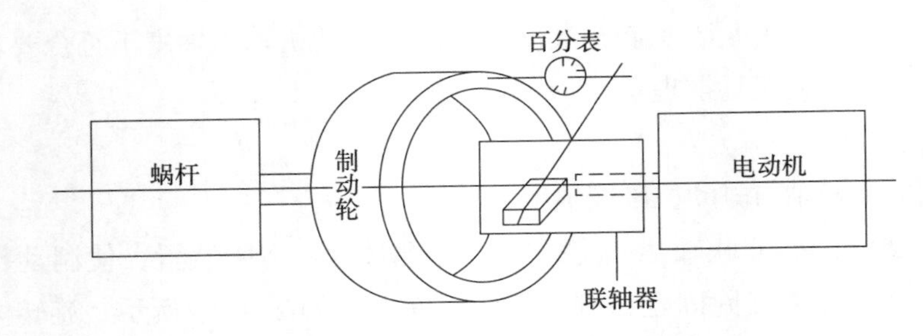

图 8–17　电动机轴与蜗杆同轴度纵向调整示意图

7. 轿厢在启动或制动过程中产生振动

（1）轿厢在水平方向左右振动的原因

①两导轨水平面有偏差，即在铅垂方向，每个截面均不在一个水平面上。

②导靴磨损或严重磨损产生整体位移。

③导轨支架松动。

④轿厢防晃胶塑调整不当或变形。

⑤导轨面有油污，积硬块。

⑥补偿链和随行电缆晃动。

（2）轿厢在垂直平面上下振动的原因

①曳引机的蜗轮、蜗杆或斜齿轮装配有误或磨损。

②曳引机座材质强度不够，刚性差。

③曳引机与电动机的弹性或刚性联轴器的中心平面不在同一个平面或不同轴，联轴器损坏。

④电动机转矩脉冲和谐波力矩的影响。

⑤比例积分调节参数整定不合宜。

⑥电压、电流、速度、磁场等反馈值不当或传输有误。

⑦曳引机的滚动轴承或滑动轴承磨损造成径向圆跳动、端面圆跳动、产生

振动。

⑧曳引钢丝绳张力不均，造成各条钢丝绳的线速度不一，使之与绳槽磨损不一，从而引起振动。

⑨制动器闸瓦与制动轮间隙过小而引起摩擦，或闸瓦的转动销轴卡住而引起擦碰制动盘。

⑩曳引机座的避振垫老化。

⑪平衡系数不符合要求。

⑫补偿链的垂直跳动及稳定性较差。

⑬固定导靴和活动导靴的衬垫磨损、间隙未调整好。

⑭曳引机钢梁刚性和强度不够。

⑮轿底平衡与避振系统设置不当。

⑯导轨的垂直度、平行度误差大。

⑰曳引机功率与电动机功率不匹配，或电动机功率较小。

⑱供电电压、电流波动大或对称性太差。加减速度变化设置不当。

⑲制动电路放大环节阻容参数设置不当。

⑳外部干扰或屏蔽接地不良。

8. 电梯的舒适感和平层精度都很差

（1）原因分析

电梯制动器的抱闸间隙调整不当、不均匀，不但会造成电梯平层精度、舒适感很差，甚至会引起溜车、墩底、冲顶事故，所以制动器又是主要的安全部件之一。

（2）处理方法

平层准确度和舒适感可通过调整制动器松闸和抱闸时间变化及制动力矩的大小来达到。为了减小制动器抱闸、松闸的时间和噪声，制动器线圈两块铁心之间的间隙越小越好，一般以松闸后闸瓦不碰擦运动的制动轮为宜。

9. 电梯上下行时，轿厢均出现波动不平稳现象

（1）原因分析

①这种故障也会有多种因素：如井道导轨平行度和垂直度超差、导轨支架安装尺寸超差、导靴与导轨间隙过大、轿顶轮松动、轴向间隙过大、轮毂和隔环端面倾斜、绳槽严重磨损、轿顶轮安装不平、轿厢架变形或位移等。

②以上大部分项目检验确认正常，经对轿厢上下四角对角线用卷尺测量，发现有一条对角线比其他三条对角线明显长些，进一步检查发现轿厢四角的安装螺栓松动严重，造成轿厢整体扭曲变形。

（2）故障排除

①将轿厢上的四角固定螺栓均松动一致，让其自然校正，随后逐步拧紧。

②开车运行数次，重新进行校正并紧固螺栓，再开车，上述故障消失。

10. 电梯停车制动时，曳引轮前后跳动，蜗杆来回窜动，舒适感差

（1）原因分析

①蜗杆后端盖止退垫圈掉落，蜗杆螺母松动或退出。

②后端盖的垫片太厚，使蜗杆窜动余量太大。蜗轮磨损严重，齿形磨瘦，啮合间隙大。

（2）故障排除

①吊起轿厢，支起对重，打开后端盖，更换止退垫，拧紧螺母调节窜量（螺杆窜量在 0.04 mm～0.1 mm，啮合侧隙小于 0.19 mm～0.38 mm）。

②减少后端盖垫片厚度，减少蜗轮座的垫片，将蜗轮适当下沉，减少蜗轮蜗杆啮合间隙。

11. 乘梯时有跳舞的感觉

（1）原因分析

这种现象一般都是曳引机主轮窜动造成的。

（2）故障排除

①经检查发现曳引机两边的定位组合轴承盖磨损了几毫米，轴瓦的过油槽阻塞。

②加工钢珠盖和几个不同厚度的垫片，安装蜗杆时，在钢珠盖前边垫上几个总厚度比钢珠盖磨损掉的厚度略大一点的垫片，且轴瓦的油孔、油槽都畅通。

③组装校正后，故障消失，舒适感很好。

五、其他故障排除实例

1. 电梯冲顶

（1）原因分析

①机械制动松动或制动片磨光打滑，当空载或轻载轿厢在顶层时，对重块与钢丝绳重量之和远大于轿厢重量。

②如果抱闸刹车不灵，易导致电梯运行到顶层或在上行过程中超过平衡点以上突遇停电时，由于对重作用而冲顶。

（2）故障排除

①在日常保养中，要经常检查抱闸片，保证机械抱闸动作灵活，间隙适当，要打毛制动片，以增大与制动鼓之间的摩擦系数。

②调整和打磨之后可做试验，让电梯空载快速上行到次顶层时，突然切断电源，看其机械制动距离是否符合规定，1.75 m/s 电梯应在 2.03 m 之内停止滑动。

2. 电梯超速保护装置失控造成蹲底

（1）原因分析

①安全钳装置是电梯安全可靠最关键的一道保护装置，但发现在非正常电梯坠落事故中，电梯轿厢坠落时往往安全钳未能正常动作，甚至根本没有动作。

a）过去一般都是在静态下对电梯进行安全检验，检验人员在轿顶拉动胀紧钢丝绳，人为提起安全钳楔块，在轿顶的检验人员用塞尺检验楔块同导轨咬合的松紧程度，以此来判定其是否合格。

b）现在根据国家标准要求，当电梯以检修速度下行到预定位置时，检验人员在机房人为使限速器工作，让轿厢继续下落的相对运动而提起楔块使轿厢制停，此时因相关电器开关已短接，而曳引电动机仍在转动，造成已静止的曳引钢丝绳在曳引轮上产生空转，由此判定安全钳装置是否合格。

c）上述检验方法只说明电梯安全钳装置的连杆机构和楔块的工作可靠性，而疏忽了两个主要情况：限速器在电梯速度超过额定速度 115% 时能动作；限速器动作时张紧绳的提拉力能否足以提起安全钳的楔块并使其同导轨牢牢咬合，且提拉力不小于 300 N。

②无论何种形式的限速器，其工作原理都是用随着限速器转速提高产生的离心力去克服弹簧力，而使其制停，达到楔块在导轨上咬合，致使轿厢制停。但由于运输中非正常的撞击或因弹簧长期处于反复伸缩疲劳应力的作用下，造成届时限速器不动作，楔块无法提起，轿厢不能制停。由新国家标准可知，“限速器动作时，限速器绳的张紧力不应小于安全钳装置起作用时所需力的 2 倍，且不小于 300 N。”其实该张紧力来源于底坑涨紧轮下陀块的重量。但由于新钢丝绳应力逐渐释放，钢丝绳材质、绳径等的变化，陀块重量太轻等原因，有可能造成张力不够而打滑，使得楔块无法提起而使轿厢不能制停。

（2）故障排除

①上述现象在电梯检验中是经常出现的，特别容易发生在高层及使用一定年限的电梯上。为此，我们在日常电梯检验中，除按规定每两年应对限速器动作速度校验一次外，还应对限速器钢丝绳的张紧力做测试。目前尚无此类现场检测的专用仪器，可从测张紧钢丝绳是否打滑不难做出定性判断，而增加陀块重量是加大张紧力可取的办法。

②还应加强对超速保护装置的维修保养，发挥其应有的保护作用：

a）限速器的旋转轴轴销、张紧装置轮轴与轴套每周应挤加钙基润滑脂一次；

b）安全钳连杆机构每月应加机油润滑一次，同时紧固、调整松动的弹簧、螺钉、销轴等零件；

c）楔块、钳座每月涂少量凡士林一次，旋转轴应每周加机油一次；

d）整个装置每年清洁一次。

3. 电梯上行到顶层站未停车而冲顶，对重撞击缓冲器方停止运行

（1）原因分析

①电气控制部分的强迫减速开关、平层开关、限位开关、极限开关碰轮失灵；快速继电器触头粘连。

②经检查是由于快速运行的继电器触头被粘住，使得电梯保持快速运行直至冲顶。但为什么其他安全开关、限位及极限开关没有动作呢？经检查是由于轿厢上的开关打板根本没有接触到导轨支架上的极限开关碰轮。

（2）故障排除

①经检查发现安全钳已动作。

②先断电源，用木桩支承对重，用手拉葫芦吊起轿厢，使安全钳复位，将轿厢落下，并将快速运行继电器更换，修磨被安全钳楔块卡导轨的痕迹，使电梯能正常运行；

③调整极限开关碰轮与轿厢开关打板间距，使它们之间能有效碰及，故障便消失了。

4. 电梯在运行中听到摩擦或撞击声

（1）原因分析

①导轨面有杂物。

②门刀与层站的地坎或门头盖板擦碰。

③补偿链拖地。

④厅门滚轮擦轿厢地坎。

（2）故障排除

①清洁导轨并润滑。

②调整门刀与层站地坎的间隙为 5 mm～8 mm。

③截短补偿链。

④调整厅门滚轮与轿厢地坎之间的距离，使其为 5 mm～8 mm。

5. 滑动导靴的靴衬磨损太大引起电梯抖动

（1）原因分析

因为电梯长期运行，滑动导靴的靴衬因长期磨损，必然会引起尼龙靴衬尺寸减小，与导轨间隙加大，轿厢沿导轨运行就会引起抖动或晃动现象。

（2）故障排除

①尼龙靴衬本身属于易损件，维修人员应定期检查靴衬的磨损情况，发现磨损严重应及时更换新的靴衬。

②细心的维修人员应总结出不同电梯靴衬的磨损规律，到一定工作时间就提前

更新，不能等有了故障再去更新。

6. 沿导轨端面的整个高度上布满深浅不等的沟道

（1）原因分析

①导靴的尼龙衬因长期运行磨损严重，尼龙衬的金属压板因导靴压缩弹簧的作用压在导轨端面上，当轿厢上下运行时，压板和导轨端面产生相对运动，刨削导轨端面。

②由于导轨的安装误差、负载的变化等因素出现了深浅不等的沟道。

（2）故障排除

①定期保养，经常检查靴衬的磨损程度，及时更换已磨损的靴衬。

②打磨已磨损的导轨端面，更换新尼龙衬，调整、校正导靴挺子。

7. 电梯换速停车时，平层准确度差

（1）原因分析。电梯超载运行，电梯换速距离太短，曳引电动机特性太弱，效率太低，电动机升温高，铜损和铁损增加，使电动机参数变化。

（2）故障排除。调整电梯平衡系数，运行中不得超载，调整换速距离，降低电梯载重量。

8. 电梯到站不能正常开门，平层超差大，运行时伴有连续的停顿

（1）原因分析

①检查有关的电路，如旋转编码器、安全回路、门锁回路、变频器，采取了一些干扰措施都没有解决问题。

②检查曳引系统时，发现曳引轮槽磨损严重，钢丝绳落槽，由于槽形变化，引起摩擦力减小，运行中可能打滑。在钢丝绳和曳引轮上做好标记，运行一次回到原位置，发现钢丝绳滑移严重。钢丝绳的滑移量超过了 100 mm。

③由此可以判定：电梯运行产生的停顿、抖动是钢丝绳滑动的结果，且钢丝绳滑动，编码器发出的脉冲已不能反映轿厢实际位置，平层就不准确。

（2）故障排除

更换曳引轮，清洗了钢丝绳上的油污，故障消失。

9. 电梯平层超差

（1）原因分析

①该电梯的旋转编码器固定在限速器绳轮轴上。

②编码器输出的脉冲数与限速器的转数成正比，输入到控制柜内，经过计数等处理后发出信号来控制轿厢的平层。

③若限速器绳打滑现象存在，限速器的转动速度不代表电梯的实际速度，这样去控制电梯平层时，会造成平层误差。

（2）故障排除

调整好上下轮位置，使其符合标准，消除滑移，电梯平层误差符合要求。

10. 电梯启动缓慢、制动不稳、换速时间长、平层超差（电动机接近额定温度90 ℃运行）

（1）原因分析

①绕组铜线电阻与温度成正比，当温度升高时绕组的直流电阻上升，铜耗增加。同时由于励磁电流的变化，铁耗也增加。从而使绕组的折算阻抗偏离设计值，电动机的电磁性能、功率因数、功率等指标降低，反映出电梯整体运行性能变坏。

②电动机的高温传递给铜套，使润滑油的黏度降低，电动机性能进一步变差。

③机房环境温度高，影响电动机元件的正常工作，使控制环节不稳定。

（2）故障排除

①合理安排电梯运行时间，减少电梯的空载、轻载运行，当电动机温升达到规定值时，停机 1 h 自然冷却。

②改善机房散热条件。

11. 电梯负载不匀，到站平层开门时，门刀与厅门滚轮脱挂

（1）原因分析

①活动轿顶压板螺钉松动，引起轿厢偏斜，门刀和厅门滚轮不能啮合。

②门刀与厅门滚轮啮合深度太浅，负载稍有不均，门刀不能与厅门滚轮啮合。

③导轨平行度超差严重。

（2）故障排除

①矫正轿厢，拧紧压板螺钉。

②调整厅门滚轮，使门刀与滚轮啮合深度大于滚轮宽度的 1/20。

③校正导轨平行度，使其符合要求。

12. 润滑不当造成的故障、电梯润滑部位及适用的润滑油

（1）原因分析

①直流发电机组，误加钙基脂低温油，加油不到一周，轴承高速旋转，温度升高，低温油液化、甩出，使轴承损坏。

②因油窗污染，造成有油的假象，使电动机轴套因缺油而抱轴。

③开门机传动轮轴承因缺油造成轴承损坏。

④液压缓冲器油号不对，阻尼缓冲不正常，失去安全保护功能。

⑤ GBP 限速器因钢丝绳有油而失去安全保护功能。

⑥加油方法不对，使电动机绝缘降低，造成电动机绕组匝间短路而烧毁。

⑦导轨油污结块，使电梯运行抖晃。

⑧多绕式高速梯曳引钢丝绳运行一段时间后，浸油麻芯中的油被挤出，油污甩到墙壁、地板、机盖上，使机房严重污染。

（2）故障排除

①根据不同部件选用适用的润滑油，加油方法要正确，加油量应适当。

②加强保养，经常检查润滑油是否足够，及时清洗油污。

13. 交流双速乘客电梯启动、制动时轿厢跳动，运行不平稳，换向时产生冲击，以额定速度运行时机房噪声明显增大

（1）原因分析

①经检查，是因减速箱内蜗轮蜗杆严重磨损所致。

②移开减速箱盖，打开抱闸，转动电动机尾部惯性轮或手轮，观察轮齿磨损程度，发现轮齿已变尖、变瘦。这是因为曳引机在使用过程中，蜗杆上的轴承磨损，造成轴向窜动量超差，电梯换向产生较大冲击。

③蜗杆轴油封环部位粗糙。在旋转过程中，油封或盘根磨损，造成严重油渗漏。既没有及时修复，又没有采取相应的补救措施。减速箱内的油位低于轮齿，起不到润滑作用，致使蜗轮蜗杆啮合进入干摩擦状态，尤其是在额定载荷和额定速度下轮齿磨损很快。

④磨掉的金属碎屑坠落在残存的润滑油内，废油在没有清除前又注入新油，更加快了蜗轮蜗杆轮齿明显变尖、变瘦，甚至呈现刀刃状。

（2）故障排除

侧隙磨损量若在 0.5 mm～0.8 mm，可减少主轴两端轴承座底部垫片，以缩短中心距。若磨损量在 0.8 mm～1.2 mm，应更换新蜗轮蜗杆及油封或盘根。更换新蜗轮蜗杆有注意以下几点需要注意。

①排放出减速箱内的润滑油，用煤油将箱腔清洗干净。

②油隙过大，可更换轴承。一般情况增减轴承端盖上的垫片，就能使油隙减少或增大。装配后蜗杆和主轴的轴向油隙应符合我国有关标准的要求。

③为使蜗轮转动灵活，在啮合过程中不能因热膨胀或齿的弹性变形而引起卡齿现象，保证齿轮的标准侧隙是十分重要的。

④蜗轮蜗杆等部件按工艺安装调试完毕后，再按标准加入润滑油。冬季加 HL-20 液压油，夏季加 HL-30 液压油。油量要适中，油量过小，起不到润滑作用；油量过大，引起发热，损失功率，产生气泡等现象，促使油质劣变。油位在油窗 1/2 处或油尺标定的位置为佳。

⑤对更换的新蜗轮蜗杆做磨合运行。其方法是在轿内加 100% 的额定载荷，上下往返运行数次，磨合时间视情况而定。一切正常后，再正式投入运行。

14. 电梯在开关门过程中有“吱”“喳”的响声

（1）原因分析

经反复运行察看发现电梯在关门时响声要小于开门时的响声。现场分析可能是

厅门自闭重锤过重，致使开门时同步带张力过大，运行中有“吱”“喳”等响声。再仔细查看，发现个别楼层门挂板的钢丝绳在运行中会接触到重锤钢丝绳的绳头，也会产生杂音。

（2）故障排除

将重锤重量减小 50%，“吱”“喳”等响声大为减小，再用重锤钢丝绳重新校正绳头，杂音全部消失。

15. 电梯运行在某两层之间时，有明显的“台阶”感

（1）原因分析

这种故障一般可确认这段导轨接头处有问题，是导靴经过此处时阻力变大所引起。经检修开慢车观察，发现两导轨接头处有很小的错位，两导轨的工作面不在一条直线上。

（2）故障排除

进一步对该导轨连接处检查，发现两导轨之间连接板中的螺栓、螺母有松动现象。校准直线后将连接板的 8 个螺母重新紧固，使两导轨工作面处于一条直线上。重新开车，“台阶”感消失。

16. 电梯上下行运行中，在轿厢内听到“嘶嘶”的摩擦声

（1）原因分析

这种故障现象多出在导向系统。

首先应检查导靴部分，若导靴中有异物，导靴衬套严重磨损，使两端金属板与导轨直接接触而发生摩擦，就会发出“嘶嘶”的摩擦声；当导轨工作面太脏或严重缺油时，轿厢与导轨之间间隙太大，也会在电梯运行中产生摩擦声；当安全钳拉杆松动，使安全钳楔块与导轨间发生摩擦，同样会发出“嘶嘶”声。经检查是导靴衬套严重磨损，金属板与导轨直接摩擦所引起。

（2）故障排除

①停梯后重新更换新的导靴衬套并调整好间隙，重新开机，“嘶嘶”声消失。

②在维修保养中应定期更换导靴衬套，不能等形成故障后再更换衬套，这种摩擦不仅会损坏部件，还会引起事故发生。

六、三菱 GPS 系列电梯故障实例及解决方法

电梯故障案例分析 01

故障现象：

某医院两台三菱 GPS-I 群控电梯，当有外召唤时，群控中的一台电梯响应该召唤后，该外召唤并不消号，只有等另外一台电梯也响应该外召唤后，才消号。也就是说，对于任何一个外召唤，两台群控电梯要各响应一次。

处理过程：

（1）对电梯软件中的楼层设定、单梯 / 群控设定进行检查，未发现问题；

（2）检查外召唤接线，接线正确；

（3）断开群控控制柜电源，再断开其中一台电梯的主电源，则另一台电梯运行正常；

（4）只断开群控控制屏电源，则对于任何一个外召，两台电梯都要进行一次响应；

（5）通过上述检测可以断定，两台电梯独立运行是正常的，问题应该出在群控部分或群控与各单梯的通信上；

（6）对群控电脑板进行检测（或更换），未发现问题；

（7）对光纤电缆检查时发现，两根光纤长出的部分被分别捆绑在控制柜的框架上，弯曲部分弧度过小。更换两根光纤通信电缆，电梯恢复正常。

本案例启发：

本案例中两台电梯共用一套外召唤信号，即外召唤信号是一套按钮两套显示的形式。外召唤信号是分别进入两台电梯的 P1 主电脑板后，再通过光纤电缆与群控制电脑板进行通信的。当通信出现故障时，两台电梯实际上处于单独运行状态。又因为两台电梯共用一套外召唤按钮，因此乘客感觉对每一个外召唤信号，两台电梯都要分别进行一次响应。本案例说明，对光纤电缆要正确使用。

电梯故障案例分析 02

故障现象：

某大厦三菱 GPS-I 电梯，所有外召唤按钮无效，并且所有厅门无楼层显示。

处理过程：

（1）首先检查电梯当前的运行状态，因为如果电梯处于专用状态，则所有外召唤及厅门楼层显示都无效。经检查发现电梯当前处于自动运行状态。

（2）查阅电梯 P1 电脑板的故障代码，故障代码显示“EC”，即“到厅门串行传输错误”。

（3）对 P1 板进行检测（或更换），未发现问题。

（4）逐层对外召唤按钮进行检测，发现所有的外召唤按钮都没有直流电源输出。进一步检查发现，5 楼的外召唤按钮电源故障。更换 5 楼外召唤后，故障仍然没有排除。

（5）检查机房控制柜外召唤的保险丝，发现该保险丝已经烧断，更换后，电梯恢复正常运行。

本案例启示：

虽然 GPS-I 电梯采用数据总线形式的串行通信方式，原则上如果一个楼层的按钮出现串行通信故障，不会影响到其他楼层按钮的正常响应。但是，如果是一个楼层的外召唤按钮的电源故障，尤其是整流稳压电源的交流侧发生短路故障，则会导致所有外召唤按钮无法正常工作。

电梯故障案例分析 03

故障现象：

某大厦三菱 GPS-I 电梯，检修运行及自动运行时电梯都无法启动，并且 #89 安全指示灯熄灭。

处理过程：

（1）检查电梯故障代码，故障代码为“E5”，即“过电流”；

（2）断开电梯主回路电源，断开逆变器到交流电机的连线，检测逆变主回路的大功率驱动模块（IGBT），未发现问题；恢复逆变器到交流电机的连线；

（3）对驱动电子板进行检测（或更换），未发现问题；

（4）对检测电流的交流互感器进行检查，发现其中一个互感器接线插头有短路现象，重新处理后，电梯恢复正常运行。

本案例启示：

故障代码为电梯故障处理带来很大方便，尤其是指示非常明确的代码，如本案例中的“过电流”指示。

电梯故障案例分析 04

故障现象：

某大厦三菱 GPS-I 电梯故障，停在最高楼层，经检查发现逆变部分的一块大功率驱动模块坏了，但更换后，检修向下运行时，电梯轿厢会向上运行一小段后停梯，故障代码为“E3”，即反转。

处理过程：

（1）故障代码显示为“反转”，与观察到的故障现象相一致；

（2）任意交换两相电机定子接线顺序，检修向下运行，轿厢仍然是向上运行一小段距离后停梯，这说明电梯轿厢的运行没有受控制；

（3）恢复交流电机定子接线，检查（或更换）驱动板，未发现问题；

（4）重新检查逆变主回路接线。经检查发现，更换大功率驱动模块时，忘记连接逆变电源的正极了，从而导致逆变部分没有电源。重新接好线后，电梯恢复正常运行。

本案例启示：

本案例中，由于逆变部分没有电源，致使电梯运行失控。当控制部分发出检修下行指令后，抱闸打开，但此时没有电流流过电机，又由于对重重于空载轿厢，致使轿厢向上滑行，而控制部分检测到的现象则是“反转”，实际上电机并没有通电运行。因此，故障代码虽然在故障处理过程中可以提供很大方便，但不能过分拘泥于故障代码的提示。

电梯故障案例分析 05

故障现象：

某大厦两台群控 GPS-I 电梯，1# 电梯比 2# 电梯多一层地下室。在安装调试过程中发现，按下其中一台电梯的外召唤按钮时，另外一台电梯的相应外召唤没有点亮。

处理过程：

（1）从故障现象看，似乎是群控部分工作不正常。因此，首先对群控柜及光纤电缆进行检查，但未发现问题。

（2）再次观察电梯的运行情况，发现当用 1# 电梯的外召唤对 2# 电梯进行就近召唤时，2# 电梯会在低于召唤层一个层站的楼层停梯，并且对 1# 电梯的外召唤消号，这说明群控部分工作基本正常，只是 2# 电梯外召唤地址设定错误。将 2# 电梯的外召唤按钮地址按照 1# 电梯设定后，电梯恢复正常运行。

本案例启示：

当群控电梯中各电梯响应的楼层不完全相同时，外召唤按钮的地址设定应特别注意，以免导致电梯的错误响应。本案例中，2# 电梯的外召唤按钮地址应按照 1# 电梯设定。

电梯故障案例分析 06

故障现象：

某大厦三菱 GPS-II 电梯，电梯运行时，#5 接触器吸合后，LB 继电器（抱闸继电器）不吸合，抱闸不打开，电梯无法启动。

处理过程：

（1）查看主电脑板显示的故障代码为“E8”及“EF”，即“#LB 故障”及“电梯不能再启动”；

（2）检查 LB 继电器，未发现问题；

（3）用万用表检查主电脑板输出的对 LB 的控制端口，发现 #5 吸合后，主电脑板并未输出 LB 吸合指令；

（4）检查 #5 的触点，未发现问题；

（5）上述检查基本说明外围电路没有问题，怀疑 P1 主电脑板有故障，更换 P1 主电脑板后，电梯即恢复正常；

（6）通过对 P1 主电脑板的检测后发现。由于专用芯片 X45KK-09 故障从而导 P1 主电脑板无法输出对 LB 的控制信号。由于专用 IC 芯片 X45KK-09 的管脚非常密集，因此更换难度非常大。

本案例启示：

工业产品的复杂工作环境对产品本身所选用的电子器件提出了很高的要求，而通风、散热、工艺及材料上的疏忽常会造成器件的损坏。

电梯故障案例分析 07

故障现象：

某大厦三菱 GPS-II 电梯因故障无法运行，经检查发现 P1 主电脑板上 D-WDT 指示灯不亮。

处理过程：

（1）D-WDT 指示灯不亮说明调速软件或调速 CPU 工作不正常，一般与外围线路无关；

（2）因为 P1 主电脑板其他指示灯正常，说明 +5 V 电源没有问题；

（3）更换 P1 主电脑板上的调速软件（或对故障电梯的调速软件进行检测），该软件正常；

（4）更换 P1 主电板，D-WDT 指示灯点亮，电梯恢复正常运行；

（5）对 P1 主电脑板进行进一步检测，发现 X45KK-09 故障从而导致调速软件无法正常工作。

本案例启示：

本案例再次说明高集成度的专用工业 IC 芯片虽然可以提高整体设备的科技含量和集成度，但其对工作环境、通风、散热、工艺及材料都有很高的要求。

电梯故障案例分析 08

故障现象：

某大厦三菱 GPS-II 电梯每次运行到一楼停梯后，自动熄灭轿厢内照明，并无法对电梯进行召唤，控制柜 P1 电脑板故障代码显示为“EF”（即“不能启动”），对主电脑板进行复位处理后，电梯又恢复正常运行，但运行到一楼后，又出现上述故障。

处理过程：

（1）“EF”是一种非常笼统的故障指示，引起上述故障现象的可能性很多，主要有P1电梯脑板故障、下端站强迫换速距离错误，称重反馈数据错误等。本案例应采取由易到难的办法逐项排除，首先不考虑P1主电脑板故障的可能性。

（2）检修运行电梯，在机房检测下强迫换速开关是否正常，结果未发现问题。

（3）进入井道及底坑对各下强迫换速开关进行检测，未发现问题。

（4）检测强迫换速开关碰铁的垂直度，未发现问题。

（5）检测各下强迫换速开关与碰铁的水平距离，该距离属正常范围。

（6）进入机房，确认轿厢内无人，并且轿厢门、厅门已经全部关闭后，断开门机开关以防乘客进入轿厢，将P1主电脑板上WGHO拨码开关置“0”位，以取消称重装置（此时P1主电脑板上的数码显示的小数点会左右跳动），在机房对电梯进行召唤，结果电梯恢复正常运行，这说明原来的电梯故障是由称重装置引起的。

（7）进入轿顶对称得装置进行检查，发现称重装置歪斜，调整后电梯恢复正常运行。

注：电梯恢复正常后，应将P1板上的WGHO拨码开关置回原来位置。

本案例启示：

（1）称重装置反馈回主电脑板的数据如果发生错误或与EEPROM中存储的称重数据有冲突，电梯会停止运行，因此，当电梯更换钢丝绳或轿厢进行重新装修后，应该对称重装置进行调整并且重新进行称量数据写入。

（2）本案例所述的故障虽然不是由于下强迫换速的原因引起的，但如果因为某种原因导致下强迫换速减速距离变化的话，也可能导致与本案例完全相同的故障现象。

电梯故障案例分析09

故障现象：

某大厦GPS-II电梯，有20层17站，其中3、4、5层为假想层（不停留层），电梯安装好后，无法进行层高写入。

处理过程：

（1）检修运行电梯，在机房检测上下强迫换速开关动作情况，未发现问题。

（2）将电梯运行到最底层，进入层高写入状态，检修向上运行，同时观察P1主电脑板上DZ发光管闪烁次数，当电梯运行到最高层时，DZ共点亮17次，说明停留层隔磁板安装正常。

（3）进入轿厢顶部，将电梯运行到假想层，对3、4、5楼的短隔磁板安装位置进行检查，发现4楼短隔磁板插入磁感应器的深度不够（即隔磁板与磁感应器顶部间距离过大）。对此进行调整后，再次进行层高写入，写入成功。

本案例启示：

层高写入主要与实际层站数与设定层站数是否一致、上下端站开关开是否正常、平层感应器有无损坏、各层隔磁板安装位置是否正确几个因素有关。

上述各因素有一个出现问题，都将导致层高无法写入。

电梯故障案例分析 10

故障现象：

某大厦三菱 GPS-II 电梯，20 层 9 站，其中 2、3、4、5、7、9 及以上单层为假想层（不停留层）。当电梯运行到两端站时，轿厢会过平层，并且乘客有突然抱闸的感觉。而电梯在其他楼层停靠时，则不会有这种现象。

处理过程：

（1）因为电梯在中间楼层停靠正常，只是在两个端站才有过平层现象，说明问题出在两个端站上；

（2）对上下两个端站的隔磁板安装位置进行检查，未发现问题；电梯过平层后突然抱闸，可能是由于轿厢过平层后撞到端站限位开关所致而乘客有明显的突然抱闸的感觉，说明电梯到达端站平层时速度未降到零，这可能是由于减速距离不够所致。将上端站的二级强迫换速开关向上移动 30 cm，将下端站的二级强迫换速开关向下移动 30 cm，再次运行电梯，电梯恢复正常。

本案例的启示：

电梯上下端站强迫换速开关的安装距离、安装尺寸非常重要，很多电梯的运行故障都与此有关。这些距离尺寸包括第一减速距离、第二减速距离以及轿厢碰贴到各减速开关的水平距离等。

电梯故障案例分析 11

故障现象：

三菱 GPS-III 15 层 15 站电梯在安装调试过程中，发现楼层高度无法写入。

处理过程：

（1）检修运行电梯，用万用表在电梯机房检测井道内上下端站开关动作情况，检测结果开关动作正常；

（2）进入轿顶，对轿顶磁感器及各个楼层的隔磁板安装位置进行检查，未发现问题。

（3）从最底层检修向上运行电梯，用万用表在电梯机房检测轿顶磁感应器动作情况，并对其动作次数进行计数，结果磁感应器动作次数与实际楼层数相符；

（4）读取 P1 主电脑板上软件数据，发现软件中设定的楼层数为 16 层 16 站，与实际楼层数不符，修改该数据后，楼层数据写入成功。

本案例启示：

虽然楼层高度数据的写入非常简单，但与很多环节有关，其中任何一个环节出现问题，都有可能导致楼层高度数据写入失败。上述故障处理过程中的每一步检测都是必要的。另外，GPS-II 电梯软件数据需要用专用仪器才能进行读出和修改。

电梯故障案例分析 12

故障现象：

某大厦 GPS-III 电梯在安装调试时发现，电梯检修运行正常，但自动运行时，每次运行到一楼后，电梯就自动锁梯，同时轿厢内照明也会熄灭，P1 主电脑板故障代码显示为“EF”，即“不能再启动”。

处理过程：

（1）对井道上下强迫换速开关进行检查，并且在电梯机房内用万用表对换速开关动作情况进行检测，未发现问题；

（2）取消称重反馈装置，再次运行电梯，故障依然；

（3）打开一楼厅门按钮召唤盒，检查电梯锁的状态，发现连接到电梯锁的导线连接错误，重新连接后，电梯恢复正常运行。

本案例启示：

由于很多故障原因（如强迫换速故障、称重反馈故障）都有可能引起上述故障现象，因此基站外召唤按钮盒中电梯锁的状态及其接线情况往往会被忽视，在电梯安装调试和维修保养过程中应该对此特别注意。

任务实施

1. 全班进行分组，每组 5 人～6 人，选出一名组长。

2. 以小组为单位，对工作情景进行讨论和分析，完成下列工作任务：

（1）曳引轮什么时候需要更换？如何更换？

（2）电梯厅门事故通常是由哪些原因所导致的？

（3）安全钳动作时轿厢倾斜可能是由于什么原因所致？应如何处理？

（4）电梯运行时抖动或振动产生的原因是什么？

（5）电梯冲顶可能是由于什么原因所致？应如何处理？

任务评价

1. 教师巡回检查各组的学习情况，记录各个小组在学习过程中存在的问题，并进行点评。

2. 教师根据各个小组的学习情况和讨论情况，对各个小组进行综合评分。

小组合作评价表

组别	评价内容分值					
	分工明确（20分）	小组内学生的参与程度（20分）	认真倾听、互助互学（20分）	合作交流中能解决问题（20分）	自主、合作、探究的氛围（20分）	总分（100分）
A组						
B组						
C组						
D组						

评价老师签名：__________

参考文献

[1] 全国人民代表大会常务委员会. 中华人民共和国特种设备安全法，2013：06.
[2] 全国电梯标准化技术委员会. 电梯制造与安装安全规范：GB 7588—2003 [S]. 北京：中国标准出版社，2015：09.
[3] 全国电梯标准化技术委员会. 自动扶梯和自动人行道的制造与安装安全规范：GB 16899—2011 [S]. 北京：中国标准出版社，2011：09.
[4] 全国电梯标准化技术委员会. 电梯安装验收规范：GB/T 10060—2011 [S]. 北京：中国标准出版社，2011：10.
[5] 国家质量监督检验检疫总局特种设备安全监察局. 电梯维护保养规则：TSG T5002—2017 [S].
[6] 国家质量监督检验检疫总局特种设备安全监察局. 电梯监督检验和定期检验规则——曳引与强制驱动电梯：TSG T7001—2009 [S].
[7] 王志强，杨春帆，姜雪松. 最新电梯原理、使用与维护 [M]. 北京：机械工业出版社出版，2012.